JN327796

流域ガバナンスと中国の環境政策

日中の経験と知恵を持続可能な水利用にいかす

北川秀樹・窪田順平
【編著】

東京 白桃書房 神田

はしがき

　日本の25倍もの広大な国土と約10倍の人口を抱える中国は，多様な自然，気候，文化，民族，社会を擁する。政治的にも1949年の中華人民共和国の建国以後，共産党が指導する社会主義国家としての道を歩んできた。この間，1958年の大躍進運動や1960年代の文化大革命にみられる大衆動員により，多くの冤罪が生まれ混乱を来した不幸な時期もあった。1979年の共産党の3中全会で改革開放政策へと転換，1980年代からは市場経済を導入し，驚異的なスピードで経済発展を成し遂げ，今やGDP世界第2位の大国となった。この過程では，長江中流に建設された三峡ダムや，水資源の豊富な長江から水不足の北京，天津に送水する南水北調など，大規模な水資源開発を進めてきた。経済の発展段階において，利水，発電などを目的としたダム建設は欠かせないが，その一方で貴重な生物の絶滅や文化遺産などの破壊が懸念される。

　本書は，2012年に長江の水運の要衝である湖北省・武漢市の湖北経済学院で開催した「流域環境ガバナンスに関する日中共同セミナー」（日本学術振興会二国間交流事業）に参加した日本と中国の研究者から寄稿していただいた論文を編集したものである。湖北省は多くの湖沼を擁し「千湖の省」とも呼ばれるが，近年の開発により湖沼の面積が約1/10に減少するとともに，閉鎖性水域特有の水質の富栄養化も進んでいる。我が国をはじめ世界の多くの流域においても同様の問題を抱えていることは言うまでもない。

　水や森林のような公益性の高い環境資源の活用は，地域の安全や安心，人々の暮らしの豊かさや地域経済の発展と深いかかわりをもっている。このため湖沼や河川を含む流域で，水を資源として生業や生活の営みに利用をしつつ，多様な利害関係者がかかわってどのように環境を保護し，持続可能な発展を図っていくかが問われている。我が国においても統合的湖沼管理の必要性が唱えられるなど関係者によるさまざまな努力が続けられている。本書は，このような共通の認識の下に中国や日本における湖沼，河川など流域水

環境をめぐるさまざまな課題について考察を加えている。日中双方で蓄積されてきた経験や知見が両国の流域環境ガバナンスの向上や日中間の学術交流にいささかでも資すれば幸いである。

　最後に，本書の編集，校正に当たりお世話になった白桃書房の東野允彦氏にお礼申し上げる。なお，本書をまとめるに当たっては，総合地球環境学研究所・中国環境問題研究拠点にご協力いただいた。記してお礼申し上げる。

2015年3月吉日

編著者
龍谷大学　　北川　秀樹
総合地球環境学研究所　　窪田　順平

目次

はしがき

序章　流域環境ガバナンスと中国の環境政策 …………………… 1
　　　　　　　　　　　　　　　　　　　　　　　　北川秀樹

はじめに　1
　1 生態文明の提唱　2
　2 環境保護法の改正　4

第1部 水資源の利用と生態環境

第1章　中国の湖沼と統合的湖沼流域管理（ILBM）…………… 11
　　　　　　　　　　　　　　　　　　　　　　　　中村正久

　1 湖沼流域資源と湖沼環境問題　11
　2 中国における湖沼環境問題と湖沼流域管理　12
　3 中国におけるILBMの課題　16
　4 ILBMプラットホームプロセスの必要性　20
　5 おわりに　23

第2章　生態補償の概念に関する考察……………………………… 25
　　　　　―『生態補償条例』草案の関連定義の立法解釈に基づいて―
　　　　　　　　　　　　　汪　勁（北川秀樹［監訳］，何彦旻［訳］）

　1 はじめに　25
　2 中国の政府文書における生態補償の概念　25
　3 学術理論研究における生態補償の概念　28
　4 『生態補償条例』の立法における生態補償概念のしかるべき解釈　34
　5 結論　39

目次　iii

第3章　中国における水管理のガバナンス ………………… 43
　　　―水利権取引の導入をめぐって―

窪田順平

1 はじめに　43
2 変わる中国と環境問題　44
3 水利権取引の中国における可能性　50
4 おわりに　52

第4章　中国西北部乾燥地域における農業用水の再配分問題　55
　　　―水利権調整問題をめぐる法政策学的実証研究―

寇　鑫

1 研究の背景と目的　55
2 農業水利政策をめぐる新動向　58
3 農業水利制度の歴史的な展開　59
4 水利権をめぐる法的論争　65
5 西北部乾燥地域における農業用水の水利権調整の事例研究　71
おわりに　84

第2部 管理体制と制度の確立

第5章　中国の流域水資源管理体制改革について ……………… 91

王 樹義・庄 超（何 彦旻［監訳］，王 天荷［訳］）

1 流域水資源管理体制の内包分析　91
2 国内外の流域における水資源管理体制方式の分析　95
3 中国の流域における水資源管理体制の検討　99
4 中国流域水資源管理体制の改革　101
5 中国における流域水資源管理体制の改革の進め方　103
6 中国における流域水資源管理体制改革の具体的な構想　108

第6章 『湖北省湖泊保護条例』の立法構造 ……………… 113
　　　―水利権調整をめぐる法政策学的実証研究―
　　　　　　　　　　　　　呂 忠梅（何 彦旻［監訳］，王 天荷［訳］）
1 はじめに　113
2 湖北省における湖の保護現状と立法の課題　114
3 湖北省における湖保護立法の留意点　120

第7章　梁子湖の生態環境保護と修復対策に関する考察 …… 133
　　　　　柯 秋林・張 燎・曾 擁軍（何 彦旻［監訳］，王 天荷［訳］）
1 はじめに　133
2 梁子湖の保護強化の意義　133
3 梁子湖をめぐる現行の課題　135
4 梁子湖の保護措置と対策の強化　137

第3部 水利権と水をめぐる紛争

第8章　日本の河川法の現状と民事法的課題 ……………… 145
　　　　　　　　　　　　　　　　　　　　　　奥田進一
1 河川水をめぐる問題の概要　145
2 河川法の役割　147
3 水利許可と慣行水利権の競合　150
4 慣行水利権の法的性質　151
5 私権性の強い「水利許可」 まとめにかえて　157

第9章 中国における水環境公益訴訟 ……………………… 161
　　　　　　　　　　　　　　　　李 群星（知足章宏［訳］）
1 中国の最高裁判機関の水環境公益訴訟に対する態度　161
2 中国における水環境公益訴訟の司法実践　163
3 中国水環境公益訴訟の裁判実施中の障壁と課題　165
4 中国における水環境公益訴訟の現実的な活路　168

第10章　水紛争の調停と調和のとれた社会の建設 ……………… 175
　　　　　　　　　　李 崇興（櫻井次郎［監訳］，田中結衣［訳］）
　1 水紛争の概念　175
　2 水紛争の分類　176
　3 水紛争の特徴　176
　4 水紛争の処理　177
　5 国内外における歴史上の水紛争　179
　6 調和のとれた社会の建設　186
　7 案件分析：山西省，河北省，河南省境界の漳河水紛争　187

第4部 利害関係者の参加と役割

第11章　中国の流域環境ガバナンスに関する一考察 ………… 199
　　　　―公衆参加の視座から―
　　　　　　　　　　　　　　　　　　　　　　　　北川秀樹
　はじめに　199
　1 情報公開と公衆参加　200
　2 河川・湖沼の環境対策　日本の法規制　207
　3 河川・湖沼の環境対策　中国の法規制　211
　4 流域ガバナンスの議論　215
　5 ガバナンスの改善をどう図るのか（行政，NPO の経験から）　216
　おわりに　中国への示唆　219

第12章　水環境保全へ向けた産業構造と体系の改革 ………… 225
　　　　　　　董 利民・梅 徳平・叶 樺・鄧 保同（知足章宏［訳］）
　1 洱海流域における第3次産業の現状　225
　2 洱海流域の産業汚染源分布および問題　228
　3 洱海流域の産業構造と体系　230

第13章　「撤郷変村」行政改革後の元郷集鎮の環境問題……… 239
　　　　　　　　　　　　　　　　　　　陳 阿江（何 彦旻［訳］）

1 はじめに 239
2 「撤郷変村」後の社区機能の変化 240
3 郷政府所在地の村落環境問題 242
4 結論 244

終章　流域環境ガバナンスと日中の学術交流 ……………………… 247
植田和弘

報告　流域環境ガバナンスに関する日中共同セミナー ……… 251
北川秀樹

索引 263
執筆者，監訳者・訳者紹介

序　章

流域環境ガバナンスと中国の環境政策

北川秀樹

はじめに

　「流域」とは，降水が表流水となって集まってくる範囲全体を指し，河川，湖沼との関係で使われる。降水が水資源として河川や湖沼に流れ込み，人類の生業や生活に利用され最終的には海洋に流れ込むが，再び大気中に蒸発し降水となって大地を潤す。水資源はこのような大きな循環を繰り返している。

　人類は事業活動や暮らしにおいて，降水量が多ければ洪水となりさまざまな災禍を蒙るが，通常は生活飲料水，農業用水，工業用水として，水資源を生存に不可欠なものとして利用しその恩恵を受けてきた。河川や湖沼の流域では，多くの利害関係者が関与し，それぞれがもつ役割の下で協力，連携して，生業を営みながら生活や文化を育て管理していくことが求められる。とりわけ，水資源の利用にあたっては，人の健康や生産活動に支障をきたさないよう，共有財産として適切に管理，利用していかなければならない。

　中国においてもこのような流域環境ガバナンスをいかに改善していくかはきわめて重要な課題である。中国の地表水資源総量は，約2840km^{3}である[1]が（中国水利部2013），人口は13億人を超えており年間1人あたりの水資源量は2040m^3/人・年と，世界平均の1／4程度しかない貧水国家である（国土交通省2013）。

　ただ，広大な国土を抱え，気候が地域により異なる中国全土を一律に論じることはできない。南部は降水量が多く水資源が豊富であるが，北部は降水量が少ない。このため，北京，天津などの北部の水不足解消のため，人工水

路を作り南の水を北へ送る南水北調が行われている。また，地域ごとにさまざまな課題を抱えている。例えば，長江流域以南の南部地域では，主として洪水や土砂災害により毎年多くの人命や財産が失われるとともに，都市部では集中豪雨による都市水害が発生し，市民生活や経済活動に支障をきたしている。一方で，河北平原や西北部地域では，慢性的な水不足に悩まされている。さらに全国的に工業，農業による排水や生活排水による汚染が深刻化しており，健康被害や生態系の悪化が進行している（池田2008，368頁）。とりわけ，北部の黄河，松花江，海河，遼河などの流域の汚染は依然として深刻である。また，太湖，填池などの湖沼の富栄養化現象なども局部的には改善されつつあるが依然として深刻である（中国環境保護部2014）。このような複雑かつ重層的な問題を解決するには，行政による法政策の制定，執行のみでは十分でなく流域の多様な利害関係者の理解と協力，協働が不可欠である。

　本章では，流域環境ガバナンスと緊密に関連する中国政府の環境法政策の最新動向として「生態文明」と「環境保護法の改正」を紹介し参考に供したい。

I　生態文明の提唱

　習近平政権は2013年11月に開催された中国共産党18期3中全会において，「中共中央の若干の重大問題を全面的に深化改革することに関する決定」（3中全会決定）を提起して，「生態文明」の建設を強調した。また，20年余りにわたって続けられてきた環境保護法改正案が本年4月に全国人民代表大会（人大）常務委員会を通過した。この2つの動きから，最近の中国政府の環境問題対応の基本的な考え方と特徴について考察した。

　3中全会決定14章で，生態文明制度が掲げられた。生態文明の建設に関するバランスの取れた制度の確立，最も厳格な汚染源改善，損害賠償，責任追及，環境改善と修復制度の実行，および制度を活用した生態環境保全を掲げ以下の4つの方針を強調して環境重視の姿勢を表した。
①自然資源財産権制度と用途管理制度の健全化
　水，森林，山地，草原，荒地，干潟などの空間に対して統一して権利を確

認して登記すること、帰属が明らかで，権利と責任が明確で，監督管理が有効な自然資源財産権制度を形成すること，そして空間規劃システムを確立し，生産・生活・生態空間開発制限を定め，用途管理を実行することとした。また，エネルギー，水，土地の節約集約使用制度を改善し，自然資源の資産管理と体制を健全にし，国が統一して所有者としての職責を行使するとした。

②生態保護方針の確定

　主要機能区の設定により国土空間開発保護制度を確立すること。厳格に主要機能区を位置づけ，これに基づき国家公園制度を確立すること。資源環境の負荷能力観測・警告メカニズムを構築し，水土資源，環境容量と海洋資源の負荷能力を超えた区域について規制措置を実施することとした。また，開発制限区域と生態の脆弱な国家貧困支援開発重点県に対するGDPによる審査をやめ経済偏重方針を転換するとした。さらに，自然資源資産負債表を作成し指導幹部に対する自然資源資産にかかる離任監査を実施し，生態環境に損害を与えたものに対する生涯責任制の確立を掲げた。

③資源有償使用制度と生態補償制度の実行

　自然資源とその産品の価格改革を急ぎ，市場需給，資源の欠乏，生態環境損害コストと回復利益を全面的に価格に反映するほか，資源使用について，汚染・破壊者負担原則を維持して，資源税を各種自然生態空間の占用に拡大するとした。また，退耕還林・退牧還草の範囲の拡大，汚染地区，地下水過採取地区の耕地の用途を調整し，耕地と河川湖沼の回復の実現，工業用地と居住用地の有効調節のための比較価格メカニズムを確立し工業用地価格を引き上げるとした。受益者負担の原則により，重点生態機能区の生態補償メカニズムを改善し，地区間の横向きの生態補償制度の推進，環境保護市場の発展，省エネ量・炭素排出権・汚染物排出権・水権取引制度の推進を進めるほか，社会資本を生態環境保護に投入することにより市場メカニズムを確立し，環境汚染の第三者による改善を促進するとした。

④生態環境保護管理体制の改革

　あらゆる汚染物排出を厳格に管理する環境保護管理制度を確立し，陸海を統合した生態システムの保護回復と汚染防止区域との連動メカニズムを確立することとした。国有林区の経営管理体制の健全化と集団林権制度改革を実施し，適時環境情報を公布し，通告制度の健全化と社会監督を強化するほ

か，汚染物排出許可制の改善，企業・事業体の汚染物排出総量抑制制度の実行，生態環境に損害を与えた責任者に対する賠償制度の厳格な実行，法による刑事責任の追及を盛り込んだ。

　以上から，自然資源の財産権帰属の明確化と用途管理の実施，管理責任の所在と追究の厳格化，生態機能区の中で重点的に保護しなければならない地区の確定，経済発展優先の成績審査の転換と幹部の厳格な責任追及，汚染者負担，受益者負担原則の貫徹と市場メカニズムを活用した生態補償制度の確立などを重点として掲げたことがわかる。いわば資源に対する国の管理強化，環境汚染や破壊に対する責任追及，費用負担の制度確立を明確にしたといえる。水資源については，これに呼応する形で節水政策や水権取引制度の導入が模索されている。

　このほか同決定では，環境ガバナンスに関連する注目すべき内容を規定した。1つは，4章の「政府職能の転換」の中で，投資体制改革に触れ，エネルギー，土地，水の節約，環境，技術，安全等の市場における基準の強化，生産過剰を防止・解決できる長期的なメカニズムの構築を規定した。また，成績評価について審査評価システムを改善し，経済成長のスピードで成績を評価する傾向をただし，資源消耗，環境損害，生態効果，生産過剰，科学技術の刷新，安全生産，新増加債務等の基準の強化などによる省エネ，環境面での基準整備を強調している。さらに，9章の「中国の法治」において掲げた司法管理体制の改革が注目される。省以下の地方法院，検察院の人事と財政の統一管理を推進し，行政区画と分離した司法管轄制度の確立を模索し国の法律を統一して正確に処理するとした。従来，地方の人民法院の財政は地方政府から手当され，法院院長の人事は地方の人大により決められるため，裁判の内容に地方の利益が優先される「地方保護主義」の傾向が指摘されていた（汪2011，309頁）。この改革により上級法院の直接管轄が実現すれば，裁判の独立性の保障に一歩近づくことが期待される。

2　環境保護法の改正

　12期全国人大常務委員会の5年立法計画（2013年10月）により明確にされた68の項目のうち，土地管理法，環境保護法，大気汚染防治法，水汚染

防治法等の改正，土壌汚染防治法，核安全法等11の項目は前述の「生態文明」に関連している。

　このうち環境保護に関する基本的な法律であり，環境政策の基本方針と厳格な責任追及を規定する環境保護法（1989年制定）の改正内容について紹介する。同法の改正については，早くも1993年の第8期全国人大環境資源保護委員会において意欲的に議事日程に取り入れられ，第9，10，11期全国人大常務委員会も法律改正を立法計画に取り入れ，数十回に及ぶ調査研究・法律執行の活動を展開してきた。また，法律専門家・官員を海外へ派遣し，環境分野の立法動向を調査させ，その育成訓練を実施した。北京大学の汪勁教授は，このような努力にもかかわらず改正が実現しなかったことは，問題の困難性を表しているという（汪2011，51頁）。

　2012年8月に改正案の草案第一次審議稿が公開されたが，改正内容としては小幅なものに留まっていた。その後大幅な修正が加えられ2013年7月に草案第二次審議稿が公開され一般の意見が聴取された（北川2014）。これを受け，内容の一層の充実強化が図られ，4月24日に改正案が全国人大常務委員会を通過，2015年1月1日から施行されることとなった。今回改正作業が早まった背景には，PM2.5をはじめとしたさまざまな環境問題の顕在化が影響したと考えられる。

　改正法の主な内容・特徴について，新規に加わったものや現行法と比較しての改善点を取り上げる。

　まず，「目的」について，社会主義現代化建設の促進という言葉がなくなり，「生態文明の建設の推進，経済社会の持続可能な発展の促進」という用語が加わった。また，従来から認知されていた「環境の保護は国の基本国策」を明記した（4条）。「環境教育や環境保護」について，「教育行政部門，学校は環境保護の知識を学校教育の内容に入れ，青少年の環境保護意識を養う」「ニュースメディアは環境保護の法律，法規及び環境保護知識のPRを行い，環境違法行為に対する世論の監督を行う」とし，教育機関やメディアの役割を盛り込んだ（9条2項，3項）。

　また，「国の環境保護規劃」について新たに定め，規劃の内容は「自然生態保護と環境汚染防治の目標，主要任務，保障措置等」を含み，「全国の主要機能区規劃，土地利用全体計画および城郷規劃とリンクしなければならな

い」とし（13条4項），開発関連の規劃との整合を図った。「環境影響評価」に関して，建設プロジェクト環境影響評価報告書は先に建設し事後に承認を得るような場合が多かったため，「法により環境影響評価を行っていない建設プロジェクトについて，着工し建設してはならない」としたほか，開発利用規劃の環境影響評価に対する事前承認も義務づけた（19条2項）。そして，この違反に対して，環境保護行政主管部門は「建設停止を命令し，過料に処するとともに現状の回復を命令することができる」とし（61条），実効性を高める工夫をした。

次に，環境保護部門の責任を明確化し，「環境保護目標責任制と審査評価制度を実行し，国務院と地方人民政府環境保護目標完成状況」を地方人民政府の環境保護部門とその責任者の審査内容とし，結果を公開することとした。また，県級以上人民政府は環境保護目標完成状況を環境保護部門とその責任者および下級人民政府とその責任者の審査内容に入れ，評価の重要な根拠とし，その結果を公開することとした（26条）。さらに，県級以上人民政府は毎年，人大および同常務委員会に環境状況と環境保護目標の完成状況を報告するとともに，重大環境事件についても報告し監督を受けなければならないとし（27条），人大の監督を強化した。

自然資源については，「合理的に開発し，生物多様性を保護し，生態安全を保障」すると規定し（30条1項），「外来種の移入と生物技術の研究，開発，利用に対する措置」をとり，生物多様性の破壊を防止することとした（同2項）。この点，現行環境保護法には，自然保護に関する規定が不充分であったため充実強化が図られている。また，生態保護補償制度の確立について規定し，受益地区と生態保護地区の人民政府が協議や市場規劃に基づき生態保護補償を進めることについて国の指導を規定したが（31条），これは現在起草中の生態補償条例の動きを反映したものと思われる。流域の関係では，既に浙江省などを中心に環境保全の恩恵を受ける下流が上流に補償する生態補償の試みが始動している。

「廃棄物・リサイクル」に関して，国などは省エネ，節水，省資源などの環境にやさしい製品，設備，施設を優先して購入，使用しなければならないとした（36条2項）ほか，地方人民政府の「生活廃棄物の分類措置，回収利用の推進措置」と住民の分別義務について規定した（37条，38条）。

その他,「総量抑制」について規定し,国の重点汚染物排出総量抑制基準を超えた地区については,暫時新増設の建設プロジェクト環境影響評価書の審査を停止することとし（44条2項）,実効性を高めた。また,農薬,化学肥料などの農村の農業面源汚染防止を規定し,生活廃棄物の処理についての県級人民政府の責任を明記した（49条）。

今回,筆者が特に注目しているのは「情報公開と公衆参加」および「法律責任」である。前者について,国と並んで省級以上人民政府環境保護部門は定期的に環境状況公報を公布することとした（54条1項）。地方レベルでの環境情報の公開促進が期待される。また,環境影響評価手続きにおける公衆参加について,「環境影響報告書を作成しなければならない建設プロジェクトは,建設機関が作成時に公衆に状況を説明し,十分意見を求めなければならない」とした。環境保護部門が報告書を受け取った後,国家機密と商業秘密にわたる場合を除き,全文公開が義務づけられたほか,建設プロジェクトについて十分住民の意見を聴取することを義務づけ,実質化を図った（56条）。また,公益訴訟については,「環境汚染,生態破壊,社会公共利益に害を与える行為」について,法に基づき区を設けた市級以上の人民政府民政部門に登記していること,かつ環境保護公益活動に連続して5年以上従事し違法な記録がない公益組織（NGO）に訴訟の提起を認めた。北京の研究者によれば全国で300あまりの組織が対象になるとのことである。

後者の法律責任については,「企業事業単位やその他生産経営者が違法に汚染物を排出する場合は過料の処罰を受けるとともに期限内の改善を命ぜられる。改善を拒む場合は,法により処罰決定を行った行政機関は改善を命じた日から元の処罰額に応じて日割りの処罰をすることができる」とし（59条）,有識者が強く求めていた「日罰制」を規定した。さらに,地方性法規で,地域の実情に応じて対象の違法行為の種類を増加することができることとした。これに加え,環境影響評価を行わず着工し,建設停止を命じられたにもかかわらず実施しない場合や違法な汚染物の排出など,悪質な行為について公安機関に案件を移送して直接の責任者を10日から15日間の拘留ができることとした（63条）。このほか,企業の環境情報の不公開や虚偽の情報公開について,県級以上人民政府の環境保護部門は公開を命じ,過料に処し公表するとし,企業の責任を強化した（62条）。

以上から特徴として次の点を指摘できるだろう。①従来環境汚染中心であった法律を自然保護，廃棄物の領域まで広げたこと，②政府や企業の情報公開を義務づけたこと，③住民やメディアの監視・監督機能を重視し公衆参加を充実したこと，④法律責任を強化したこと。特に④については，草案第二次審議稿よりさらに強化されており立法者の並々ならぬ強い決意が窺える。現在，来年の施行に向け，改正内容の周知に努めているが，地方からは経済発展との関係で施行の困難さを指摘する声も聞かれる。環境法の実効性を上げるには，前述の生態文明や生態補償を前面に出した環境政策の確立とともに執行面でのガバナンス強化が不可欠である。とりわけ現行体制の中でいかにチェック機能を働かせられるかが法政策の成否を左右する重要な要素となるであろう。

注：
1　2012年の地表水資源量は2兆8373.3億 m^3，地下水資源量は8296.4億 m^3，重複分を除いて総量は2兆9528.8億 m^3 である。

参考文献：
池田鉄哉（2008）「中国における水資源問題とその統合的管理に係る初歩的考察」『水文・水資源学会誌』21巻5号，368頁。
汪勁（2011）『環境法治30年―我們成功了嗎？』北京大学出版社。
汪勁（2012）寇鑫訳，北川秀樹監訳「中国環境保護法の効果的な一部改正に関する考察」『龍谷政策学論集』1巻2号。
北川秀樹（2012）「中国の環境法政策と執行メカニズム」『中国の環境法政策とガバナンス』序章，晃洋書房。
北川秀樹（2013）「中国環境法30年の成果と課題―環境保護法改正と紛争解決制度を中心に―」北川秀樹・石塚迅・三村光弘・廣江倫子編『現代中国法の発展と変容―西村幸次郎先生古稀記念論文集―』12章，成文堂。
北川秀樹（2014）「深刻化する環境問題にどう対応するか？―現政権の環境政策―」総合地球環境学研究所中国環境問題研究拠点『天地人』23号，
国土交通省（2013）「平成25年度日本の水資源について―安心・安全な水のために―」(http://www.mlit.go.jp/common/001006506.pdf，2014.11.8参照)。
中国環境保護部（2014）『2013年中国環境状況公報』2014年6月5日。
中国水利部（2013）「2012年中国水資源公報」2013年12月15日。

本章は，独立行政法人 科学技術振興機構（JST）中国総合研究センター「科学技術月報」2014年7月号（第93号）に掲載された拙稿「最近の環境法政策―生態文明と環境保護法改正―（その1,2)」(http://www.spc.jst.go.jp/hottopics/1407/r1407_kitagawa1.html) に加筆したものである。

第1部
水資源の利用と生態環境

　私たちの生活や生業に不可欠な水資源の保全と効率的な利用をどのように図っていくか，そのための政策や技術をどのように導入するのか，人類の英知が問われている。

　今日，湖沼などの閉鎖性水域においては，急速な水質の改善が見られず統合的水資源管理（ILBM）の必要性が叫ばれている。中国においても湖沼流域資源の持続可能な利用と保全のため課題の追求が必要となっている。同時に，中国国内では生態環境の保護者や被害者に対して，政府や市場を通じて金銭または物品を提供しようとする生態補償制度の確立が模索されている。さらに，乾燥地・半乾燥地における農業用水の有効利用のための水利権取引や多様な節水の取り組みについて，中国の社会，経済環境のなかでの検証も必要となっている。

第1章

中国の湖沼と統合的湖沼流域管理（ILBM）

中村正久

I 湖沼流域資源と湖沼環境問題

　湖沼は豊かな生態系を育み，洪水調整や気象緩和，美しい景観などさまざまな多面的価値や機能を有し，また，流域河川や湖の沿岸の住民生活や産業活動を支える水資源や水産資源の供給源となっている場合が多い。こういった生態系サービスの持続可能な利用と保全には湖沼流域管理が不可欠である。湖沼流域管理の目的を整理すれば，a 資源の量の開発，b 資源の質の向上，c 過度な資源開発や利用の抑制，d 資源利用の競合の回避や解決，e 湖沼環境へのストレスの軽減，f 湖辺・湖内環境の劣化の防止や修復，g 異常水文現象や水質リスク事象に伴う被害の軽減，h 長期的な気候変動への適応や対策，更には i 持続可能な資源利用と保全のための流域社会の一体的取り組み，などに整理できる。端的にいえば，資源の賦存量が利用量に比べてはるかに多い場合は，資源開発一辺倒であっても特に問題はない。しかし，賦存量が限られている場合は，共有資源（コモンズ）としての自主的な管理が機能している場合を除き，過剰取水の制限や乱獲の防止や湖沼環境の維持・改善・回復を実現するため，規制的・対策技術的取組を主とする流域管理が不可欠である。これらの目的は 1 つの湖沼においても通常同時に複数存在し，時の変遷とともに総じて a から i に比重が移る。また，1 つの国や地域の中に物理的形態や自然的・社会的状況が異なる複数の湖沼流域が存在する場合，これらの目的は大なり小なり重なり合ってくるから流域管理のニーズは一般に幅広く存在する。上記の枠組みを世界の湖沼流域管理の現状と照らし合わせてみれば次のことが浮き彫りになる。

　湖沼流域資源への依存度が最も高いのは，大湖沼が多く，湖沼を水源と

し，動物性蛋白質の多くを淡水魚から摂取する内陸国人口が多いアフリカ大陸である。そこでは水資源や水産資源の開発 a はもとより，水産業における加工・流通の施設整備や事業 b がさまざまなスケールで存在する。しかし人口の爆発的な増加や急速な都市化・工業化によって資源開発が優勢され，湖沼環境を悪化させる活動への規制 c や，資源開発セクター同士の利害対立や環境セクターとの調整・対立回避の取り組み d は未だ非常に限定的にしか行われていない。また，アジア諸国やラテンアメリカ諸国のように，経済発展状況が先進国に近づきつつある国々の場合，資源開発をめぐる流域インフラ整備 a，b は既に相当進み，資源の持続可能な利用に向けた規制的措置 c や，経済的手法などを反映した利害調整 d，更には流域からの点源汚濁負荷の削減 e などに力を注ぐ段階にある。しかし湖沼生態系を重視した流域社会における経済と環境の調和 i はもとより，湖沼や河川流域生態系の回復事業 f などは，さまざまなリスク事象 g，h に対する取り組みと同様に未だ制度構築の試行錯誤を繰り返している段階である。

　一方，我が国や欧米諸国では，資源開発と利用をめぐる a～d の仕組みは社会に定着して久しいが，淡水漁業が産業構造に占める割合は極めて小さいし，水資源開発についても自然湖沼を水源とする新規事業はもとより人造湖の建造も限定的にしか実施されていない。しかし湖内の水質・底質改善 e や湖辺生態系の保全・修復 f などについては国や地域によって取り組みのレベルが異なり，これまでもたらされた成果も必ずしも十分なものではない。また湖沼流域における気候変動の影響予測は未だ調査研究が主で，実際の適応策や対応策 f は限定的である。更に持続可能な資源利用と保全のための流域の一体的取り組み i については，少数の先進的な事例を除けば試行錯誤が続いていると考えるのが妥当であろう。

2　中国における湖沼環境問題と湖沼流域管理

2.1　湖沼環境の概要

　坂本・熊谷（2006）は中国の湖沼を(i)チベット・青海省高原湖沼群，(ii)内モンゴル・新疆湖沼群，(iii)東北部湖沼群，(iv)東部平原湖沼群，(v)雲南・貴州高原湖沼群の5つの大きな分布域グループに分けて解説している。

(ⅰ)は，標高4000m程の高地湖沼群であり，高山草原・湿地・寒冷荒原・乾燥荒原（砂漠）・氷雪などが入り混じって分布する中に，大小無数の塩湖・淡水湖が散在する湖沼群である。その中で青海湖は面積約4300km^{2}と国内最大級の湖で特異な存在で，海抜3200mに位置する。

(ⅱ)は，おおむね半砂漠地帯で，ほとんどが内陸閉鎖湖である。天山山脈，アルタイ山脈などの氷河を頂く高山があるため，塩湖ばかりでなく，雪解け水淡水湖も存在している。

(ⅲ)は，興凱湖，鏡泊湖，月亮泡，松花湖など海洋に流出する河川をもつ湖沼群である。

(ⅳ)は，洞庭湖，鄱陽湖，太湖の3大淡水湖と河跡湖を含む長江沿いの多数の湖沼群である。

(ⅴ)は，構造湖である滇池，洱海，撫仙湖，星雲湖などの他，多数のカルスト湖，氷蝕湖の湖沼群で東アジアモンスーン域の6つの大河川，長江，珠江，紅河，瀾滄江，怒江，イラワジ川が高原域を貫流あるいは出発点とする地域に位置する。

これらの中国の湖沼群について坂本・熊谷は，「……北朝鮮，韓国，日本の湖沼群とあわせ東アジアモンスーン域湖沼群に属する。東アジアモンスーン域は寒暖，乾湿の季節的変化が大きく，東西沿岸部から西部山岳域まで，亜熱帯から亜寒帯までをカバーするため多様な生態系が分布する。北部のモンゴルや新疆についてみると，降水量が少なく，夏季には高温が，冬季には厳しい寒気が支配するため，広大な砂漠，荒原，草原となっている。蒸発が大きいためほとんどの河川は内流河川（外洋に流出しない河川）となり，湖沼の多くは塩分の高い鹹水湖となっている。湿潤な淮河以南では南部に常緑広葉樹，北部に落葉広葉樹や針葉樹の生態系が分布している。河川水量は豊かで，多数の淡水湖沼が分布している」としている。

2.2 湖沼流域の実態と政策課題

広い国土をもつ中国の場合，上述の通り湖沼の存在形態が大きく異なるのみならず流域の社会経済の発展度合も大きく異なるため，流域管理について一律に述べることは難しい。しかし中国の湖沼環境をめぐる2000年代初頭に至るまでの歴史的経緯と具体的な課題例を当時の国家環境保護総局長の発

言として取り上げた報道（中国通信社2007）は、「盲目的な干拓、過剰な水資源利用によって毎年20の天然湖沼が消滅、建国後50年間に既に1000の内陸湖沼が消滅、「千湖の省」と称される湖北省では1000余りの湖沼がすでに300あまりに激減、全国の地表水の全体的水質は汚染状況にあり、遼河、海河は重度の汚染、太湖や滇池の水質は劣Ｖ類（如何なる利用も不可）、巣湖はⅤ類（農業用水のみに使用可）となった。これまでさまざまな取り組みが推進されてきたにもかかわらず状況は悪化し、11省の126の工業パークのうち、110で違法な審査・認可、越権的審査・認可、環境評価等級の引き下げなどの違法問題は全体の87.3％に達した、75の都市汚水処理場のうち38は正常に運転されておらず処理が基準に達しないものや運転停止となっているものが全体の50.6％、検査の行われた526社の企業のうち44.2％にあたる234社が環境違法行為を行っていた」と報告している。一方、日中友好環境保全センター（2013）は、「近年、中国政府は「三河（淮河、遼河、海河）」「三湖（太湖、滇池、巣湖）」を全国汚染対策の重点地域としており、顕著な成果を上げている。「三河」「三湖」流域面積は81万 km^2 に達し、全国14の省と直轄市に跨っており、湖の流域内人口は３億6,000万人に上る。2055年末までに重点流域水質汚濁防止「第10次５ヵ年計画（2001－2005年）」に盛り込まれた2130件のプロジェクトのうち、既に1,378件が完成しており、これらはプロジェクトの総数の65％を占める。「三河」「三湖」流域に完工済みおよび建設中の汚水処理場は416ヵ所に上り、１日あたりの処理能力は2093万ｔとなっている。流域内の5000社あまりの重点汚染企業のうち、既に80％以上が排出基準を達成している。現在、流域水の汚染物質は大幅に削減されており、水環境の悪化傾向は基本的に歯止めがかかっており、一部の河川区域間及び湖沼水域の水質は顕著に改善されている」とし、推進されているさまざまな事業が成果を上げつつあると報告している。しかし総じていえば、1.で述べたa資源の量の開発、b資源の質の向上、に取り組みが集中し、c過度な資源開発や利用の抑制、d資源利用の競合の回避や解決、e湖沼環境へのストレスの軽減、をめぐる課題が依然として山積しており、f徐々に劣化する湖辺・湖内環境の修復、h長期的な気候変動への適応や対策、更にはi持続可能な資源利用と保全のための流域社会の一体的取り組みなどは、前述の「三湖重点地域政策」を含め今後の大きな課題だと考えるのが妥当であ

ろう。なお，g 洪水や水質事故などのリスク事象に対する取り組みの中で，前者の洪水対策のハード事業は長江など大河川において歴史的に取り組まれてきたことは良く知られている。

　一方，政策課題をめぐる見解として中国の湖沼環境政策を国家的見地からリードしてきた Liu（2009）氏は2009年の第13回世界湖沼会議の基調講演で，湖沼の水質改善が捗々しくなかった理由を，

(1) 工業発展モデルと水環境容量との齟齬をもたらす要因：人口密度（湖沼の環境容量を超過），都市化（計画性の欠如と処理量を大幅に超える排出汚水量），土地利用（搾取的な利用，土壌浸食，化学肥料や農薬の過剰使用），集水域に対する環境負荷の著しい増加

(2) 富栄養化問題への取り組みの遅れへの対策：科学研究的取組（富栄養化予測・警告システムの開発および実スケールモデルプロジェクトの実施），施作実施および管理のツール（生態系区分別富栄養化制御の標準化，管理目標と管理基準の設定，体系的ガイドラインの策定（地域区分別の体系的管理戦略とガイドラインの策定），技術開発と技術評価システムの構築（富栄養化制御と排出栄養塩量の削減をめぐる技術開発と信頼性の高い技術評価システムの構築），政策的枠組みと財政的枠組みの確立（統合的富栄養化制御のための技術政策，経済政策および長期的財政計画）

と整理している。

　また，中国水利水电科学研究院の Wang（2009）氏も同じ会議の基調講演で，湖沼の水管理の仕組みが機能してこなかった原因として交通，水利，環境，都市政策などを所轄する組織の縦割りの問題を指摘し，湖沼環境管理の様に多部門，多レベルにまたがるシステムに取り組む場合，管理に係る職責が不明瞭であることが調整を困難にし，管理機能の分断と非効率性をもたらすと指摘している。

2.3　統合的湖沼流域管理（ILBM）に向けて

　こういった背景のもとで政策転換の方向性についても大きな議論が行われてきたが，今後中国政府としてどのような方針を確立して取り組んでいくべきかについて上記の Liu 氏は，環境と経済の対立から経済発展と環境の最適

なバランスの追求へ，従来型の汚染物質から窒素・リンおよび有害化合物対策・水質基準値達成を主眼とした政策から総量規制を主眼とした政策へ，更には行政単位の取り組みから地域別・類型別・経時的・段階的統合的管理へ，それぞれ方針転換をする必要があるとし，取り組むべき具体的課題として，湖の富栄養化評価と環境容量分析の体系的実施，湖の富栄養化が地域開発政策に与える影響に関する明確な判断，湖沼の環境容量に基づく経済開発最適化モデルの構築，包括的な湖沼富栄養化防止戦略の策定，過剰な栄養塩の排出抑制戦略の策定，窒素およびリンの水質基準値の策定，更には富栄養化防止の標準的制御システムの基準と判断条件を確立すべきだとしている。
また，前出の Wang 氏は中国における湖沼流域管理の新たな方向性として，管理の基本単位を従来の行政区単位の取り組みから流域単位の取り組みへ，組織体制，政策，参加，技術，情報，持続可能な財政という統合的湖沼流域管理（Integrated Lake BasinManagement ; ILBM）の6つの要素を勘案しなければならないと報告している。更に第13回世界湖沼会議で採択された武漢宣言（2009）は，「ILBM の概念は，既に多くの事例でその有効性が評価されており，個別湖沼流域レベルのみならず国家レベル，更には国際レベルの基本的なアプローチとして促進することが重要である。また，すべての国の湖沼流域管理の経験を反映する知識ベースの構築を促進するとともに，国境を越えた水システムに関する地球規模の活動と緊密な国際連携の促進を含め，ILBM 概念をより豊かにするためのグローバルな協力を強化する必要がある」と謳っている。

3　中国における ILBM の課題

3．1　新たな取り組みの方向性

前出の Wang（2009）氏は中国が抱える新たな課題とその対応について以下のような計画の枠組みの必要性を指摘している。
(1)**管理の目標**：対象を湖盆から流域へ（社会経済開発のニーズを満たす水量と水質を確保し，可能な限り自然のサイクルに配慮した良好な環境と生態学的に健全な水循環を維持できるように流域社会の経済や水利調整を維持する必要がある）；都市型の人工的水文循環への配慮（競合する

水利用者への公平な水配分，高い単位水利用量当たり生産費，取水，水利用および水質汚濁防止における高い経済効率性を追求する必要がある）

(2) **新たな計画モデル**：水の流れ，汚染物質の流れ，情報と資金の流れを考慮し，管理効率を向上させるために行政，経済，技術，社会対策など使用可能なあらゆる方策を導入する必要がある；集水域から湖沼に流入する栄養塩量および有機物量の削減を最優先する必要がある

(3) **新たな方向性を可能とする制度体制の構築**：湖沼流域管理を可能とする組織・体制，法制度の構築が必要；創造的制度構築や技術開発のための研究が必要；安定した，信頼性の高い資金調達システムが必要

(4) **一般市民の参加システムの構築**

(5) **当面する新たな課題**：「南は洪水，北は干ばつ」という中国における降水量変化の傾向があること；社会経済的水需要が湖沼の生態学的必要水量を圧迫し，生態系リスクを増加させること；気候変動現象が異常気象現象を引き起こし，洪水渇水頻度を増加させ，結果的に湖への非点源汚染量を増加させること；気候変動は，水生生物生態系の組成・構造・機能に影響を与える（有機物生産を高め微生物活動を加速させる）こと；地球規模で起こっている湖沼環境の悪化に関する調査研究が必要であること

(6) **環境の変化に伴って新たな浮上しつつある問題**：従来存在しなかった水汚染物質の登場；節水型社会の構築：早期警報システムと緊急時の対応

このように資源開発と環境保全の目標を明らかにした上で，その目標の達成に向けて基本方針を策定し着実に実施することは国の長期的な取り組みとしては非常に重要である。しかしこういった課題に対応するための「計画とその実施」は，以下に述べる「湖沼流域ガバナンスの向上」と十分噛み合って初めてその実施効果が長期的に発揮されるので，ILBMに対する踏み込んだ考察が重要である。

3.2 ILBMにおける計画とガバナンス

湖沼は，空間的課題（流入河川の最上流から流出河川の最下流までをつなぐ）と時間的課題（歴史・文化などを過去から現在・将来にわたって伝承し

ていく)に対して社会的取り組み(流域構成員相互の利害関係の調整)が強く求められる存在で,その資源価値を持続可能な形で利用し保全していくことは容易でない。その背景には,①長い滞留時間(入ってきた物質を長時間ため込む),②複雑にからみ合う湖内現象(湖内に流入する物質は生物的,物理的,化学的な相互作用を経て,複雑な変化をみせる),③さまざまな事象と現象を統合する性質(人為活動と自然現象が一体的なシステムを形成している)など,河川のような流水(lotic water)とは異なった静水(lentic water)が有する自然科学的特質がある。また,資源開発セクターに比して資源保全セクターの取り組みの中で生物生息環境の維持・回復を含む生態系の保全に対する社会的仕組みづくりが困難で,生態系サービス全体の持続可能な利用と保全を実現する仕組みを構築することが難しいという特徴がある。限られた人的・財的資源を最大限に生かし,湖沼流域全体に対する取り組みをできる限り幅広く展開し,時間をかけながら徐々に状況を改善していくには自治体,企業,市民,研究者などが一定の政治的コミットメントの下で連携し,湖沼流域ガバナンスを強化しつつ漸進的に成果を上げていくことが重要である。このように,多くのステークホルダーが,湖沼の自然科学的特徴を踏まえつつ,湖沼流域ガバナンスを統合的に強化・向上させ,生態系サービスの持続可能な利用と保全の実効性を当該国の実態に合った形で実現していこうとする湖沼流域管理全体の仕組みあるいはシステムを「統合的湖沼流域管理(ILBM)」と呼んでいる。流域を一体とする幅広い取り組みを実現するためには①組織や体制(Policies),②制度や政策(Institutions),③ステークホルダーの参加(Participation),④技術的対応(Technology),⑤調査研究などによる知見・情報の集約や知識の形成(Information),⑥財源の確保や調達(Finance),すなわち湖沼流域ガバナンスの6本柱(図1-1)を強化させる取り組みを長期にわたって推進していかなければならない。

　長期計画の策定にあたっては,流域の住民の主体的な関わりがなければ,実施された計画の実効性を担保することは難しい。それには以下の3つの視点が重要である。

(1) ステークホルダーの主体性
(2) 各湖沼流域の状況に応じた柔軟な対応
(3) 湖沼流域ガバナンスの継続的な向上

図 1-1. 湖沼流域ガバナンスの6本柱

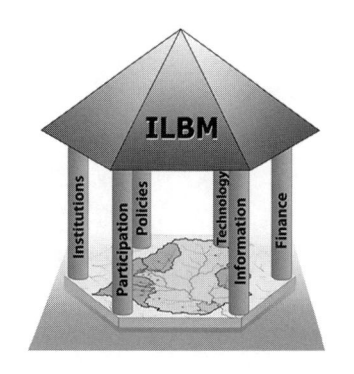

　(1)については，流域のステークホルダーがその取り組みを自律的に推進し，政策の形成や決定に主体的に関わり得るものでなければ十分な効果を発揮しないことを意味している。湖沼の水資源，漁業資源，沿岸生態系資源などは，沿岸地域社会によって歴史的に形づくられてきた社会的ルールに基づいて管理される場合が多い。このように社会的ルールに基づいて地域全体が関わって利用・保全する資源は，「共有資源（コモンズ）」と呼ばれている。湖沼流域管理には大なり小なりコモンズの持続可能な利用と保全ができる構図をつくりあげることが必要であり，そのために流域社会が主体性（オーナーシップ）を発揮できる環境を確保することが最も重要である。(2)については，湖沼流域資源の持続可能な利用と保全に関わる主体と目的は湖沼ごとに多様な形で存在するため，湖沼流域管理においてはそれぞれの流域の自然的・社会的状況に応じた柔軟な対応が重要であることを意味している。一般に，湖沼とその流域は上流と下流，資源開発セクターと環境セクター，複数の資源開発セクター同士など，さまざまな主体間の動的な利害対立関係の上に存在する。湖沼流域管理は，こういった利害対立の緩和に向けた試行錯誤を長期的に繰り返す取り組むと言うこともできる。(3)については，4．で詳述する。

4　ILBM プラットフォームプロセスの必要性

4.1　ILBM プラットフォームプロセスとその仕組み

　ILBM を実効性のあるものにするには，取り組みを進める具体的な手順やプロセスが必要である。すなわち ILBM を支える湖沼流域ガバナンスの 6 本柱について，流域のステークホルダーが，その現状と望ましい強化の方向性を明らかにし，連携して課題を克服する取り組みの場，あるいは仕組みが必要であり，これを「ILBM プラットフォーム」と呼んでいる。また，ILBM プラットフォームのメンバーが一定の手順に沿って，徐々に湖沼流域ガバナンスを向上させていくプロセスを「ILBM プラットフォームプロセス」（図 1-2）と呼んでいる。ILBM プラットフォームは，多くのステークホルダーの合意ができれば容易に強化に取り組むことができるような比較的単純なものから，さまざまな要因で当面の合意は困難であるが，できるところから徐々に課題の解決に取り組み，ガバナンス強化の実効性を高めていかなけ

図 1-2. ILBM プラットフォームプロセス

縦軸：持続可能性の程度（より高い持続可能性）
横軸：時間（遠い将来）

1) 湖沼流域の現状の記述
2) 流域ガバナンス向上の準備
3) 克服すべき課題解決に向けた試行錯誤
4) ガバナンス 6 本柱の強化状況の評価
5) 長きにわたる着実な取り組み

● 流域既存基本情報の確認・整理
● 個別モニタリングデータの集約と共有

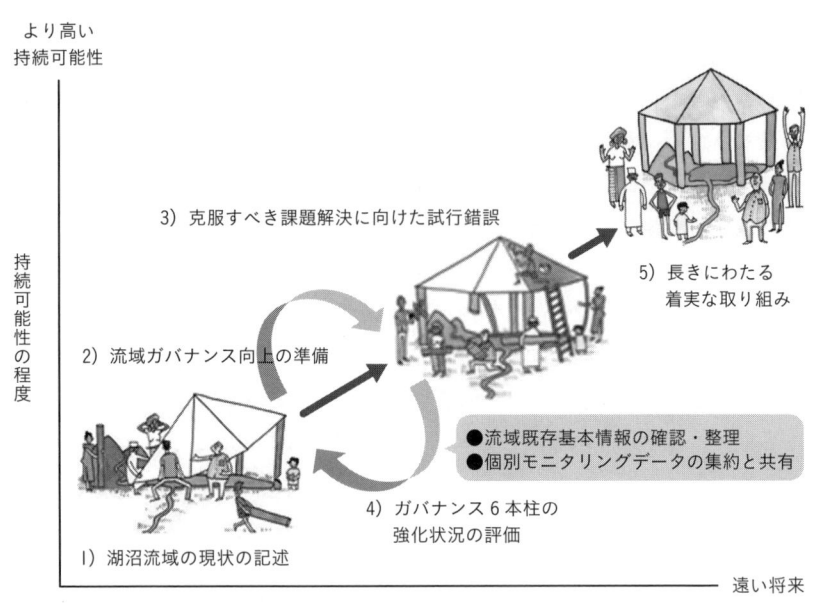

れば展望が開けないものまで多様な形態が存在する。したがって，ILBMプラットフォームプロセスとは，さまざまな事例を通して多様に進化していくプロセスでもある。

4.2　ILBMプラットフォームプロセスと流域ガバナンス

　ILBMプラットフォームプロセスは，湖沼流域ガバナンスを長期にわたって徐々に向上させていくプロセスを意味し，世界の湖沼流域管理の数多くの事例分析に基づいて経験的に導かれた概念である（Nakamura and Rast 2014）。このプロセスが制度化されなければ持続可能な資源の利用と保全を実現することはできないというものではないが，先進国の事例で成功例と見なされているものは，大なり小なりプラットフォームプロセス的な仕組みが伴っていることが分かっている。すなわち湖沼流域管理が一定の成果を上げている背景には生態系サービス全体の持続可能性の追求という目的の達成に流域ガバナンスの向上が伴う必要があるからに他ならない。しかし，プラットフォームプロセスを広く世界的に定着させることは必ずしも簡単なことではない。先進国においてさえ多くの事例は1.で述べた流域管理の目的のうち，aからeの目的群程度までの取り組みには十分な経験を積み重ねてきたものの，fからiの目的群に対する取り組みは限られたものであった。従っていわゆる縦割り行政によるトップダウン型政策立案と，策定された計画の行政ベースによる効率的な実施という前者の目的群をめぐる典型的なアプローチをそのまま後者の目的群に踏襲することで実現できるという思い込みが存在し，概念構築が不十分のまま現在に至ったからである。その結果，流域ガバナンスの向上を測る指標についての調査研究や知識ベースの構築も未だ極めて限られたものであった。しかしエコシステムアセスメントや流域ガバナンスといった概念が初めて世に問われた西暦2000年頃から十数年を経て両者の関係を具体的に政策立案や事業の実施と検証に適用しようとする試みも増加しつつある。徐々にではあるがILBMへの理解が浸透し，試行錯誤の実例も急速に増加しつつある。

　以上の考察を踏まえてエコシステムサービスと流域ガバナンスとの関係を概念的に示したのが図1-3である。これは，湖沼流域管理が目標とする生態系サービスは「資源供給的から調整的」目標設定に経時的に変遷し，同時

に管理の目的もおおよそa）からi）に向かうことを示している。その際，流域ガバナンスは湖沼流域管理の目的である組織・体制，政策，参加，情報，技術，財政の6本柱について，それぞれ「単一的から複合的に（組織体制）」「短期的から長期的に（政策）」「組織の関心から社会的関心に（参加）」「効率性追求から持続可能性追求へ（技術）」「特定分野から分野横断的に（情報）」，そして「市場便益から社会便益へ（財政）」へと同じく継時的に比重が移動していくと想定できる。しかし，いかなる経時変化の過程においても，これらの6本柱は全て経時変遷過程のその時々の流域ガバナンスの向上に資するわけであるから，6本柱を横断するバランスと，生態系サービスの継時的・段階的バランス（例えば過度に偏った資源供給サービスの追求から調整的サービスとのバランスへ）の追求の両方が求められることになる。こういった複合的な目的の追求とガバナンスの向上を漸次達成する取り組みを，ILBMプラットフォームプロセスのような仕組みなしで，「縦割り行政によるトップダウン型政策立案と，策定された計画の行政ベースによる効率的な実施」という従来型の取り組みで実現することは不可能である。

図 I-3. 湖沼流域管理の目的と流域ガバナンスの6本柱

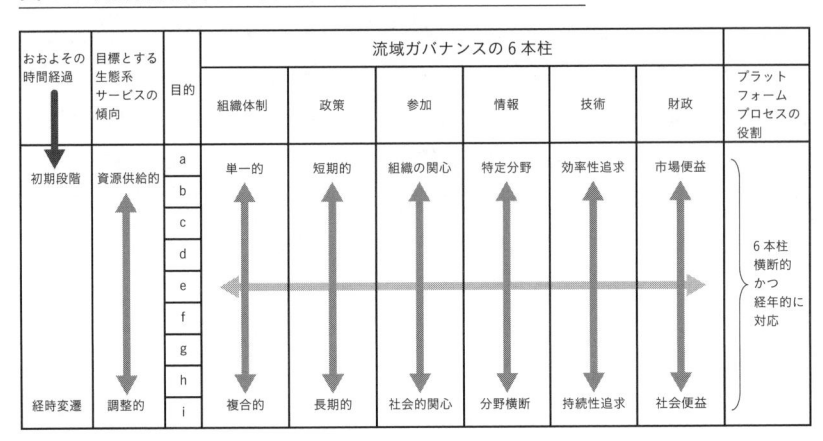

おおよその時間経過	目標とする生態系サービスの傾向	目的	流域ガバナンスの6本柱						プラットフォームプロセスの役割
			組織体制	政策	参加	情報	技術	財政	
初期段階	資源供給的	a	単一的	短期的	組織の関心	特定分野	効率性追求	市場便益	6本柱横断的かつ経年的に対応
		b							
		c							
		d							
		e							
		f							
		g							
		h							
経時変遷	調整的	i	複合的	長期的	社会的関心	分野横断	持続性追求	社会便益	

a 資源の量の開発
b 資源の質の向上
c 過度な資源開発や利用の抑制
d 資源利用の競合の回避や解決
e 湖沼環境へのストレスの軽減
f 湖辺・湖内環境の劣化の防止や修復
g 異常水文現象や水質リスク事象に伴う被害の軽減
h 長期的な気候変動への適応や対策
i 持続可能な資源利用と保全のための流域社会の一体的取組

} 湖沼流域管理の複数の目的

なお，湖沼流域管理で取り組む流域ガバナンスが実際に思い通りに向上しつつあるのかを確認するためにはその進捗状況の評価が不可欠である。ガバナンスの6本柱の強化の場合，柱をどの程度強化するべきか（強化できるか），それに必要な資源や労力はどの程度か，その結果もたらされる成果はどの程度か，などについて評価を行う必要があるが，その指標としては，①（必要条件としての）人為的ストレスの削減，②（必要条件としての）制度や仕組みの機能発揮状況の改善，③（十分条件としての）環境や生態系の状態の向上，が考えられる。主に発展途国における環境問題の解決に向けた取り組みを財政面から支援する国際資金メカニズム，地球環境ファシリティ（Global Environment Facility; GEF）は，①については【ストレス削減指標（Stress Reduction Indicators）】，②については【プロセス指標（Enabling Process Indicators）】，③については【環境状態指標（Environmental Status Indicators）】と定義される指標を組み合わせて利用することを推奨している（Duda 2002）。ILBMのこれまでの取り組みでは，この3つを含む指標群の活用が事例ごとに工夫されつつあり，そういった事例情報が知識ベース化されることによってより使いやすい指標群に関する情報が充実してくるものと思われる。

5　おわりに

湖沼流域資源の持続可能な利用と保全は，個別湖沼の問題であると同時に，地球規模で進行する問題で，国際的な連携の下で取り組まなければ解決できない課題である。しかしそのために不可欠な世界共通の基本概念が存在していないこともあり，国際社会の中心的なテーマとなり得ていない。今後，中国をはじめとして深刻な湖沼環境問題を抱える多くの国々においてILBM概念の可能性と課題を追求することが求められる。

参考文献：
坂本充・熊谷道夫（2006）『東アジアモンスーン域の湖沼と流域』名古屋大学出版会，pp. 62-63
中国通信社（2007）「中国の天然湖沼，減少の一途，水質悪化が顕著に」（http://www.china-news.co.jp/node/5915，2007年7月13日参照）

日中友好環境保全センター（発刊日不明）「重点地域の汚染対策」（http://www.edcmep.org.cn/japan/bf/CNE/CNE10_04.htm（同 Website には「Google に保存されている http://www.edcmep.org.cn/japan/bf/CNE/CNE10_04.htm のキャッシュで2013年 8 月25日 21:55:57 GMT に取得されたものである」との記載あり））。

Duda, A（2002）Monitoring and Evaluation Indicators for GEF International Waters Projects: Monitoring and Evaluation Working Paper 10, Grobal Environment Facility, iwlearn.net/publications/mne-others/mne-nov2004/GEF_IW_MNE_Indicators.pdf.

Liu, Hongliang（2009）Framework of National Lake Eutrophication Control and Coordinated Development of Economy-Environment System（我国湖泊富营养化控制及其流域经济协调发展基本框架, http://wldb.ilec.or.jp/data/ilec/WLC13_Papers/keynote/ 1 .pdf）。

Wang, Hao（2009）Integrated Lake Basin management based on natural-artificial dualistic hydrological cycle：Theory and Countermeasures（基于"自然 - 人工"二元水循环的湖泊流域综合管理：理论与对策）。

Nakamura, M. and Rast（2014）Development of ILBM platform Process: Evening Guidelines through Participatory Improvement. 2nd Edition, Research Center for sustainability and Environment（ROSE-SU）and International Lake Environment Committee Foundation（ILEC）, www.ilec.or.jp/jpwp-content/uploads/2013/02/Development-of-ILBM-platform-Process_ 2 nd_Edition 2. pdf.

追記：

ILBM をめぐる事例調査は，これまで公益財団法人国際湖沼環境委員会（ILEC）の支援の下に世界各地で実施され，事例研究の多くは滋賀大学環境総合研究センターで実施されてきた。これら ILBM をめぐる一連の調査研究活動の成果は，http://www.ilec.or.jp/jp/pubs および http://rcse.edu.shiga-u.ac.jp/gov-pro/plan/searchfile/ilbm-g_list_of_outcome_materials.htm に詳しい。そういった活動の元となったのは，2003年から2005年にかけて世界の代表的な28湖沼について実施された GEF（Global Environment Facility）プロジェクトであり，報告書として「持続可能な利用のための湖沼とその流域の管理－湖沼流域管理者と利害関係者のための報告書－」

【日本語版】（http://www.ilec.or.jp/jp/wp/wp-content/uploads/2013/03/8597ee 4 d21311b-c695a95e439d88b 1 ec.pdf

http://www.ilec.or.jp/jp/wp/wp-content/uploads/2013/03/a 6 a400a 8 fdec 3 a957b-dc 3 c 7 e4639e849.pdf），Managing Lakes and their Basins for Sustainable Use：A Report for Lake Basin Managers and Stakeholders【英語版】，(http://www.ilec.or.jp/en/pubs/p 2 /lbmi) がある。中国における ILBM ワークショップは世界銀行の要請で2008年に昆明（滇池）で2009年に無錫（太湖）で開催された。

第2章

生態補償の概念に関する考察
『生態補償条例』草案の関連定義の立法解釈に基づいて

汪 勁

1 はじめに

　中国共産党第18期中央委員会第3回全体会議で決議された『改革の全面的深化における若干の重大な問題に関する中共中央の決定』(以後,『決定』)の第14条は,「生態文明の制度構築を加速」について詳細に取り決めた。とりわけ,この決定では,「自然資源」と「生態保護」の関連制度の構築をめぐって,自然資源資産の財産権制度と用途管理制度の整備,自然資源と環境サービスの有償利用,重点生態機能区域に対する生態補償メカニズムの改善,地域間における水平的な生態補償制度の推進が明確化された。中国語でいう「生態補償」の概念は,国際社会で通用する「生態系サービスへの支払い(PES:Payments for Ecosystem Services)」に基づき,中国での実践と結合させたものである。したがって,「生態補償」の概念と PES とは似て非なるものである。

　本章は,中国における生態補償の関連法律の実践を紹介するうえで,法学研究の角度から現在起案中の『生態補償条例』草案が「生態補償」の概念をどのように定義すべきかについて議論する。

2　中国の政府文書における生態補償の概念

　生態補償概念が中国の政府文書ではじめて提起されたのは,1997年11月に元環境保護総局(現在の環境保護部)が公布した『生態保護事業の強化に

関する意見』（以後，『意見』）である。『意見』では，湿地の破壊行為に対して開発企業による経済補償が行われなければならない，と定められた。同時に，環境保護部門に対しては，「開発した者が保護し，破壊した者が回復し，受益した者が補償する」という原則に従い，「生態環境補償メカニズム」について積極的に研究することを要求した。とりわけ，鉱物資源の開発による生態破壊の管理監督を強化し，鉱山生態環境重点回復区域を明確化し，生態環境破壊の期限つき対策を実施することが求められた。しかし，自然保護区建設や生態モデル地区の建設，生物多様性の保護，特殊生態機能区域等を議論する『意見』の上記以外の部分では，生態補償について触れていなかった。

したがって，当時の環境保護総局は，企業による湿地開発と鉱物資源開発に対して支払う関連の補償費，または生態環境破壊に対する回復費用を生態補償の範疇に属するが，政府が投資する自然保護区等の生態区域の建設と保護は範疇外として扱っていた。

その後，国際社会における生態系サービスの価値とその概念提起，ならびに中国国内の生態環境の悪化に伴い，生態補償制度の構築は政府レベルの政策策定においても注目されるようになった。生態補償は1つの「制度メカニズム」に発展し，環境政策の代表的な用語として定着した。法律における生態補償メカニズムの記述は，「生態建設と環境保護補償メカニズム」や「生態環境回復補償メカニズム」「生態環境補償メカニズム」などのバラバラな用語から「生態補償メカニズム」[1]に統一されるようになった。

2005年10月，中国共産党第16期中央委員会第5回全体会議で決議された『国民経済と社会発展の第11次五カ年計画の制定に関する建議』では，「開発した者が保護し，受益した者が補償する原則に従い，生態補償メカニズムの構築を加速させる」ことがはじめて提起された。以来，生態補償の対象とされた自然資源や資源環境の要素は，すべて中央政府による自然保護投資の新たな重点領域になった。中央政府は税収還付や財政移転交付を通しての自然保護プロジェクトへの補助金および生態プロジェクトの建設や環境破壊対策へ各種投入する資金，すべてを生態補償カテゴリーに属させた。

また，2012年11月8日の中国共産党第18次全国大会では，胡錦濤元総書記は『中国の特色ある社会主義の道に沿って揺るぎなく前進し，小康社会の

全面的建設のために奮闘する』と題する報告を行った。その中で，「資源性製品価格と税費用改革を深化させ，市場需給と資源の希少性を反映し，生態価値と後世への世代間補償を体現する資源有償使用制度と生態補償制度を確立する」ことを訴えた。

さらに，2013年3月5日，温家宝元総理の第12期全国人民代表大会第1次会議での政府活動報告では，「投融資体制の改革を深化させ，価格改革を推進し，資源性製品の価格形成メカニズムと生態補償制度を健全化させていく」ことを主張した。したがって，生態補償制度の構築はすでに中国の生態補償領域における急務になっているとも言える。

2013年4月，国務院は生態補償の範疇を従来の湿地と鉱山資源開発から，流域，水資源，飲用水水源，農業，草原，森林，自然保護区，重点生態機能区および区域，海洋にまで拡大させた[2]。環境保護部はそれに土壌と大気も加えるべきと提案した[3]。しかし，『生態補償条例』草案の起案は2010年5月からスタートしたにもかかわらず，「生態補償」の概念はいまだに各種政府文書で直接に解釈または定義されていない。

元環境保護総局が公布した『生態補償の試験事業の展開に関する指導意見』では，「生態補償メカニズム」の定義を解釈する際，間接的に「生態補償」について次のように定義をした。すなわち，生態環境の保護や人間と自然との調和の促進を目的に，生態系サービスの価値や生態保護費用，発展の機会費用に基づき，行政や経済手法を複合的に運用し，生態環境の保護や建設といった各方面の利害関係を調整する環境経済政策手段である[4]。2013年4月に国家発展改革委員会の徐紹史主任が第12期全国人民代表大会第2次会議で行った「生態補償メカニズムの建設活動状況に関する国務院の報告」においても，「生態補償メカニズム」に対する解釈を通して間接的に「生態補償」について定義していた。すなわち，生態保護費用，発展の機会費用および生態系サービス価値を総合的に考慮したうえで，財政移転交付や市場取引といった方式を通して，生態保護者に対して適切な補償を行い，生態保護の外部不経済を内部化させる公共政策手段である[5]。

上記の定義からみれば，中国の政府文書における「生態補償」には次の意義が含まれる。つまり，①生態補償の目的は生態保護者と受益者の権利および義務を明確に定義し，生態保護の外部不経済を内部化させることであり，

②生態補償は財政移転交付または市場取引といった方式を介して行う，③生態補償は生態保護のコストや発展の機会コスト，生態系サービス価値を総合的に考慮しなければならない。

3　学術理論研究における生態補償の概念

中国のジャーナル文献検索の結果からわかるように，林業学者の張（1987）は，再生可能資源の有償利用の実現手段として，最初に「生態補償」という用語を提起した。彼は，人間が生物や環境，経営等に対してエネルギーを投入，補給することによって，環境のイニシャル自浄能力を次第に高めることができ，再生可能資源の性質は生態補償制度の導入の必要性を決める，と主張した。彼によれば，生態補償とは，「資源の利用から得られた一部の収益を物質もしくはエネルギーで生態システムに還元することによって，生態システムの物質，エネルギー，インプット，アウトプットをバランスさせる」ことである[6]。

林業学者による生態補償の概念提起は必然的なことであると思われる。なぜならば，天然資源のなか，森林資源による総合的な，多元的な生態系サービス機能ならびにその価値は人類が恐らくもっとも最初に意識したものである。生態補償の概念定義は未だに定まらないが，森林とそれ以外の天然資源による環境への多元的な生態系サービス機能や価値によってもたらされる複雑な利害関係は存在し続けてきた。中国建国直後の社会主義公有制の下では，伝統的な農林畜産業やその副産物業，漁業は天然資源を開発，利用すると同時に，より多くの経済収益を獲得するための天然資源に対する積極的な維持保全を実現させるには，各級人民政府による継続的な資金や物資投入が必要であった。そうした背景のもとで，農民たちの利益を損なうことなく天然資源を維持保全ができるような政府財政投入と政策支援メカニズムが導入されるようになったのである。

さらに，筆者が中国のジャーナル文献検索を行った結果，2008年以降に「生態補償」を議論する学術論文は平均毎年500から600本であり，2011年以降に「生態補償」という用語が含まれる論文数は年に1万本を上回る。しかし，生態補償の研究内容は主に各区域や各生態系サービスの類型を研究対象

に評価を行うものであるため，研究結果の科学的な適切性や実行の現実性がしばしば問われる[7]。楊ほか（2007）は生態補償の意味や理論根拠，補償基準，生態補償メカニズムの構築等について全面的に，系統的に解釈，分析した[8]。

以下，筆者は非法学的と法学的の2つの観点から学術理論界の生態補償概念に関する研究成果について議論する。

(Ⅰ) 非法学的な観点に基づく生態補償概念

鄒・黄（1992）は都市農村における土地開発による植被破壊について，海外事例を踏まえ，生態補償メカニズムとしての植被回復メカニズムを提起した[9]。呂ほか（1993）は森林生態便益補償メカニズムを提起した[10]。1994年以降，中国国内では，生態環境補償支払いだけではなく，水土保全と流域（または区域や地域間），森林，保護区といった分野における環境経済手段，生態補償メカニズム等について，環境科学や環境経済学，生態学といった学術分野で共通的な課題として幅広い研究が盛んに行われるようになった。その結果，各学術分野からの生態補償についての定義が存在するが，大きく2つに分類することができる。

1つ目は，生態補償が生態系サービス（生態機能）の保護に対する重要性を主張すると同時に，利害関係を調整する経済的手段としての重要な役割を強調することである。2007年，中国科学院[11]の李文華院士らは生態補償を「生態システムの保護と持続可能な利用を目的に，経済的手段を主とする関係者間の利害関係を調整する制度的仕組みである」として定義した[12]。次いで，2010年，彼らは生態補償の概念を次のように拡張した。つまり，「生態環境を保護し，人間と自然との調和のとれた発展を目的として，生態系サービスの価値及び生態保護費用，発展の機会費用に基づき，政府政策や経済的手段を運用し，生態保護の利害関係および人間の利害関係を調整する公共政策である」[13]。これらの定義の仕方では，生態系サービス，経済的手段と利害関係の調整を生態補償概念の構成要素としている。李ほか（2007）では，「生態補償メカニズムの構築は，科学的発展観を徹底化させ，和諧社会[14]を構築する重要な手段である。同時に，生態保護に関する経済メカニズムや融資メカニズムを健全化させる有効な手段である。当面，我が国の生態

保護や関連汚染防止対策には共通の課題が存在する。つまり，環境保護者と破壊者，受益者，被害者との間における環境面の利益とそれに関連する経済面の利益の分配は不公平である。環境保護者は適切な経済的リターンを得ることができず，保護のインセンティブが欠如してしまう。一方，環境破壊者側は環境破壊の責任と費用を負担しなくてもよく，被害を受けた側は適切な金銭的補償を受けられない。このような環境面と経済面における歪んだ利害関係は，中国の生態保護事業の取り組みに大きな困難をもたらしているだけではなく，各地域間と各階層間で調和のとれた経済成長の実現にも脅威をもたらしている。こういった問題を解決するには，利益の分配をめぐる利害関係を調整でき，生態保護にインセンティブを与えることができるような政策の導入が必要である。したがって，生態補償メカニズムの構築は生態環境の保護だけではく，和諧社会の構築にも資する重要な，戦略的な措置である[15]。

　李文華らは，特定の生態保護・破壊事件における利害関係者の責任や位置づけに基づき，生態補償の主体を確定しなければならないと主張する。生態補償の確定と支払いは以下の4つの原則にしたがって，行わなければならない。

①破壊者負担原則

　公益性のある生態環境に悪い影響を与えたことによってもたらされる生態系サービスの悪化に対して主体が補償を行うことである。この原則は地域的な生態環境問題の責任所在を確定する際に用いられる。

②利用者負担原則

　生態資源は公共資源であり，希少性があるため，生態環境資源の利用者は国または公衆利益の代表者に対して補償を行わなければならない。この原則は，耕地の占用や木材あるいは非木質資源の伐採と利用，鉱物資源の開発といった天然資源や生態系の構成要素[16]の管理において適用可能である。

③受益者負担原則

　区域内あるいは流域の上下流においては，受益者負担原則に基づき，受益者は生態環境サービスの提供者に対して費用を支払うべきである。また，区域内あるいは流域の上下流の公共資源に対しては，全受益者は一定の配分ルールに従って補償責任を負うべきである。

④保護者補償原則

　生態環境の建設保護において貢献のあった団体や個人に対して，直接費用と機会費用について補償または奨励を行うべきである[17]。

　学術界ではほかにも李文華らの主張と似たような生態補償の定義が提起されている。例えば，『環境科学大辞典（改訂版）』では，生態補償メカニズム（mechanism of ecological compensation）を「生態系サービス機能を維持，回復，改善し，利害関係者の環境面と経済面の利益分配を調整し，関連活動から生じる外部費用を内部化させることを原則とする経済的インセンティブを持つ制度である」と定義する[18]。また，万本太らは，「生態補償とは，自然生態系サービス機能を保護し，人間と自然との調和を目的として，生態環境保護の関連利害関係人間の経済的利益を調整し，財政や税制，課徴金，市場メカニズムといった手段を活用し，環境保護の責任と義務を公平的に分担させることによって，生態保護の外部性を内部化させる一連の制度と政策措置である」[19]と主張する。

　2つ目の分類では，生態補償を生態保護活動の費用を内部化させる経済的手段であることを強調し，生態補償制度の導入目的は，生態環境という公共財の提供を促進させることである。例えば，劉・李（2005）は，生態補償は生態資源配分の歪みと効率性の低下を是正する経済的手段であると指摘する。具体的には，法的手段を通して生態保護活動の対価を内部化させ，生態保護製品を購入する消費者にその対価を負担させることによって，製品の生産者に一定の報酬をもたらすことができる。それによって，生態環境という公共財の消費段階におけるフリーライダーの問題を是正し，公共財の適切な供給にインセンティブを与える。こういった制度面の革新を通して生態環境への投資者に適切なリターンをもたらすことによって，生態環境保護への投資を促進し，生態資本を増殖させることができると指摘する[20]。

　上記2種類の定義の共通点としては，生態補償は主に経済的手段を用いて関係者の間の利害関係を調整するが，その調整は主に制度化によって行われるところに焦点を当てたことである。一方，法制度はまさに各主体間の社会関係を調整する道具であり，ほかの分野と比べて体系化と規範化に重点が置かれているため，上記の2種類の定義は法学的観点から生態補償を分析する際に理論的基礎を提供した。

（２）法学的な観点に基づく生態補償概念

　法曹界における生態補償の定義は，主に環境科学分野からの研究成果に基づく。中国国内の法学者による生態補償概念の代表的定義は，主に以下の4種類に分けられる。

　1つ目は，資源の開発利用行為に着眼し，資源開発利用の主体とそこから損害を受けた主体，資源保護主体の三者間の関連性について分析し，「生態便益補償」について定義した。生態便益補償とは，国あるいは社会主体間が資源環境の損害行為に対して資源環境の開発利用主体から費用を徴収したり，資源環境の保護主体に対して利益の補償を行ったりすることについて事前に約定し，そこから徴収した費用または補償した利益を，事前に約定されたある種のプロセスを通して資源環境の開発利用または資源環境の保護によって損害を受けた主体に転移させることよって，資源保護の目的に達成するプロセスである[21]。

　2つ目は，人間と自然，人間同士の関係から生態補償によって現されるべき利害関係について解説し，定義した。つまり，生態補償の立法に当たっては，次の4つの側面が含まれるべきである。①生態環境に影響を与える行為が生じるときに，生態環境そのものに対する補償である。例えば，ダム建設時の環境アセスメント報告書は魚類通路の建設が要求される。これは人間と自然との関係を配慮したものである。②環境資源の開発利用によって損害を受けた人々への補償である。③開発利用による生態リスク（環境へのリスクと人体へのリスクが含まれる）への補償である。この種の補償は環境リスクへの不確実性を対象とする。例えば，生態リスクファンドの設立は人間と自然との関係だけではなく，人間同士の関係にも配慮したものである。④生態環境の保護対策に対する補償である。環境保護によってもたらされる経済成長などの機会コストに対する補償が含まれる。例えば，退耕還林・還草への補償金制度である。これは人間同士の関係を配慮したものである[22]。

　3つ目は，よりマクロ的な視点から生態補償内容をとらえた定義である。狭義的な生態補償とは，人間の社会経済活動が生態システムや天然資源にダメージや汚染をもたらした際の補償，回復，総合対策といった一連の措置の総称である。一方，広義的な生態補償とは，①環境保護によって発展の

機会を失った地域内の住民に対する資金や技術，実物補償と政策上の優遇措置，②環境保護意識の向上，環境保護水準を高めるための科学研究，教育費用の支出等が含まれる[23]。

　4つ目は，国家行為を中心に生態補償を定義したものである。生態補償は次のような二層的な概念である。つまり，第1に，生態補償は，環境利用と天然資源の開発プロセスにおいては，国が環境資源の開発行為に対して費用を徴収することによって，自らの天然資源の所有者としての権益を実現させることや，環境資源の保護主体に対して経済補償を行うことで，環境と資源を保護することである。第2に，生態補償は，国が環境汚染者または天然資源利用者に対して一定金額の費用を徴収し，それによって調達された財源を用いて，生態環境の回復または代替可能な天然資源の技術開発を行い，天然資源の枯渇に対する補償を実現させることである[24]。

　上記の4種類の代表的な観点は，法学的な角度から，生態補償の概念の理解について一定程度の参考になる。生態補償の法学的定義は，異なる主体における生態保護をめぐっての社会的関係や利害関係，法律関係の調整に焦点を当てるべきである。したがって，具体的な主体の特徴よりは，主体間の権利義務関係が生態補償の法学的定義の核心的要素である。法学的意味から考察した結果，上記の4種類の観点には次のような共通的な要素が含まれる。第1に，生態補償の機能，すなわち，生態系サービスの価値の保護，を強調している。第2に，生態補償を一種の経済的手段として認識している。第3に，生態補償は一種の制度的仕組みとして位置づける。

　しかし，生態補償について法学的な角度から定義する際に，上記の3つの要素について取捨選択をしてもよい。まず，生態補償の機能を定義に盛り込んでもよいが，「生態系サービス」や「生態機能」といった類似用語は専門性が強すぎて，法令に用いる際に専門的に解釈することは難しい。また，「生態補償は一種の経済的手段である」という文言について，法学的な視点から生態補償の本質を反映させることができないため，法令上に用いることは避けるべきである。最終的に「生態補償は一種の制度的仕組みである」ことは定義に盛り込んでもよい。

4 『生態補償条例』の立法における生態補償概念のしかるべき解釈

(1) 生態補償概念の理論的源泉について

「生態補償」という言葉の源流について,まだ確実な考証がない。「生態補償」は,環境科学や生態学といった自然科学分野の固有名詞ではなく[25],経済学といった社会科学の分野から生まれた用語でもない。

経済学は主に外部性や希少性といった角度から,規範的な公共財である生態環境を経済理論分析の対象に格納した。生態環境の価値に注目し,経済的評価を行うことで生態補償に対して理論的根拠を提供し,その実現に資する。

自然科学分野における「補償」という用語には特別な意味が含まれる。補償能力(compensation)とは,害虫から被害を受けた作物がもつ自分で損害を補償する自発的能力」[26]である。この自発的能力は,生態システムの全般がもつ能力でもある。中国国内の生態学研究分野では,「長い間の進化プロセスにおいて,物質循環とエネルギー交換を通して,生物圏と生態システムとの間に相互に協調し合い,補償し合えるような関係が構築され,それぞれが一定限度の調節機能をもたせるようになった」[27]という考え方が存在する。英語でいう「ecological compensation」という用語は1960年代に現れ,上記と類似した意味をもつ[28]。つまり,本来「補償」という言葉がもつ特別な意味から,「生態補償」という用語は本来自然界の自己回復力と維持能力と関連づけながら定義すべきであるが,現在,人類による天然資源の過剰な利用はすでに自然界の自己回復力を超過しているため,自然界は人間の力なしにもはや回復不可能な状況に陥っている。

したがって,「生態補償」の本来の意味はそれほど重要ではなくなっている。どのような方法を用いて人々にインセンティブを与えられるかを実現することは最も大切である。このような背景のもと,1980年代に社会制度を議論する分野においても「生態補償」の概念が導入されたわけである。つまり,資源利用から得られた収益の一部を物質もしくはエネルギーの形で生態システムに還元することによって,生態システムの物質,エネルギー,インプット,アウトプットをバランスさせることである[29]。

そのため,これまでの政策や立法における「生態補償」は,生態システム

がもつ自己補償力と自己回復力をベースに，人間の力を借りて生態システムの機能を回復させるという人的要素（ヒューマン・ファクター）が加わり，制度化した社会メカニズムあるいは制度的仕組みである。これは生態補償を理解するための土台となる。

（２）生態補償概念の制度的位置づけについて

　制度の位置づけとは１つの制度の制度体系における位置づけ，もしくは１つの制度の他の制度との関連性のことである。いかなる制度の発生と発展もすべてそれ自身の位置づけがある。さもなくばこの制度が存在する合理性は疑わしくなる。同時に，制度の位置づけの明確さは，当該制度の関連概念や適用範囲の明確さにもつながる。中国語における「補償」という言葉の意味は「相殺（損失，消耗），補足（欠如，差額）」であるが，「賠償」は「自らの行動によって他人もしくは集団が損失を受けた場合の補償のこと」である[30]。したがって，「補償」は主体行為の責任帰属が存在する場合に用いる用語であり，特定の行為主体と密接な関連性をもつ。

　法学的な観点から，「賠償」という用語は国家賠償と損害賠償の２つの分野によく用いられる。国家賠償は行政法の取り扱う分野であり，すでに『国家賠償法』が制定されている。損害賠償は民事関連の法律用語であり，最も代表的な損害賠償は権利侵害や契約違反に対する賠償である。しかし，これらの損害賠償においては，すべて特定の責任主体が存在し，責任主体の行為と損害との間に因果関係があるため，損害賠償の責任は責任主体が担うべきである。したがって，法的概念としての「損害」は概ね近代中国語でいう「損害」の概念と一致する。

　現行の中国の『権利侵害責任法』では，「賠償」という用語が合計50カ所に用いられているのに対し，「補償」はわずか５カ所（４つの条文）にしか出てこない。具体的には，『権利侵害責任法』に「補償」という用語が使用されたのは次の４つの状況である。①第三者の民事権益が侵害されるのを防止，制止するために自己が損害を被った場合，権利侵害者が逃亡し，又は責任を負うことができない場合に，第三者が受益者に適切な補償を請求する（第23項）。②危険が自然の原因により生じ，緊急避難により損害を生じさせた場合には，緊急避難者は適当な補償を行う（第31項）。③完全民事行為

能力者が自己の行為に対して一時的に意識を失い，又は制御を失って他人に損害を生じさせた場合には，被害者に対して適当な補償をする（第33項）。④建築物の中から物品を放擲し，又は建築物の上から物品を墜落させて他人に損害を生じさせた場合に，具体的な権利侵害者を特定することが困難であるときは，加害可能な建築物の使用者が補償を行う（第87項）。

　上記の4種類の状況では，補償を行う側（受益者，緊急避難者，損害者，建築物使用者）は，必ずしも一定の行為を起こしたわけではなく（例えば，①の受益者），その行為も必ずしも適法行為であるとは限らない（例えば，③の損害者）。しかし，主体が賠償責任を負わなくてもよい理由は権利侵害責任の不帰属性であり，権利侵害責任者ではないためである。

　『権利侵害責任法』のほかにも「補償」が使われている法律が多い。例えば，『村民委員会組織法』の土地徴収補償費，『石油天然ガスパイプ管理保護法』におけるパイプ建設が土地利用に影響を与えた際の補償費，政府とパイプ建設企業との間にパイプ調整を行う際の補償方案，『再生可能エネルギー法』における国家が電力価格を統制することによって発生する補償費，『物権法』の徴収補償や取り上げ補償，建設用地使用権の繰り上げ回収への補償等が挙げられる。これらの法律では，「賠償」ではなく，「補償」を使用していることも，責任の不帰属性に起因する。

　以上を踏まえ，生態補償は生態損害賠償と異なる制度的仕組みであると言える。生態損害賠償は違法行為によって生態破壊が生じた場合に負うべき責任であるが，生態補償は合法行為によって自然生態に損害を与えた場合に適用される制度である。例えば，中国山東省が2010年に公布した『海洋生態損害賠償費と損失補償費の管理の暫行弁法』には，「海洋生態損害賠償費」と「海洋生態損失補償費」について明確に区別している。具体的には，「海洋生態損害賠償費」は「海洋汚染事故の発生や，海洋資源の違法開発利用行為等による海洋生態系への損害」が生じた場合に適用される。一方，「海洋生態損失補償費」は，「洋上プロジェクトや海岸プロジェクトの実施，または海洋への廃棄物投棄等による海洋生態環境の改変」が生じた場合に適用される。

　生態資源の利用行為の合法性または非合法性によって，その行為主体が担うべき義務は補償なのか，それとも賠償なのかを決定する。「補償」は生態

資源利用行為の合法性を意味する。つまり，その利用行為はすでに政府関連部門に承認され，関連費用は納付済みである。そのため，生態補償の試験的な試みや立法は主に各級人民政府レベルで展開されてきた。中国の土地公有制はさらにその裏付けになる。生態補償は事実上，各級人民政府が土地所有者の代理人として土地利用者に費用を支払い，生態資源の保護活動の実施を確実なものにする。

　また，生態補償と規制型立法とも異なる。規制型立法とは，人々の環境資源の利用行為を直接規制することによって，汚染を制御し，生態環境を保護することを目的とする。規制型立法の核心問題は環境利用行為の合法と違法の境界線を定めることである。境界線の内側にある環境資源の利用行為は合法行為であり，第三者または社会民衆はそれを容認する義務を負う。境界線の外側にある利用行為は違法行為であり，規制型立法を通して法的制裁を加える。もし，立法が境界線の設定そのものに触れなければ，違法行為に対する法執行の厳格性のみ強調すればよい。一方，人々が容認する義務を負う合法行為であっても，時々環境問題を引き起こしてしまう場合がある。合法行為の主体にそうした問題意識をもたせ，最終的に社会全体における生態資源保護の目的を実現させることは，生態補償の重要な課題である。

　したがって，生態補償概念の制度的位置づけは根本から生態損害賠償制度や規制型立法とを区別されなければならない。生態補償は天然資源の合法的な開発利用行為に焦点をあて，経済的手段を通してこれらの開発利用主体に環境保護措置を確実にとらせることが目的である。

（3）『生態補償条例』立法における生態補償概念のしかるべき解釈

　前述した各種の生態補償の定義を総合的に比較し，すでに各分野で展開されている生態補償の試みを参考にしたうえ，筆者は『生態補償条例』を制定する際に，次のように生態補償の概念を取り決めるべきであると考える。まず，中国の政府文書やこれまでの生態補償の実践における「外延（適用範囲）」と「内包（具体的な意味）」をカバーできるように定義をする。また，学術理論界の生態補償の定義を参考にすべきである。さらに，各種の生態補償の概念について比較した結果，李文華の生態補償とそのメカニズムの定義を土台にし[31]，それを踏まえて法学的な観点から定義すべきである。

したがって,『生態補償条例』における生態補償とは,生態保護費用,発展の機会費用,生態系サービスの価値を総合的に考慮したうえ,生態保護の受益者または生態損害の加害者が,行政や市場等を通じて,生態保護者または生態損害の被害者に対して,金銭,物品またはその他の物質的利益を提供し,生態保護者の費用または生態損害の被害者の損失を補填する行為である。そのなか,「生態保護の受益者または生態損害の加害者」とは,生態保護または自然開発のプロセスから利益を得た主体である。具体的には,生態系サービス価値の保護あるいは創出といった生態保護活動から利益を取得した個人や企業,地方人民政府のこと,あるいは環境や天然資源の開発利用によって損失をもたらした個人や企業,地方人民政府のことである。「生態保護者または生態損害の被害者」とは,生態保護や第三者の資源利用によって経済的不利益を被った主体である。具体的には生態系サービス価値の保護あるいは創出に人力,物資,資金を投入した,あるいは発展の機会が制限された個人や企業,地方人民政府や,生態が破壊されたことによって損失を被る個人や企業,地方人民政府のことである。

この定義では,生態環境の破壊が国に重大な損失が与えた場合,あるいは当事者の合法的な権益が侵害された場合は民事賠償責任を負わなければならないことを,生態補償の適用範囲から除外したことが1つの特徴である。

立法の観点から,生態補償の意味は3つの側面から考えるべきである。第1に,中央人民政府や地方各級人民政府は生態保護を実施するために,損失を被った主体に対して資金,物資とその他の手段を用いて補償する。第2に,天然資源を適切に開発利用する主体は,政府部門に対して生態保護対策や回復費用を支払う。第3に,天然資源を適切に開発利用する主体は,天然資源を保護する主体に対する支払いである。

中央人民政府や地方各級人民政府の視点からは,中国における重要な天然資源の所有権制度は全民所有(国家所有)であるため,政府は国家の代理人として天然資源の関連権利を有する。そのため,政府は生態保護の最大の受益者であると言える。政府は財政収入の一部を用いて,生態保護のために損失を受けた人々に対して補償を行うべきできある。これは「受益した者が補償し,損害を受けた者が補償を受ける」原則の現れでもある。通常では,損害を受けた者が受けられる補償の範囲は次の3つである。①第三者による生

態保護への投入に対する補償，②第三者が発展の機会を放棄することによって被った損失に対する補償，③区域を線引きし，開発を禁止し，生態を保護する場合の投資と補償。

　各級人民政府を除けば，天然資源の適切な開発利用を行う主体は直接受益者に相当する。その場合，天然資源の適切な開発利用を行う主体の利益は2つの側面に現れる。第1に，物質の状態として存在していた天然資源を開発利用することによって得られる利益である。例えば，鉱山開発企業が鉱山開発によって直接に経済利潤が得られる。第2に，天然資源が提供する生態系サービスの利用によって得られる利益である。例えば，河川の上流の森林や湿地は水を濾過し，下流にある住民に清潔な水源を提供する。

　上記を踏まえ，生態補償について法的な観点から定義する際，補償を受ける主体と補償を支払う主体，そして両主体の関係の具体的なあり方を明確にさせることが最も重要な課題である。生態補償の両主体について，それぞれ「生態受益者，損害者」と「生態保護者，受損者」の概念を用いることができる。「生態受益者，損害者」とは，生態系サービス価値の保護あるいは創出といった生態保護活動から利益を取得した個人や企業，地方人民政府，あるいは環境や天然資源の開発利用によって損失をもたらした個人や企業，地方人民政府である。一方，「生態保護者，受損者」とは，生態系サービス価値の保護あるいは創出に人力，物資，資金を投入した，あるいは発展の機会が制限された個人や企業，地方人民政府，あるいは生態が破壊されたことによって損失を被る個人や企業，地方人民政府である。「生態受益者，損害者」と「生態保護者，受損者」との間の関係は，通常，資金助成やプロジェクト支援，政策優遇といった形式で表される。

5　結論

　これまでの中国政府による生態補償の試験的な実施の沿革を振り返ってみると，学術理論界による生態補償概念に対する狭義な解釈は，今日までの中国式の生態補償制度の3つの原型，すなわち，①生態保護建設プロジェクト，②生態環境修復・回復への投資，③財政移転交付を通しての生態保護によって損失を被った個人への補助や奨励，から乖離している。

『生態補償条例』の立法によって，湿地，鉱山資源開発，流域，水資源，飲用水水源の保護，農業，草原，森林，自然保護区，重点生態機能区および区域，海洋など生態補償がすでに実施されている分野をより統一的な，より総合的な生態補償分野に整合させるには，最初に行わなければならないのは生態補償の概念定義である。

　『生態補償条例』の立法では，広義的な生態補償の概念を導入すべきである。すなわち，生態保護費用，発展の機会費用，生態系サービスの価値を総合的に考慮したうえ，生態保護受益者または生態損害加害者が，行政や市場等を通じて，生態保護者または生態損害被害者に対して，金銭，物品またはその他の物質的利益を提供し，生態保護者または生態損害の被害者の費用または損失を補填する行為である。

（北川秀樹［監訳］，何彦旻［訳］）

注：
1　例えば，国務院が2005年から2011年の間に公表した政策文書では，「生態建設と環境保護補償メカニズム」という用語を使用した文書としては，『西部大開発のさらなる推進に関する国務院の若干の意見』（2004年3月）が挙げられる。「生態環境回復補償メカニズム」を使用した主な文書は次の通りである。①『国務院2005年の活動要点』（2005年4月），②『石炭工業の健康的な発展の促進に関する国務院の若干の意見』（2005年6月），③『循環型経済の発展加速に関する国務院の若干の意見』（2005年7月）。「生態補償メカニズム」を使用した主な文書は次の通りである。①『節約型社会の建設の短期重点的業務に関する国務院の通達』（2005年6月），②『科学的発展観の徹底化，環境保護の強化に関する国務院の決定』（2005年12月），③『社会主義新農村建設の推進に関する中国共産党中央委員会，国務院の若干の意見』（2005年12月），④『国務院2006年の活動要点』（2006年3月），⑤『国務経済と社会発展の第11次五カ年計画綱要』（2006年3月），⑥『省エネ排出削減の総合事業方案』（2007年5月），⑦『国家環境保護第11次五カ年計画』（2007年11月），⑧『環境保護重点事業の強化に関する意見』（2011年10月）。「生態環境補償メカニズム」を使用した主な文書は次の通りである。①『国務院2007年の活動要点』（2007年3月），②『国務院2007年の活動要点』（2008年3月），③『2008年の経済体制改革業務の深化に関する通達』（2008年7月）。
2　徐紹史（2013）第12期全国人民代表大会第2次会議における「生態補償メカニズムの建設活動状況に関する国務院の報告」に基づく（全国人民代表大会HP：http://www.npc.gov.cn/npc/xinwen/2013-04/26/content_1793568.htm，最終参照日：2014年1月24日）。
3　しかし，『森林法』で規定した「森林生態便益補償金」を除けば，環境保護法で規定されている「排汚費（汚染排出課徴金）」と「基準超過排汚費」や，自然資源関連法律で定めた各種自然保護費は生態補償の範疇に加えない。
4　環境保護総局（2007）『生態補償の試験事業の展開に関する指導意見』（環発130号文書），2007年8月24日。
5　同注2。

6 　張誠謙（1987）。
7 　楊・李・関・甄・Lucas（2007）。
8 　楊・関・李・甄（2007）。
9 　鄒・黄（1992）。
10　呂徳厚・何剣英・鄭春艶（1993）「対建立森林生態効益補償機制的構想」『吉林林業科技』，1993年3期。
11　訳者注。中国におけるハイテク総合研究と自然科学の最高研究機関であり，国務院の直属事業単位である。
12　李文華ほか（2007）。
13　李・劉（2010），791-792頁。当該定義はのち李文華院士が代表を務める「中国生態補償機制與政策研究課題グループ」にも採用された（中国生態補償機制與政策研究課題グループ（2007年））。
14　訳者注。各階層間で調和のとれた社会のことである。
15　同注12。
16　訳者注。動植物とそれを取り囲む，水，大気，土，太陽エネルギーのことである。
17　同注13。
18　『環境科学大辞典（改訂版）』，566頁。
19　万・鄒（2008），序言。
20　劉・李（2005），38頁。
21　杜（2005）。
22　王・蔡（2003），73-74頁。
23　呂（2003）。
24　曹明徳（2007）「対建立我国生態補償機制的幾点思考」（清華大学環境資源能源法学研究センターURL：http://erelaw.tsinghua.edu.cn/news_view.asp?newsid=301，最終参照日：2013年4月26日）。後に曹明徳教授は「生態補償とは，生態系サービス機能の受益者の生態システム機能への支払いである」と生態補償の概念を要約した（曹明徳（2010）「対建立生態補償法律機制的再思考」『中国地質大学学報（社会科学版）』，2010年第5期）。
25　「生態補償」という用語は『環境科学大辞典（改訂版）』（中国環境科学出版社2008年第2版，566頁）に収録されている，と国内の多くの研究者が思い込んでいるが，実際では，この辞典には，「生態補償メカニズム」しか収録されておらず，その定義も明らかに2007年元環境保護総局が公布した『生態補償の試験事業の展開に関する指導意見』の影響を受けていると思われる。また，筆者が環境科学や生態学，生物学辞典で調べたかぎりでは，「生態補償」という言葉はまだどこにも収録されていない。
26　同注18，25頁。
27　馬世駿（1981）「現代化経済建設與生態科学——試論当代生態学工作者的任務」『生態学報』，1981年6月，176頁。
28　Vinogradov（1965），New York, pp.180-187.
29　同注6。
30　中国社会科学院語言研究所辞典編輯室編（2005）『現代漢語辞典』（第5版），商務印書館，108，1028頁。
31　筆者は，2011年から2013年までの間，国家発展改革委員会と財政部等の11部門や単位と共同で『健全な生態補償メカニズムの構築に関する若干意見』の意見公募案と『生態補償条例』草案の作成に携わった際に，李文華院士による「生態補償メカニズム」の解釈に基づき，中

国における生態補償の実践状況を踏まえながら、生態補償の概念を定義すべきと提案した。

参考文献：
曹明徳（2010）「対建立生態補償法律機制的再思考」『中国地質大学学報（社会科学版）』、2010年第 5 期。
杜群（2005）「生態補償的法律関係及其発展現状和問題」『現代法学』、2005年第3期。
何乃維・張誠謙（1987）「用生態経済的観点看我国森林資源的消長」『林業経済問題』、1987年 3 期。
『環境科学大辞典（改訂版）』中国環境科学出版社、2008年 9 月第 2 版。
李文華ほか（2007）「森林生態補償機制若干重大問題研究」『中国人口・資源与環境』2007年第 2 期、13頁。
李文華・劉某承（2010）「関於中国生態補償機制建設幾点思考」『資源科学』、2010年 5 月号、791-792頁。
劉峰江・李希昆（2005）「生態市場補償制度研究」『雲南財貿学院学報：社会科学版』、2005。
呂徳厚・何剣英・鄭春艶（1993）「対建立森林生態効益補償機制的構想」『吉林林業科技』、1993年 3 月第 1 期、38頁。
呂忠梅（2003）『超越與保守―可持続発展視野下的環境法創新』法律出版社。
馬世駿（1981）「現代化経済建設與生態科学――試論当代生態学工作者的任務」『生態学報』、1981年 6 月、176頁。
Vinogradov, B. V.（1965）"Ecological Compensation and Replaceability, and the Extrapolation of Plant Indicator, " Plant Indicators of Soils, Rocks and Subsurface Waters（A. G. Chikishev ed.）, Consultants Bureau, New York, pp.180-187.
万本太・鄒首民編（2008）『走向実践的生態補償――案例分析與探索』中国環境科学出版社。
王清軍・蔡守秋（2003）「生態補償機制的法律研究」『南京社会科学』、2006年第 7 期、73-74頁。
楊光梅・李文華・閔慶文・甄霖・Lucas Mario（2007）「対我国生態系統服務研究局限性的思考及建議」『中国人口，資源与環境』、2007年第 1 期。
楊光梅・閔慶文・李文華・甄霖（2007）「我国生態補償研究中的科学性問題」『生態学報』、2007年第10期。
張誠謙（1987）「論可更新資源的有償利用」『農業現代化研究』1987年第 5 期。
中国社会科学院語言研究所辞典編輯室編（2005）『現代漢語辞典』（第 5 版）商務印書館2005年第 5 版。
中国生態補償機制與政策研究課題グループ（2007年）『中国生態補償機制與政策研究』科学出版社。
鄒振揚・黄天其（1992）「試論城郷開発自然生態補償的植被還原原理」『重慶環境科学』、1992年第 1 期。

第3章

中国における水管理のガバナンス

水利権取引の導入をめぐって

窪田順平

1 はじめに

　改革開放以降経済成長を続ける中国にとって，なかなか有効な手立てが見えてこない問題群の1つが大気汚染，水質汚染に代表される環境の問題である。それは国内の問題であると同時に，例えば気候温暖化の原因となる二酸化炭素の排出量に関しては，既に2000年代半ばから世界第1位となって，国別の割合でみれば24％，つまり世界の1/4を中国が占めている。こうした地球全体の関わる温暖化ガス，ローカルな大気汚染や水質汚染だけでなく，水不足，砂漠化，さらには食の安全性といった面も含めて，中国の環境問題は国内外で常に大きな注目を集めてきた。こうした中国の環境問題の変遷とその対応について，筆者は水資源の制約を強く受ける中国西北部の乾燥・半乾燥地域における水の量の管理に着目し研究を行ってきた（例えば，窪田2012など）。本章ではそれらを参照しつつ，改めてガバナンスという視点から，水利権取引の導入について検討を行う。

　中国北西部，黄土高原よりも西の内モンゴル自治区，甘粛省，新疆ウイグル自治区は，さらに西方の中央アジア諸国に続く乾燥地域が広がっている。この広大な乾燥地域では，かつては牧業（遊牧）を中心とした生業が営まれており，例外的に祁連山脈，天山山脈，崑崙山脈，さらにはパミール高原などの山々から流れ出る河川水を利用したオアシス農業が行われてきた。ところが，乾燥地域は水資源には恵まれないものの，日射，気温などの農業生産に関わる気象条件が良く，水の制約があるがために手つかずに残された潜在

的な農業生産適地があったため，20世紀後半に大規模な灌漑農地の開発が行われた。山岳地に建設されたダムと大規模水路網による水資源開発，これらを利用した灌漑農地の開発が行われた。このため水消費が増大し，各河川の下流域での水不足，植生の衰退，末端湖の縮小・消滅，いったん開発された農地の塩害や水不足による耕作放棄，さらにはこれらに起因するダストストーム（黄砂）の被害の増加などの環境問題が起きている（例えば，Jian et al. 2005; Liu et al. 2014など）。黄土高原などと比べると，祁連山脈，天山山脈，崑崙山脈などの高山地域の比較的豊富な降水量と氷河の存在によって，タリム河，黒河など大規模で比較的流量の安定した河川の存在が大規模開発を許容し，結果的にそれぞれの河川の下流域に深刻な水不足を引き起こしたとも言える。一方でこれらの農業開発は，黄土高原や東部からの入植者を受け入れ，地域の経済発展を促す政策の一部でもあった。

2 変わる中国と環境問題

2.1 中国の環境問題の変遷

中国は，世界的に見ても経済的な豊かさという意味ではそれを一番実現しつつある国かも知れない。一方で，さまざまな環境問題を抱えている（例えば，井村2007；相川2008）。

中国において環境問題，当時は公害が政府の関心事となったのは，1972年のことといわれる（包2009）。大連湾汚染や松花江での魚の大量死などが，日本の水俣病との類似性から問題視された。またストックホルムで開催された「国連人間環境会議」にも刺激を受け，環境法，政策に関わる動きが始まった。さらに改革開放後の1979年に「中華人民共和国環境保護法（試行）」が採択される（1989年公布）。その中では，開発に際して環境アセスメントを行うことも義務づけられた。日本の環境省に相当する国家環境保護部は，1984年に国家建設部に属する国家環境保護局として設立された。1988年に国務院の直属となり，1998年には国家環境保護総局に昇格した。さらに2008年3月に国家環境保護部（日本の「省」に相当する）となった。中国政府における環境行政の位置づけの変化がここから読みとれる。また，環境保護法に加え，自然資源管理に関わる森林法，草原法，水法や，汚

染防止に関する水汚染防治法，大気汚染防治法など，環境関連のさまざまな法律が1980年以降制定された。一方で，工業，農業部門のいずれにおいても開発による経済的な利益が優先され，法の規制が実効化せず，大気汚染や水汚染はむしろ深刻化したともいわれる。

　こうした中で，中国にとって大きな衝撃だったのは，1997年にかつてないほど広い範囲で生じた黄河断流と，1998年に発生した長江大洪水である。前者は，中国の水資源の総量について危機を感じさせる問題であり，後者は農地の開発による森林破壊が洪水の引き起こした主な原因の1つであるといわれた。

　黄河断流は，増大する農業や工業，都市の水需要の増加が引き起こしたとも言われた。しかし，問題はそれほど単純ではい。日本も含めて世界の水利用の7割は，農業生産に使われている。水資源の大半は，実は私たちが生きるために必要な「食」と不可分なものである。地球研（総合地球環境学研究所）が中国と共同で黄河断流を調査した研究プロジェクト（黄河プロジェクト，代表福嶌義宏）によれば，黄河断流の原因の1つは，砂漠化対策として実施された植林によって水消費が増えたことであったことが指摘されている（福嶌2008))。黄河において，水利用の約7割は農業用水であるが，その利用量は1980年代に最大となっていて，断流が起きた1990年代後半には大きな変化は起きていない。一方で，いわゆる黄土高原といわれる地域での水消費量が，1980年代を境に前後で大きく異なることが明らかになった。これは，中国が国家事業として進めてきた，黄土高原における砂漠化防止のための植林事業がある程度成功したことによって回復した森林が消費する水の量（蒸発散量）が増加し，結果的に黄土高原から黄河に流れ込んでいた水量が減少した。砂漠化防止のための植林という環境対策が，黄河断流という別の環境問題を引き起こしたのである。

　一方，長江大洪水の直接的な原因は異常な降雨であったと思われるが，被害を拡大した要因として，とくに山地で森林を伐採して農地を無制限に増やしたことが挙げられた。このため中国政府は長江大洪水の後，人口の増大とともに農地を拡大し続けてきた中国の歴史上きわめて異例な試みともいえる，農地を制限して森林に戻す，「退耕還林」政策を実施することになった。

　黄河断流や長江大洪水等，2000年頃までのこうした水問題は，中国が進

めてきた食糧自給を目指した農業開発に起因するものである。同時に農業開発は，発展する沿岸部と比較して，相対的に経済発展から取り残されがちな甘粛省など内陸部への国家的な投資とみることができる。中国の水の環境問題をめぐるガバナンスの有り様を，経済発展という意味で対照的な沿岸部と内陸部の2つの地域とで対比したときに，内陸部のもっとも貧しい地域の1つである甘粛省・黒河の事例は，その典型と考えることができる。

2.2 中国西北部のオアシス農業と水問題

本章で対象とする黒河は，中国北西部にあって青海省と甘粛省にまたがる祁連山脈を水源とし，灌漑農業の盛んな張掖，酒泉等のオアシス都市の存在する中流部を経て，内モンゴル自治区の砂漠地帯に入って消滅する内陸河川である。全長約400km，流域面積はおおよそ13万 km^2 で，日本の面積の約1/3にあたる。中国では，新疆ウイグル自治区のタクラマカン砂漠を流れるタリム河に次ぐ，2番目に大きな内陸河川である。上流部の祁連山脈には氷河が存在し，積雪も含めて年降水量は600mm程度である。中流のオアシス地域では年降水量100～200mm程度，下流の砂漠地域では50mm以下である。中流のオアシス地域は，河川水，地下水を利用する灌漑農地が広がっている。2001年度に報告された統計資料によれば，主要な作物は小麦（春蒔き），トウモロコシなどである。中流域の代表的なオアシスである張掖における主要な穀物の作付面積比は，トウモロコシ58.5％，麦類20.7％の両者が大部分を占め，その他はウリ類8.9％，カラシ，果樹1.5％などである。なお，張掖市の人口は2000年代には約50万人まで増加し，そのうちの70％弱にあたる34万人が農業に従事している（中村2008）。

筆者は，近年50年間の黒河流域の水利用の変遷とその問題点を，主として水文学の立場から検討した（窪田2009）。また，黒河流域特に中流部にある張掖市は，中国政府が2000年代に入って，全国の節水型社会建設モデル地域に選定した。このため，農業開発と水不足の解消を狙った節水政策が展開された。筆者らは，そうした環境政策実施過程における実効性に関わる地方政府の役割を論じている（窪田・中村2010）。節水政策の中で注目すべきは，水票とよばれる水利権（水利用権）の売買制度である。水利権売買に関わる議論は3節で行うために，まず本節では，黒河における水問題の実態と

節水政策を整理しておく。

　黒河は，下流の砂漠地域にも，河本道…河道に沿ってオアシスが点在し，農業も行われている。歴史的にみれば，紀元前後の前漢，さらには13世紀の西夏や元といった時代にも広く農業が行われた時代があったようである（森谷2007）。その後，明や清の時代には，下流域の農業活動は衰退した。ところが1958年からはじまる大躍進から文化大革命期に農業開発が再び進行する（中村2008）。一方，中流域における農業開発も同時に進行しており，それにともなう水利用が増大し，中流と下流の間での水の分配が深刻な問題となる。

　上流の山岳地域より中流のオアシス地域へ流入する地点で過去50年間の黒河の流量をみると，年々変動は大きいものの，長期的にみれば大きくは変化していない。一方，中流域に広がる農業地域で大量の水が利用された結果として，中流域から下流域へ流れる量は，上流からの流入量に比べて大きく減少する。中流域の流入量と流出量の差は，この地域の降水量が過去50年間ほぼ変化せず，またその量も多くないことを考えると，中流の農業地域における灌漑による水消費の指標とみることができる。この中流域での水消費は，1950年以降一貫して増加している。1950年代と2000年代初頭の中流域の灌漑面積を比較すると2倍以上に増加しており（山﨑ほか2007），この間の水利用の増大は，農業開発によるものと考えることができる。播・田（2001）によれば，黒河の全水利用量のうち，83.2％を中流までの甘粛省内で利用しており，そのうち94.0％が農業に使われているという。また季節的にみても，4月から9月の灌漑期間は，平水時には黒河のほぼ全量が灌漑水として利用されており，洪水時にのみ下流へ水が流されている。この結果，下流域で1990年代以降，水不足が深刻化する。1960年代には300km^{2}と琵琶湖の約半分の面積があった2つの末端湖は，2001年には，ほぼ完全に干上がっていた。また黒河に沿って拡がる胡楊（コトカケヤナギ，ポプラの一種）の林は，水不足によって大きく衰退した。当然，下流の農業も深刻な打撃を受けた。干上がった末端湖や水不足で荒廃した農地は，ダストストームの供給源となり，当時深刻化しつつあった北京での黄砂の被害の元凶，と考えられるようになった。このように下流域の砂漠化は，黒河の水不足が主な原因の1つだったわけであるが，一般的には砂漠化の原因は過放牧であると

いう認識が根強く存在する。そうした個別地域の状況を無視した一般論を前提に，黒河下流では草原を利用する牧民を強制的に移任させる「生態移民」政策が開始された（小長谷2005）。

　また，灌漑水の水源に関しても，近年大きな変化が見られる。従来，黒河中流域では，豊富な河川水を利用した灌漑が主体であったが，1990年代以降地下水利用が増加し，2000年代はじめには灌漑用水量の約25％を占めるようになった。その結果，1990年以降，年に1ｍ近い地下水位の急激な低下が生じた場所もみられるようになった。水需要が逼迫して地下水位の急激な低下が起きているといわれる北京周辺の値に匹敵する値であり，深刻な問題である。

2.3　格差対策としての農業開発と水資源保全

　1990年以降深刻化した黒河の水不足，特に中流と下流間での水分配の問題に対して，2002年の国務院決定によって，中流・下流の水の分配に関するルールが定められた。同時に，特に中流域では換金作物や水の消費が少ない作物への転換，水路の改修による送水効率の改善，河川水から地下水への水源の転換などの一連の節水政策が開始された。

　一般に中国において政策は，国家から省へ，さらに省から市へと順番に下ろされる。ところが，節水政策の実施に当たっては，張掖市が全国の節水型社会建設モデル地域に選定されたことから，事情が異なっていた。中国では，先進的な環境政策を率先して受容する一部の地域が国より「試点（モデル地域）」として指定され，その成功をもとに，全国に同様のモデルを政策的に普及させようとする例がしばしば見られる（大塚2006）。そのため，モデル地域での実験結果をもとに正式な法律がつくられることが多く，政策発布の順序は，通常見られる国家から省へ，そして市へという流れと異なり，国家から市へ直接通達される。黒河の場合でも，2002年3月の中華人民共和国水利部による全国初の節水型社会建設モデル地域の決定をうけ，張掖市は「関於干開展張掖市節水型社会建設試点通知（三）」を発して，モデル事業を開始する（李・田2003）。一方，国家が全国に節水型社会建設の宣伝を行うように指示した「中共中央宣伝部，水利部，国家発展改革委建設部関於加強節水型社会建設宣伝的通知」が出されたのは，2年後の2005年であっ

た。このように張掖市の事例は，正式な政策の準備段階，試験段階として行われたものである。

張掖がこうしたモデル事業の試点に選ばれた背景として，ほぼ同時期，2000年から展開されていた西部大開発事業（国務院関於実施西部大開発若干政策措施的通知（国発［2000］三十三号），2000年10月発布）を考えに入れておく必要があるだろう。西部大開発事業は，沿岸部と内陸部の経済格差を是正することを第一義的な目的としている。交通，水資源開発，天然資源の開発といったインフラ建設をはじめとして，中国西部地域における改革開放を外資の積極的投入とともに行い，市場システムの樹立を目指している。

その中で，中国西部地域の環境政策とかかわって注目される点が2つある。まず，乾燥地域である西部地域を対象としている以上当然ともいえるが，インフラ建設において水資源の総合開発が重要課題として取り上げられ，さらにその中で節水型社会建設が重要項目となっている点である。もう1点は，環境の保護・修復が重要な課題として含まれていて，耕地を林地や草地に戻す，いわゆる退耕還林還草事業，天然林保護，砂塵発生源対策などの環境保護，生態保全事業にも大きな資金が投入されたことである（蔡2004）。西部大開発事業に関しては，その開発的側面が強調され，むしろ環境破壊の原因であるといわれる場合も多いが，一方で環境保全に対する積極的な事業，施策を含んでいることは留意しておきたい。張掖市の節水型社会建設モデル事業も，西部大開発事業とのかかわりの中で位置づけられていたと考えられる。

水不足や水の配分をめぐる上下流間の対立といった問題は，中国西部地域の乾燥地域では，この時期各地で起きていた。実際にモデル事業が実施されたのは甘粛省の張液市であるが，黒河そのものは青海省に源流があり，甘粛省を経て内モンゴル自治区にいたる「跨省河川」である。環境問題に加え，少数民族問題などがかかわって，甘粛省（中流）と内モンゴル自治区（下流）の水の分配をめぐる対立が先鋭化していたことが，モデル地域に選定される理由の1つであったと考えられる。なお，モデル地域には設定されなかったが，下流域の水不足，河畔林の衰退等の問題が深刻化していた新疆ウイグル自治区のタリム河でも，国務院が主導して，節水，生態移民など環境保全の国家プロジェクトが実施されている（李2005；陳・中尾2009）。

節水型社会建設モデル地域は，黒河以外には浙江省嘉興市が選定された。嘉興市は上海，杭州の間にあって，経済発展の著しい東部沿岸地域の工業都市である。北京をはじめ，都市の水問題が深刻化し，その重要性を認識した中国政府の政策としては，自然な選択である。それと並ぶかたちで，西部の乾燥地域の代表として張掖市が選ばれたわけであるが，その背景には西部大開発に象徴される経済的に立ち後れた西部地域への配慮とともに，乾燥地域における農業をとりまく水不足と配分の問題を，中国政府が重要視していたことが考えられる。

3　水利権取引の中国における可能性

3.1　政府主導の水管理―節水政策

　黒河における節水政策の結果については，窪田・中村（2010）に詳述したとおり，経済発展と環境問題（水不足の解消）を地方政府の工夫により，河川水から水源の転換によって解決するが，結果的に中流域の地下水の低下という新たな環境問題が発生する。これは，中央政府の意を受けた地方政府によるトップダウン型の水管理の限界ともいえ，経済的に豊かな嘉興市に代表される東部沿岸地域で実施された，住民参加型とも言えるボトムアップの試み（大塚2010）と好対照である（窪田2012）。

　その一方で，水票―水利権取引という試みが，中国政府によって喧伝された（例えば，『中国水利報』2003年10月など）ほどには実効性が得られなかった点について，水という資源の特性が影響している点と，共産党の一党独裁体制が続く中国における環境ガバナンスという視点でさらに議論してみたい。

3.2　節水政策における「政府の役割」と「市場の役割」

　農業開発や都市用水の増加などにより水需要が増大した結果，その地域が慢性的に水の不足した状態への対策（節水対策）や，あるいは降水量の変動等により一時的に水が不足した場合の対策（渇水対策）として，従来はダムや用水路の建設などハードによる対策が取られてきたが，水資源の物理的な拡大自体が困難になる中で，さまざまな制度や調整が行われるようになりつ

つある。その中で，アメリカやオーストラリアなどで水利権の一時的な取引が注目されている（例えば，近藤2006；遠藤2013など）。

　カリフォルニアの水利権取引制度である「水銀行」制度とは，それまでも行われていた渇水時における水の融通の取り組みを，基本的には州政府の管理下において水の需要の程度を，水に価格を付けることによって，経済的な尺度の中で相対化し，取引によって量の調整を図るものである。ここで，取引はその年に限った一時的なものである。オーストラリアの例でも，永続的な取引も認めているが，環境の保全のために必要度の高いものを優先するなど，すべての水を「商品化」して市場に任せているわけではない。従来から公共性が高いが資源としては価格が付きにくく，開発も含めて政府に関与が強い資源である水という資源の性格を考えると，政府が全体をコントロールしつつ，価格によって調整を促す制度とみることができる。一方で，取引の成立には多様な需要が必要であり，また，それぞれの土地利用で実際に使われる水の量などが明らかになっている必要がある。

　中国では原則的に水資源である河川，湖沼，地下水からの取水はすべて国家が管理し，利用者に対し「取水権」を与える。一方で農業用水に関して利用料（いわゆる水費）は政策的に安く抑えられている。張掖では，2000年代に入って，特に種用トウモロコシにおいて，農業企業が種子や必要な資材を農家に提供し，作付けや栽培管理も指導し，最終的な生産物を買い取る契約の生産形態をとっていた。個々の農家は決して豊かとはいえず，積極的に水利権を購入するインセンティブは働きにくい。実際の水利権取引においても，節約された水利権を政府が買い取る（買い戻す）というかたちが取られており，いわゆる「利用者間の取引」ではなかったようである。

　また，オーストラリアやカリフォルニアでは，それぞれの農作物などによってどのように水が利用されるかが十分に把握されており，河川の流量や配分（利用）される水量もモニタリングされている。大規模な河川では，上流域で灌漑に用いられた水が，必ずしも全量が消費されるわけではなく，一部は地下水となって，さらに下流の河川に流出し，また灌漑水として利用されるケースもある。こうしたケースも含めてどこまで水が利用可能であり，流域全体でどれだけの水利権が設定できるかが，黒河で十分に把握されていたとは考えにくい。

こうして考えると，水利権取引を有効に機能させ，特に渇水時の対策等に利用することまで考えると，水需要が逼迫し水の経済的な価値自体も高く設定可能で，かつ流量のモニタリングや配水システムが整備されていないと，取引制度の有効活用とその節水効果を期待することは難しいように思われる。オーストラリア，カリフォルニアでみられるように，水利権取引の制度としてのポテンシャルはあるものの，特に水の経済的価格が政策的にコントロールされている中国で，市場のインセンティブを働かせることは困難であろう。

4　おわりに

本章では，中国の環境問題の変遷とその対応について，水資源の制約を強く受ける乾燥・半乾燥地域における水の量の管理に着目し，ガバナンスという視点から検討を行った。2000年代以降の西部大開発は，農業自給率の確保という中国の基本政策の一部を担いつつ，沿岸部と内陸部という経済格差が拡大する中でこれを緩和するための一連の施策として行われ，一方で逼迫する水資源および砂漠化等の環境問題に対する回答でもあった。その中で，重要となる節水に対し，市場の原理を導入する水利権取引制度が試みられた。中国の環境問題対策として，石炭火力発電所等からの硫黄酸化物排出量削減対策として，経済的なインセンティブや民間企業等の開発力を利用して，削減目標を達成した事例（堀井2010）のような，いわゆるポリシーミックス政策の試みであったが，公共財に近く，また中国の政治体制や農業のおかれた状況の中では，取引に対するインセンティブとなるような経済的な価格設定がむずかしく，またモニタリングシステムや制度も不十分な状況もあいまって，現時点では，十分に成功したとはいいにくい。経済的な成長が現在でも優先される中国にあって，水資源の保全や環境問題などを今後どのように進めるかは，依然として多くの課題があるものと思われる。

参考文献：

相川　泰（2008）『中国汚染―「公害大陸」の環境報告』ソフトバンククリエイティブ，240頁。
井村秀文（2007）『中国の環境問題―今なにが起きているのか』化学同人，224頁。
遠藤崇浩（2013）『カリフォルニア水銀行の挑戦―水危機への市場の活用と政府の役割』昭和堂，195頁。
大塚健司（2006）「中国における地方環境政策の実施過程への視座」寺尾忠能・大塚健司編『発展途上国の地方分権化と環境政策』調査報告書，アジア経済研究所。
大塚健司編（2010）『中国の水環境保全とガバナンス―太湖流域における制度構築に向けて』アジア経済研究所，274頁。
窪田順平（2009）「地球環境問題としての乾燥・半乾燥地域の水問題」　中尾正義・銭新・鄭躍軍編『中国の水環境問題　開発のもたらす水不足』勉誠出版。
窪田順平・中村知子（2010）「中国の水問題と節水政策の行方」秋道智彌・小松和彦・中村康夫編『人と水Ⅰ　水と環境』勉誠出版，275-304，332頁。
窪田順平（2012）「中国の環境問題」『HUMAN 2』，124-134頁。
窪田順平（2014）「中国の環境問題と日中環境協力の可能性」nippon.com.http://www.nippon.com/ja/in-dcpth/a0301/（2015年1月15日アクセス）。
小長谷有紀・シンジルト・中尾正義編（2005）『中国の環境政策　生態移民』昭和堂。
児玉香菜子（2005）「「生態移民」による地下水資源の危機」小長谷有紀・シンジルト・中尾正義編『中国の環境政策　生態移民』昭和堂。
近藤　学（2006）「オーストラリアの水改革―その概説―」『滋賀大環境総合研究センター年報』3，49-65頁。
蔡守秋（2004）「中国の環境法と西部開発に関する環境政策」『社会科学研究年報』34頁。
陳菁・中尾正義（2009）「中国の水資源管理―供給管理から需要管理へ」中尾正義・銭新・鄭躍軍編『中国の水環境問題―開発のもたらす水不足』勉誠出版，224頁。
中村知子（2008）『西部大開発政策下の社会構造とその変動―政策実施下における中間アクター分析：中国甘粛省張掖市周辺を例に―』　東北大学学位論文。
包茂紅著，北川秀樹翻訳（2009）『中国の環境ガバナンスと東北アジアの環境協力』はる書房，219頁。
福嶌義宏（2008）『黄河断流―中国巨大河川をめぐる水と環境問題』（地球研叢書），昭和堂，187頁。
堀井伸浩編著（2010）『中国の持続可能な成長―資源・環境制約の克服は可能か―』アジア経済研究所，287頁。
森谷一樹（2007）「居延オアシスの遺跡分布とエチナ河―漢代居延オアシスの歴史的復元にむけて―」井上充幸・加藤雄三・森谷一樹編『オアシス地域史論叢―黒河流域二〇〇〇年の点描―』松香堂。
山崎祐介・窪田順平・陳菁・中尾正義（2007）「黒河中流域の灌漑農地開発に伴う水収支の変化」沈衛栄・中尾正義・史金波編『黒水城人文與環境研究』中国人民大学出版社。
李菁怡（2005）「「生態移民」による貧困削減の効果（一）―新疆タリム河流域における事例から」小長谷有紀・シンジルト・中尾正義編『中国の環境政策　生態移民』昭和堂。
潘啓民・田水利（2001）『黒河流域水資源』　黄河水利出版社。
李季・田宝忠（2003）『建設節水型社会的実践與思考』北京・中国水利水電出版社。

Jiang, L., Tong, Y., Zhao, Z., Li, T. and Liao, J. (2005)Water resources, land exploration and population dynamics in arid areas—the case of the Tarim River Basin in Xinjiang of China. Population and Environment, 26.

Liu, Y., Tian, F., Hu, H., and Sivapalan, M. (2014)Socio-hydrologic perspectives of the co-evolution of humans and water in the Tarim River basin,Western China: the Taiji-Tire model. Hydrol. Earth Syst. Sci., 18, 1289-1303.

第4章

中国西北部乾燥地域における農業用水の再配分問題

水利権調整問題をめぐる法政策学的実証研究

寇 鑫

I 研究の背景と目的

中国は1人あたりの水資源量が世界平均の約1/4であり,特に半乾燥・乾燥地域の西北地域における水不足問題はきわめて深刻である。

1949年の新中国成立以後,中国の人口増加,経済発展は著しい。現在は世界第2位の経済大国になった。しかし,人口の増加,経済発展,地域開発は環境に大きな負荷をかけている。重要な水資源もその影響で,巨大な圧力を受け,水不足が深刻な状況になっている。黄河の場合1972～1996年の25年間,そのうち19年断流が発生し,1998年に100日間以上の断流が確認された(北川2000,56頁)。

中国の国土面積は広く,全国の気候条件はそれぞれ違う。水資源は空間と時間的な偏在が著しい。南部の水資源は豊かであるが,北部は水不足の現象は顕著である。また,時間的には,水資源は夏の雨季に集中し,洪水になる場合が多く,利用面での困難が大きい。汪恕誠[1]によれば,「長江以北水系の流域面積は全国国土面積の64％を占めるが,水資源量は全国の総量の19％にすぎず,乾燥,水不足は中国北部の主な自然環境面での課題となっている。全国の多くの地域では増水期の連続4ヵ月間の降水量は年間降水量の60％～80％を占め,春の干ばつと夏の冠水を引き起こしやすい。しかも,水資源量の約2/3は利用不可能な水であるため,増水期に洪水,非増水期

に渇水の状況になる」(汪2009, 442頁)。

特に西北地域において渇水の被害は深刻である。例えば, 甘粛省の張掖市では, 2012年年初から2月までの渇水被害は約23万人に影響を与えた。農産物被害面積は5万5350ha, 芝生被害面積は39万9015ha, 飲用水入手困難な人は1万1550人, 飲用困難な家畜の数は4440, 経済損失は1041億元に達した[2]。

本章の実証研究の対象地域は西北地域に属している黒河流域の甘粛省張掖市と黄河流域の寧夏回族自治区・内モンゴル自治区である。これらの乾燥地域における灌漑農業に焦点を当てる。中央政府は農業発展を維持しながら, 工業を発展させる指導方針を打ち出しており, 「三農問題」[3]の解決のために, 政策上農民負担を削減, 農業水利を重視する傾向がある。

具体的に述べれば, 黒河流域は, 上流は祁連山脈で, 水源地, 中流はオアシス, ゴビ[4]・砂漠[5]で, 農業中心地, 下流はゴビである。上流地域では気候変動, 植生破壊のため, 雪線が上昇, 氷山の面積が減少し, 水の供給能力が下降しており, 中流地域では人口増加, 農業発展のため, 水の需要量が増加し, 下流への水の供給能力が下降している。下流地域では, 中流からの水供給の減少と水需要量の増加で, 川が枯渇, オアシスの面積や湖の水面面積が減少し, 消失したものもある。下流地域の生態環境を改善するため, 黒河本流の水量を調節し中流から下流への放水を強制的に規定した。中流地域では工業は発展していないため, 農業用水内部の対立が顕在化し, 再配分問題が顕在化している。

寧夏, 内モンゴルは黄河流域上流地域に属する。寧夏は内モンゴルの上流に位置し, 農業生産を中心とする。内モンゴルは鉱産, エネルギー開発の中心地である。経済発展(石炭開発による火力発電)のため, 水の需要量が増加している。黄河流域全体は水資源が不足しているため, 水供給量を増加させることは不可能であり, 寧夏の農業用水から内モンゴルの工業用水への再配分が必要となる。

本章の目的は新中国建国前後の農業水利制度, 中国国内の学界での水利権をめぐる法的論争を分析し, 農業水利政策の新動向を把握した上で, 事例研究を通して農業用水の水利権の内容とその主体, 客体と調整方法を検証し, 西北部乾燥地域における農業用水再配分(農業内部, 農業から工業)の水利

権の内容を検証することである。

　まず，水利権をめぐる法理論の構成，水利権について所有権を含めるかどうかという学界での論争経緯を分析し，現段階の発展状況と課題を解明する。次に，中国における水利制度，政策の歴史的な展開を分析し，現行制度における政策の現状と問題点を明らかにする。さらに，中国における現実的な水問題について，農業用水水利権の調整を中心に，中国全体の問題点と西北部渇水地域の農業用水再配分の問題点について，中央と地方の関係を検討しながら考察する。

　水利権は中国語で「水権」と表記する。2004年に黄河水利委員会が制定した「黄河水権転換管理実施弁法（試行）」2条では，水権は黄河の取水権を指すと表記している。2005年に水利部が公布した「水権制度建設の枠組（水権制度建設框架）」では，水権制度のメカニズムは水資源の所有権制度，使用権制度，水権の転換制度に分かれると規定したが，水権の転換は水資源使用権の転換を指し，現段階では主に取水権の転換である。同年の「水利部の水権の譲渡に関する若干の意見（水利部関於水権転譲的若干意見）」では，水権の譲渡は水資源の使用権の譲渡を指すと明記した。本章では，中国語の「水権」は水利権と表記する。

　管見の限りでは，中国国内の水利権の先行研究は主に水利権の概念（崔2002；蔡ほか2004；黄2005；王2005；裴2008など），水資源の配分（潘ほか2010など），水利権取引（王2005；裴2008；許2011など）がある。これらの研究は水利権制度の変遷，水資源配分，水利権取引の現状，水利権の概念について法学的，経済学的，社会学的分析を行い，中国における水利権の発展状況を明らかにした。しかし，理論研究が多く，実証研究は少ない。中国全体の研究が多く，地域状況に即した研究が少ない。農業用水水利権については，制度設定，水利権転換の価格設定を中心とする研究が多いという特徴がある。

　本章では，農業用水の確保，農業用水の利用者・受益者の立場から水利権の各主体と調整方法を分析し，西北部乾燥地域の農業用水水利権調整の問題点を解明したい。研究方法としては既存の先行研究による理論分析と現地調査による事例研究である。

2　農業水利政策をめぐる新動向

　水問題が深刻化している背景の下で，中央政府は節水，農田水利建設の促進のように，一連の政策を打ち出した。2011年から2015年までの第12次五ヵ年計画の中で資源を節約，環境に優しい社会を建設することを重視する。なかでも水資源の節約，水利インフラの建設を強化することとしている。また供水能力を高めることを要求している。

　2011年に中央一号文件「中共中央国務院の水利改革発展の促進に関する決定（中共中央国務院関於加快水利改革発展的決定）」が公布され，中央水利工作会議が開催された。「一号文件」の中で農村水利建設，水不足，食糧の保障，経済発展，生態系安全の基礎などのキーワードが挙げられた。農業水利建設を国家食糧安全というレベルにまで高めた。これを契機に，中国水利は加速発展期に入った。

　「一号文件」の中では最も厳しい水資源管理制度の実施も要求した。これに対応して2012年「国務院は最も厳しい水資源管理制度の実行に関する意見（国務院関於実行最厳格水資源管理制度的意見）」を公布し，水資源開発利用の拘束的目標を確立した。具体的には，2015年までに全国の用水総量を6350億m^3以下，2020年までに6700億m^3以下，2030年までに7000億m^3以下にするという目標である。

　また，流域，区域の取水量，用水量を制限し，水資源の有料化，水資源費の徴収を強化し，地下水取水総量と地下水位をコントロールし，効率的な水利用を目指し，中国を節水型社会に建設する。それを保障するために，水資源管理責任と審査に関する制度を実施し，水資源の管理を行政幹部の成績，昇進につなげた。

　さらに2012年に「国家農業節水綱要（2012-2020年）」を公布し，農業用水が全国用水総量の62％を占めることを指摘した。現在の中国ではまだ効率的な農業用水の利用が達成されていないため，用水総量を制御する上で，灌漑面積を拡大することを目的としている。

　これらの政策は節水，農業水利建設を重視し，流域・区域の取水量・用水量の制限，水の有効利用を中心とする。特に農村の水利インフラの建設と節水型社会の建設を重視している。政府は農業水利建設により主導的に役割を

担当し，公共財政の水利への投入を拡大し，農業水利建設の新しいメカニズムを強化しようとする狙いがある。

3　農業水利制度の歴史的な展開

3.1　新中国建国以前の農業水利制度

秦と漢の時代は灌漑用水権の配分メカニズムの初期建設期であり，「国家は大規模な水利プロジェクトの建設を主導した」（王2005, 328頁）。西漢時代の用水は，「まず統治階級の用水需要を満足することが最優先され，次に農業灌漑用水の需要を満たすことが優先された」（秦ほか2005a, 4頁）。

唐時代には，現存の中国の歴史上初となる水に関する法律である『水部式』が制定された。「唐時代の水量配分の原則は「平均」（平均的に分配して，バランスをとって受益する考え）であった」（王2005, 183頁）。唐時代から農業用水は，「統治階級の用水よりも優先されることとなった」（秦ほか2005a, 6頁）。これは水資源が生産の発展に果たす役割の重要性が一層向上した結果だと考えられる。

「宋時代の「農田水利約束」，元時代の「用水則例」では水利権制度が国家法により主導され，水の配分，用水，量などの規則が完備された」（裴2008, 79-80頁）。

明，清時代には水利権の売買行為が行われた。「従来，水利権は土地に付属した権利であり，水利権の譲渡は禁止されていた。明清時代には，関中地域で水利権は土地から分離した」（秦ほか2005b, 3頁）。

歴史上の中国は農業を主とする君主制の封建社会であった。その時代，水は最も重要な資源だと考えられた。農業生産，運輸など，農業社会の主な生産，生活は全て水と関係する。水は国家の命脈であった。水資源を合理的に利用しているかどうかは王朝の存亡，盛衰にかかわる問題であった。清時代までの中国の水利権制度と水の配分状況を見ると，水資源は統治階級に支配されていたことが分かる。水の中央集権式の管理などは現代中国水利権制度の基礎になっている。また，水をめぐる紛争は現代中国だけの問題ではなく，新中国建国以前の各時代にすでに現れていた。

3．2　新中国建国以後の農業水利制度と水資源政策の変遷

王・胡（2011），山田（2008），張（2000），羅（2011），賀・郭（2010），蔡編（2009）と関連法政策文書を参考にし，1949年新中国建国以後の水利制度，水資源政策の変遷を整理する。当時の政治経済政策の変動に応じて中国水利建設の発展変化は4段階に分けられる。第1段階：大規模建設時代（1949-1977年），第2段階：改革時代（1978-1987年），第3段階：矛盾顕在化時代（1988-1997年），第4段階：再改革時代（1998-2010年）である。

(1) 大規模建設時代（1949-1977年）

この段階は主に大規模な水利インフラ施設，特に洪水防止，灌漑の施設が集中的に建設され，災害防止，食糧安全，飲用水などの安全面での需要をある程度保障できた。「しかし，建設が集中したために，時間が緊迫し，効率的な計画を欠き，水利施設の質は一般的に高くない。また，建設を重視し，管理は軽視された」（王・胡2011，105-110頁）。

建国時，第二次世界大戦と内戦の影響を受け，当時の中国は非常に貧しかったため，食糧の維持，国民生活，経済の回復，社会建設が主な目的であった。

1949年の当時の臨時憲法「中国人民政治協商会議共同綱領」の34条において「水利を建造し，洪水，干ばつを防止する」と規定された。同年の第1回水利工作会議で「水害を防止し，水利を建造する（防止水患，興修水利）」という水利建設の方針を提出し，洪水防水，灌漑，排水などを回復して発展させた。

1950年に「土地改革法」が公布され，1955年に「農業合作化問題に関する決議（関於農業合作化問題的決議）」が制定され，農民が大規模な農田水利建設に参加することを促進した。その後1960年に公布した「1956年-1967年全国農業発展綱要」の中で1956年から12年間で水害と干害を基本的になくすことを提起した。

1957年に水と土地資源を保護するために「水土保持暫行綱要」を制定した。同年に国務院は「小型を主として，中型を補助的に，必要で可能な時に大型プロジェクトを建設する（必須切実貫徹執行小型為主，中型為補，必要和可能的条件下興修大型工程）」という水利建設方針を提出した。1958年8

月の「中共中央の水利事業に関する指示（中共中央関於水利工作的指示）」では各地域の水利計画以外に，全国範囲内の長期的な水利計画は南水北調を主要な目的とすると指摘している。

しかし，「1958年から1960年まで「大躍進運動」が発生し，経済・社会発展のスピードのみを重視したため，土砂堆積，冠水，塩害が発生し，1965年8月に水電部が開催した全国水利工作会議以後状況は改善したが，その後，1966年に文化大革命が始まり，三門峡ダムの土砂堆積問題を含め，問題点が多かった」（張2000，1-4頁）。

「1972年に中国北部では大範囲の干ばつが発生した。特に1970年代に北京などの大都市で水不足の問題が現れた。1973年に北部の水不足を解決するために，国務院が北部17省（自治区，直轄市）の干ばつ対策工作会議を開催した。この会議は北部地域では井戸を掘って地下水を開発し，農業灌漑を発展させる農業基本建設のブームを盛り上げることに寄与した」（張2000，1-4頁）。1970年代末までに中国の農業水利システムはほぼ完成した。

この段階の水資源政策は中央政府の行政コントロールが中心で，経済的，法的なメカニズムは重視されなかった。この時期，歴史的政治的原因で中国の経済はまだ順調に発展していなかった。水資源の問題は主に自然条件の要因で北部に水不足が発生した。水害・干ばつ対策と食糧生産を主な目的として中国政府は水利建設を重視して推進した。政策は水資源の開発利用，特に農業水利インフラの建設を中心に展開した。農業水利事業は国家の日常的な仕事として管理された。農業水利建設と農業灌漑組織を結合して農業水利の建設と管理体制が形成された。

（2）改革時代（1978－1987年）

1976年に「文革大革命」が終わった。「1978年に中国共産党第13期三中全会が開催され，経済・社会の建設発展は再び重視された。その後，水利への投資，浪費が大きすぎ，効果，利益は芳しくないという意見が多かったため，1980年代の国民経済の調整過程で水利資金が大幅に削減された」（羅2011，43-46頁）。この背景の下で，中国の水利政策の改革が行われ，水利部門の企業化改革，供水の有料化改革，農村末端管理組織の変化が始まった。

水利部門の企業化改革については，「1981年に「全国農地水利責任制の強化に関する報告（関於全国加強農田水利責任制的報告）」が公布され，農業水利の管理上は請負責任制が要求され，1983年に「経営管理を強化，経済利益を重視すること」を水利建設の方針とし，1984年に水利は農業から社会経済全般に転換して，経済利益を高めることが中心となり，1985年に「プロジェクト管理体制の改革と総合的な経営報告に関する通知（関於改革工程管理体制和開展総合経営報告的通知）」は水利部門を事業単位から企業に転換することを明確にした。これらの改革は水利部門が以前の国家負担から自主的に経営される経済組織になったことを意味する」（羅2011，43-46頁）。

　供水の有料化改革については，1985年に「水利プロジェクト水費の確定，徴収，管理弁法（水利工程水費核定，計収和管理弁法）」が公布され，水利プロジェクトの供水は有料になり，「水費は水利管理部門の主な収入源になり，農業灌漑水費は農民生産費用の一部となった」（羅2011，43-46頁）。

　農村末端管理組織の変化については，「人民公社時代は人民公社自体が大きな灌漑単位であり，大型，中型の水利施設はそれぞれ「公社，大隊，生産隊」のレベルによって管理して灌漑が行われ，1982年の「分田」以後は村社[6]集団が基本的な灌漑単位になった」（賀・郭2010，87-89頁）。

　また，1979年に「環境保護法（試行）」が採択され，「汚染したものは処理する」という原則や，環境影響評価，「三同時」制度などが規定された。1983年の第2次全国環境保護会議でこれらの制度は確定した。また，1984年に「水汚染防治法」が公布され，水汚染の問題が重視された。

　従来は中国の水資源政策は農業水利建設が中心であったが，この段階になってはじめて，農業だけではなく社会経済全般における水資源の開発利用が重視された。また政府投資の圧力を軽減するために，従来水資源は無料であったがこの段階から全国範囲での水費徴収が始まり，水利にも経済利益を高めることが追求された。さらに，経済の発展に伴い，水汚染の問題が重視されるようになった。

　しかし，第1段階の大規模建設時代で大規模な水利建設が行われ，第2段階の改革時代で水利投資が削減されたため，中国の水利インフラの建設は緩慢であり，農業水利建設の発展は停滞に近く，建設の重点は洪水防止，灌漑

から供水に転換した。また、「1980年代初期に緊急会議で都市用水問題が議論されたが、十分に重視されなかった」（張2000，1-4頁）。節水と水資源の有効利用という政策の方向性はまだみられなかった。

（3）矛盾顕在化時代（1988－1997年）

1988年に「水法」が公布され、水行政管理部門の位置づけが確立された。1989年に「環境保護法」が採択された。

1988年11月に「公衆に頼り協力して農村水利を建設することに関する通知（関於依靠群衆合作興修農村水利的通知）」が公布され、「今後の水利建設は自力で建設することを主とし、国家支援は補助的手段とする」「建設するものは経営して受益する」という原則が実行された。1989年10月に「農業水利の基本建設を強力に展開する決定（関於大力開展農田水利基本建設的決定）」が公布され、「1人あたりの農村労働力が毎年、農田水利インフラ建設に投入する労働日数は平均的に10-20日間」と規定された。1996年に「さらに農業水利の基本建設を強化する通知（関於進一歩加強農田水利基本建設的通知）」が公布され、「投資して建設するものは所有して受益する」という原則で部門と個人が農業水利施設を建設することを促進した。

しかし、1978年から農村の家庭請負経営を主とした農業生産責任制が実施され、分散的な農業経営管理メカニズムが導入された。1985年に人民公社時代が終わり、村レベルでは生産大隊に代わり、村民自治組織の村民委員会、その下には村民小組が設立され、農村部の政治と経済組織はある程度分離した。これらの改革は人民公社の政治・経済一体の集権的な組織体制を終わらせることとなったが、一方で、集団からの大量の労働力の動員が困難となった。

また、「1990年代の中期以後、農民は出稼ぎの現象が多くなり、農村水利への労働力の提供はさらに難しくなり、末端政府と村の組織は労働力の代わりに農民からお金を徴収するようになり、農民の負担は重く、徴収金を払わない場合が多いため、農業水利システムは衰微していった」（羅2011，43－46頁）。その後、1995年の第14期五中全会の「建議」において水利を国民経済インフラ建設の最優先にして、節水を資源節約の最優先とすることが決められた。

この段階では農業水利が再び重視された。水管理の法制度建設は進展し，節水が重視された。しかし，水利建設に問題点が現れ，村民と行政組織の矛盾，経済・社会の発展に応じた水資源開発への需要と労働力・資金不足の矛盾，地域の自主的な水利建設における資金・労働力の不足と国家投入減少の矛盾は顕在化した。また，1990年代後半から水問題が爆発的に発生した。長江の洪水，黄河の断流，淮河の水汚染が発生した。水利発展の遅れは中国の持続可能な発展のボトルネックになった（王・胡2011，105-110頁）。

(4) 再改革時代 (1998－2010年)

　「1998年の長江・松花江大洪水をきっかけに，洪水防止，農業水利の建設が進み，水生態悪化の動向は緩和されることとなったが，水不足と水質悪化の影響で，水資源の需給矛盾が突出するようになり，水利発展の重点は開発，利用，管理から節約，配置，保護に転換した」（王・胡2011，105-110頁）。

　1998年に開催された第15期三中全会の「決定」の中で，節水の促進政策を制定し，節水農業を発展させ，節水灌漑を推進し，耕地の有効灌漑面積を拡大することを提起した。

　「三農問題」を緩和し，農民の負担を軽減するために，2000年に「農村において税費改革の試行を展開する通知（関於進行農村税費改革試点工作的通知）」が公布された。2002年から全国で農村の税費改革が推進され，2007年に「村民に対する資金・労働力募集の一事一議管理方法（村民一事一議筹資筹労管理弁法）」[7]を公布し，農民の負担を削減しようとした。

　2003年に「小型の農村水利プロジェクトに対する管理体制の改革実施意見（小型農村水利工程管理体制改革実施意見）」が公布され，小型水利プロジェクトの所有権の明確化を通して，投資を誘致して小型の水利プロジェクトの経営が進められた。「末端政府の投入不足を補うため，農業水利建設は農民から資金・労働力を徴収する方法から市場化と自治化に転換した」（羅2011，43-46頁）。

　「2002年の税費改革以後，特に2006年に農業税が撤廃されてから，農家は独立の灌漑単位となり，水利部門は村社の代わりに，農民用水者協会を基本的な灌漑単位として位置づけた」（賀・郭2010，87-89頁）。2002年の「水利

プロジェクト管理体制の改革実施に関する意見（水利工程管理体制改革実施意見）」の中で農村用水合作組織を主とする管理体制を建設することを明確にした。2005年の「農業水利建設の新しいメカニズムの確立に関する意見（関於建立農田水利建設新機制的意見）」の中で農民用水者協会などの専門合作組織の発展を促進することを重視した。同年の「農民用水者協会の建設を強化することに関する意見（関於加強農民用水戸協会建設的意見）」が公布され，農民用水者協会の位置づけが重視された。

　この段階は中国水利政策の第2次改革時代と考えられる。「農村税費改革」「一事一議」制度の実施によって，農民の負担が削減された。水資源政策は開発利用から節約，保護へ転換した。また農村小型水利管理体制の改革，農民用水者制度の確立は農村の末端における水利管理の自治化につながった。しかし，「農民用水者協会の役割に限界があるため，農業水利は施設維持の不足の問題点が残されている」（羅2011，43-46頁）。また，農民の負担への減少に伴い，農業水利への資金と労働力も減少した。そのため，小型の水利プロジェクトの投資は誘致されたが，地方政府，中央政府の負担が増加した。

　中国の水利建設は主に農業水利プロジェクトの建設と関連する政策の整備であるといえる。農業水利プロジェクトの投資主体は国家投資，農民負担，多様な主体の負担，国家投資の順に変更した。管理主体は上は行政部門が把握して，末端管理は農民用水者協会のような非行政部門が主となっている。水利建設の重点的な目的は洪水・干ばつ防止，灌漑から経済発展，社会生活，生態環境の維持を含めた総合的な供水に転換した。水資源政策は開発・利用，経済発展中心から，1990年代後半の水資源の保護，効率的な利用，節約へと次第に転換する。主要な問題点は水資源開発，水利施設維持の費用が高く，政府の負担が重いことと，農村水利の管理システムの未整備である。

4　水利権をめぐる法的論争

4.1　水資源の国家所有

　1942年，中華民国政府は「中華民国水利法」を公布した。2条では，水は自然資源，国家に属し，土地所有権取得の影響を受けないと規定された。

15条では,「水利権は地表水あるいは地下水に対する使用あるいは収益の権利である」と規定した。しかし,現在の中国で通用している法律では水利権について明確な規定がない。

中国における水利権制度を理解するためには,まず,中国における水資源の国家所有をめぐる憲法と水法における規定について考察する必要がある。1949年の臨時憲法「中国人民政治協商会議共同綱領」は水資源の国家所有を明言していなかったが,28条において国家経済の命脈に関するもの,国家生計に関する事業は,すべて全体人民の公共財産であると規定した。1982年に改正された「中華人民共和国憲法」9条では,水流などの自然資源が国に属すると規定したが,水資源の範囲は明示されなかった。ここでの水流とは地表水と解釈される。1988年に公布された「中華人民共和国水法」の3条では,水資源は国家所有であり,農業集団経済組織が所有する池やダムの水は集団所有と規定された。また2002年に改正された「水法」では水資源は地表水と地下水を含める（2条）と記述され,水資源の範囲を明言した。さらに,水資源を国家所有と規定した上で,水資源の所有権は国務院（中央政府）が国家を代表して行使する（3条）と明示された。これらの法律条文をみると,中華人民共和国建国以来,中国では水資源の所有,管理については中央政府が行うことが明らかである。

現在,水資源の国家所有は法律上で明確に規定されているが,水利権の概念は法律や政策では明記されていない。中国の学界では,水利権に関する理解について統一された見解はない。水利権に関する概念の解釈はさまざまであるが,主に水利権は水資源の所有権を含めるかどうかについて専門家による議論が行われてきた。

4．2　水所有権を含めない学説

裴麗萍は,「水利権は水資源の非所有者が法律の規定あるいは契約の約束によって,水資源の使用権あるいは収益権をもつことであると指摘する。また,水利権は水資源の所有権を含める水資源に関する権利の総和という理論観点に対して,従来,水資源の帰属と利用は異なる2つの制度で実現され,水資源の帰属と利用を同じ制度で調整することは説得力がないと批判した。中国の水利権は行政水利権である。上級の管理者がもっている水利権は下級

の管理者がもっている水利権より大きい。さらに，末端の用水者がもっている水利権は不安定性が大きく，いつか奪われる可能性がある。中国の水利権が西洋諸国の水利権と比べ明らかに異なるところは，国家の役割が水利権の配分のなかでより強力に位置づけられていることである。水資源は国有でも公有でも，事実上は各級の政府所有である。用水者の私的権益は長期的に軽視され，水利権取引の発展にも不利であったと指摘した」（裴2008，90-91頁）。

崔建遠は，「水利権は権利者が法律によって地表水と地下水を使用，受益する権利であると解釈する。水利権は集合的な概念であり，取水権，引水権，貯水権，排水権，水上運輸権などの総称である。各種類の水利権の性質，効力，効能は異なり，主に取水権，引水権を含める用水権を対象とする」（崔2002，37-62頁）。崔は「水資源所有権，水利権，水所有権はそれぞれ独自の性質，内容，機能があるので混淆してはならない」と指摘した（崔2004，18-20頁）。また，「水資源所有権は国家所有であり，水資源およびその所有権は取引の対象にはならない。水所有権は，一般の民事主体に属し，企業の貯水施設，家庭の容器のなかの水は水資源所有権の客体ではなく，水所有権の客体である。水利権は水資源所有権から派生し，水資源所有権のなかの使用権と収益権から形成された用益物権である」と解釈した（崔2002，37-62頁）。

裴麗萍と崔建遠は，水利権を水資源の所有権に含めないという点で見解が一致している。崔建遠は，もし水利権を水資源の所有権に含めると，一方で水利権の譲渡を認めているにもかかわらず，他方では「憲法」のなかで規定している水資源の所有権は国に属することが堅持されており，水資源所有権の譲渡を認めていないことと矛盾する。つまり，水利権の譲渡を否定することとなるため，水利権を水資源の所有権に含める観点を批判した（崔2004，18-20頁）。

この理論的観点は民法を基礎として，水利権は水資源の所有権を含まず，水資源の使用権と受益権を中心とするとの解釈である。この理解は水資源の国家所有に束縛されず，水利権取引のような実際の運用に有利な理論的根拠を提供するものである。

中国では水資源の国家所有を強化しているが，水資源の所有権を外して理

解する水利権は融通性があり，現行の中国の水利制度に適合していると考えられる。

4.3 水所有権を含める学説

蔡守秋ほかは，水利権は水資源財産権の略称であると指摘する。「財産権の基本的な内容は資源の所有権，使用権，譲渡権，および収益権である。したがって，水利権は水資源の所有権を含め，使用権，経営権，収益権，処分権の総合的な権利だと解釈した」（蔡ほか2004，21-26頁）。しかし，水資源の所有権を含めるべきだと主張したが，水資源の国家所有の下で，水資源の使用権，経営権，収益権，譲渡権などの権利を分離して分析している。蔡守秋の観点は，水利権が初期配分を完成してから，私的財産権となり，市場で自由に流通させることもできるということだと考えられる。彼は，国有財産権の不足を最大限に克服できること，初期配分が完成した水利権は完全な所有権ではないが，水資源の価値を最大限に実現できること，水利権は排他性と譲渡性ももつべきであることを指摘した。

この理論の観点は水利権が水資源の所有権を含める点で強化された。使用権などと分離され，実際の運用中では，水利権の初期配分を通して，水資源の国家所有権を確保しているが，その初期配分が完成した後の水利権は，使用権と収益権から形成した用益物権であるとする前述した崔建遠の理論の観点に似ているところがある。この2つの観点は崔建遠が横向きの分析を通して，水資源所有権，水利権，水所有権のように分けて，水利権取引のような実際の運用のために理論枠組を作ったのに対し，蔡守秋は縦向きの水配分の流れを通して，水利権初期配分以前，水利権初期配分完成後のように分けて，理論枠組を作ったところに特色がある。両者は水利権は水資源の所有権を含めるべきかどうかについて議論したが，実際の運用結果からみると，両方とも水資源の国家所有権の性格を薄れさせ，水資源の使用権と収益権を核心として強調した。

黄錫生は水利権の定義について，まず水の種類，水利権の客体を確定する必要があるとする。「水利権の客体として，水を資源水と製品水のように分類し，それに対応して，水利権は国家，部門，個人の水物権と取水権に分かれるとした。そのうち，水物権は国家，部門，個人が資源水と製品水を占

有，使用，収益し，処分する権利である。さらに，水の種類によって，水物権は資源水物権と製品水物権に分けられる。取水権は取水の主体を法律による地下，河川，湖沼などの水資源から取水する権利である」（黄2005，70-96頁）。

黄錫生は崔建遠などの水利権に水資源の所有権を含めないという観点に疑義があるとする。水利権は水資源に関する財産権であり，水資源の所有権を基礎とする権利であるので水資源の所有権を外して水利権を分析することは理論的根拠がないと指摘した。

前文に見た崔建遠と蔡守秋の分析では，水利権が水資源の所有権を含めるかどうかの点で議論があるが，横向き分析でも縦向き分析でも，対象は自然資源の資源水であり，製品水については言及していない。

王亜華は，水利権とは水資源の財産権であり，水資源の配分と利用に関する財産権利であるとする。「水利権の主体は国家，団体，個人あるいはこれらの実体が共同でもつ。国家は水資源のマクロの配置権をもち，団体は取水権と供水範囲以内の配置権があり，末端の用水者は使用権をもつ。現在注目されている水利権は一般的には社団や個人がもつ権利である。これらの権利は国家関与あるいは第三者の侵害により弱められる。もしこの権利が非常に弱められると，社団や個人がもつ水利権の質は低くなり，法律上は「行政許可権」とみなされ，行政を通して配分，再配分が行われる。反対に水利権の質が高く，権利がより強い排他性，永続性，移転性と分割性があるとすると，このような水利権は純粋の私的財産権あるいは排他性の社団公共財産に接近し，法律上は行政許可権から「用益物権」に移行するとしている」（王2005，316-327頁）。

王亜華は水利権の主体を明らかにした。その上で国家関与の強さによって，水利権は質が低い水資源に関する「行政許可権」と質が高い水資源に関する「用益物権」に分類した。これらの観点からみると，前述した崔建遠ほかの核心の観点である「水利権が使用権と用益権などの用益物権に実現される前提条件」とは，つまり，水利権取引の理論枠組には，水の配分が国家制限の緩和，行政強制管理から市場調整管理に移行する必要があることである。それに，行政管理の安全性と市場調整の効率性の間にどのようにバランスをとるかが重要となる。

筆者は，実際に水資源を使用している間は私権性が突出するため，水利権に水所有権を含めない説に賛成するが，これらの水利権に水所有権を含めるかどうかという論争は，両者とも実際の利用においては水資源の使用権が中心であることを認めている。したがって，所有権をめぐる論争の意義がどの程度あるのかとの疑問を抱かざるをえない。むしろ水資源の使用権の概念が現行の法制度にうまく適用しているのかがより重要な問題であろう。

　また，2007年から実施された「物権法」の118条で「国家所有の自然資源は機関，個人が占有，使用，収益できる」と規定した。法律上，自然資源がすべて国家所有の中国で水資源の所有権と使用権・収益権は分離して取り扱うことが可能となっている。同法123条では「取水権は法律上認められる」と規定したが，水利権の範囲は取水権より広いと考えられる。

　中国では秦時代から水資源は統治階級が代表する行政の権力で管理された。明，清時代は資本主義の萌芽が現れ，水利権の譲渡ができるようになった。1949年の新中国建国以後から1992年の中国共産党第14期全国代表大会開催までの長い間，計画経済時期に置かれていた。計画経済体制の下で，資源は行政が計画的に使用し，水利権は完全に行政の命令を受けて調整していた。計画経済体制において，水利権の公権性が圧倒的に重視された。1992年の共産党第14期全国代表大会ではじめて社会主義の基本制度と市場経済と結合する社会主義市場経済体制を建設することを確立した。この体制の重点は計画と市場の関係を適切に把握することである。水資源の側面からみれば，社会主義市場経済体制を建設してから，水利権は公権性を重視することから次第に私権性を配慮することに転換している。中国においては資源に対して行政が絶対的な支配権をもつが，市場を重視する社会主義市場経済体制の下で，水利権の私権性の重要性が日に日に増していく。

　この背景の下で，現在中国において水利権に関して最も重要な問題は私権性をもつ水利権の内容とその主体，客体，所属関係が明確にされていない。水利権をもつものの権益への保護も重視されていない。特に中国では水資源を流域から行政地域まで配分し，上の流域管理部門は末端の用水者より水利権の範囲と権限がきわめて大きい。末端用水者の水利権はいつ奪われるかわからない。用水者の長期で安定的な水利権を保護するため，実際に水資源を使用している間は水利権の私権性を重視する必要がある。それに応じて水利

権の私権性の保護への不利な要素とその改善策の解明も重要であると考える。

中国の水問題は北部地域の量的不足と南部地域の水汚染による質的不足の特徴があるため，西北部の乾燥地域では南部の豊水地域より水の供給と需要の矛盾は特に突出している。西北部に位置している甘粛省と寧夏は灌漑農業の中心地であり，内モンゴルはエネルギー開発の重点地域である。これらの水の供給と需要の矛盾が突出している地域として，市場調整を取り入れている張掖市の事例と行政が圧倒的に主導する寧夏・内モンゴルの事例を取り上げ，市場調整と行政主導の2つの事例における農業用水水利権の内容とその主体，客体，所属関係を明確にし，現行の制度，政策が実際の水利用の実態と合致しているかどうか，農業用水の水利権をもつ用水者の権益を保護できるかどうかについて検証する。

5　西北部乾燥地域における農業用水の水利権調整の事例研究

5.1　農業用水水利権の内容とその主体，客体と調整方法

日本における水利権の歴史的変遷を研究した土屋によれば，「大和朝廷以後の国家による用水統制時代の灌漑水利権は施設および用水の管理権と用水使用権が結合した複合的形態としての水利権であり，当時の水利権は田地に附随し，国有田の場合は公権的性質が強く，私有田の場合は私権性が強い。用水の第一次的支配権の帰属主体は一般的には国家であったが，具体的な用水利用は農民自身によるものであり，しかもその利用が農民個人の利益のみに基づくものではなく，国家の構成員としての人民として利用されたものであるとする。また，国有田に附随した水利権は譲渡性はなく，私有田に附随する水利権は譲渡は可能であり，譲渡される水利権は用水使用権のみである」と指摘している（土屋1966，107-110頁）。

前述したように中国の場合は，秦・漢時代から灌漑用水は国家統制であり，明・清時代から水利権は土地に附随しなくなった。現在の中国では，水資源，国土資源はすべて国家所有であるが，水利権と土地権は別々の権利である。したがって，物としての水利施設に対する権利は水利権に属しないのであろう。水利権の公権性と私権性について，現在の中国では水資源の第一

次支配権は国家に属し，黄河水利委員会のような中国の7つの水系を管理する流域管理機関の権利行使を通して水資源を第一次的に配分する。この段階の水利権は公権性をもつ。実際の利用においては，機関・個人は占有，使用，収益できる（物権法118条）ため，私権性をもつ。公権性をもつ分水権は譲渡できず，私権性をもつ占有，使用，収益権は譲渡できる。

慣行水利権の内容について，土屋は「用水施設設置権，施設管理使用権，分水権，通水権，水流変更権，用水使用収益権のように区分し，それぞれに対応する主体は用水組合，市町村，部落，農民があり，しかも単一的でなく，複合的重畳的である」とする（土屋1955，72頁）。前述したように，中国では水利権は土地に附随していないため，物（水利施設）に対する権利は農業用水の水利権に入らないと考える。したがって，中国の農業用水の水利権は水資源に対する権利のみであろう。

森實は「農業用水権の水利権の本体は取水・排水を正当化する権利である」とする（森1990，8頁）。水資源利用のプロセスを考えれば，取水，使用，排水は全部含めるが，中国では農業用水の排水はまだ規範化されていないため，農業用水水利権の内容は分水権，取水権，占有・使用・収益権のように分類を試みた。中国の水資源の管理体制は流域管理と行政管理を結合した総合的な体制であり，水利部は全国の水資源の統一的な管理と監督に責任をもっている（水法12条）。

行政主管部門の水利部は水資源を統一的に管理，監督するが，取水，利水の時に，建設部門，国土資源部門，環境部門にもかかわる。例えば，ダム，井戸，用水路などの水利施設の建設の時に，建設部門，国土資源部門の許可が必要である。建設する前に環境部門の環境影響評価も必要である。

農業用水（灌漑）の場合，灌漑区管理局は行政的管理組織であり，防水，水利施設管理，供水管理，用水（灌漑）管理，排水管理，水利費の徴収・管理などの灌漑区範囲内の総合的な農業用水管理を担当する。農民用水者協会は農民の自主的な非行政的農業用水管理組織であり，農民と水利部門の関係を調整し，管轄範囲内の水資源の管理を担当する。

日本の慣行水利権に関する研究，中国国内の水利権に関する先行研究，中国の法制度，行政規定，政府の解説，現地調査の結果を参考にして，中国の

図4-1. 流域管理体系図

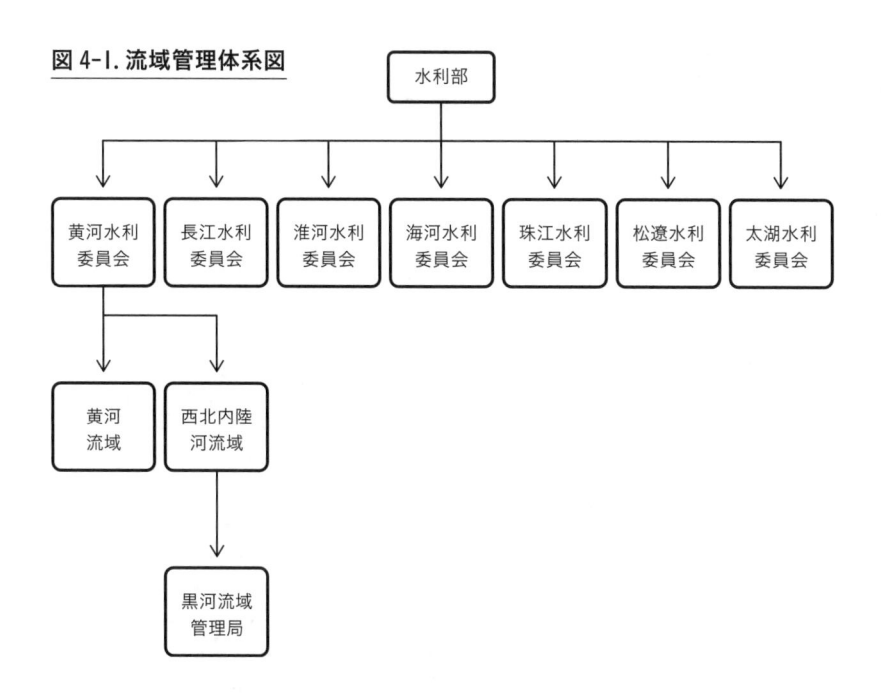

```
水利部
├── 黄河水利委員会
│   ├── 黄河流域
│   └── 西北内陸河流域
│       └── 黒河流域管理局
├── 長江水利委員会
├── 淮河水利委員会
├── 海河水利委員会
├── 珠江水利委員会
├── 松遼水利委員会
└── 太湖水利委員会
```

図4-2. 行政管理体系図

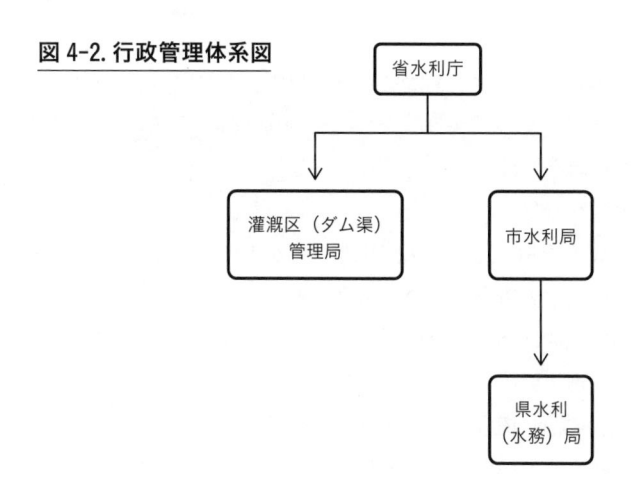

```
省水利庁
├── 灌漑区（ダム渠）管理局
└── 市水利局
    └── 県水利（水務）局
```

図 4-3. 農業用水管理の体系図

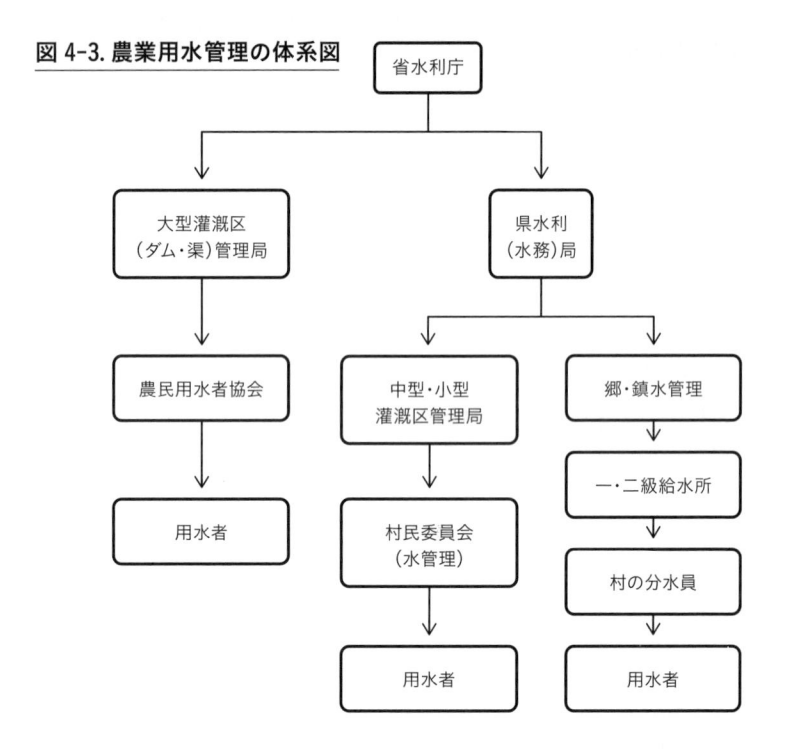

```
                    省水利庁
                   /        \
          大型灌漑区           県水利
         (ダム・渠)管理局      (水務)局
              |              /      \
         農民用水者協会   中型・小型    郷・鎮水管理
              |        灌漑区管理局        |
            用水者          |          一・二級給水所
                       村民委員会           |
                       (水管理)         村の分水員
                           |              |
                         用水者          用水者
```

農業用水水利権の内容とその主体，客体について分類すると次のとおりになる。

①農業用水水利権の内容と主体

　農業用水水利権の内容は，

　　ア　分水権（水資源を配分する権利）。権利の主体は流域，省，市，県の水利部門，村の用水者協会・村の委員会である。

　　イ　取水権。権利の主体は機関，農民に属する。取水資格の許可・管理部門は流域，省，市，県の水利部門である。

　　ウ　占有，使用，収益権。権利の主体は機関，農民である。

　本章の研究対象は利水段階の取水権，占有・使用・収益権を中心とする。分水権は公権性があり譲渡できないが，取水権，占有・使用・収益権は私権性があり，譲渡できる。

②農業用水水利権の客体

　　ア　自然水（例えば雨水）は占有，使用，収益権と関連する。

イ　川などからの直接の取水（施設なしの小規模利水）は占有，使用，収益権と関連する。
　　ウ　施設からの取水は分水権，取水権，占有，使用，収益権と関連する。
　　本章の研究対象は主にウの施設から取水した水資源である。
③水利権の調整方法
　　ア　行政主導
　　　　主に流域管理局における流域間調整と省・市，県の水利部門，灌漑区管理局での行政区域間の調整である。
　　イ　参加型管理
　　　　用水者協会は用水者（農民）と水利権管理部門の間を調整する。
　　ウ　市場調整
　　　　水供給価格と水利権取引で農業用水を再配分する。

5.2　農業用水水利権の調整

　現在，中国における農業用水水利権の調整は主に農業用水内部の調整と農業用水から工業用水への調整という2つの類型がある。

　本章の事例研究は2013年3月に甘粛省および2013年9月に寧夏回族自治区（以下，寧夏）で行った現地調査に基づく。

　甘粛省張掖市と寧夏・内モンゴルの事例を取り上げた理由としては，西北部の乾燥地域では南部の豊水地域より水の供給と需要の矛盾は特に突出しており，干ばつによる渇水被害の影響が大きい。張掖市では工業が発達していないため，工業用水からの圧力は小さいが，灌漑農業の中心地であるため，農業用水内部の水利権調整問題が重要である。行政指導と市場調整の下で水票による水利権取引を通して農業用水内部の水利権調整が行われている。寧夏・内モンゴルの事例は内モンゴルのエネルギー開発のために，行政主導で農業用水から工業用水への転換が行われている。2つの類型で西北部の農業用水水利権調整の特性を説明することができるため，これらの調査地域を選んだ。

（1）　甘粛省張掖市の水票制度
自然条件

「張掖市水利権転換の全体計画報告（張掖市水権転換総体規画報告）」によれば，張掖市は河西回廊の中部，黒河流域の中流に位置している。東は石羊河流域の武威市である。甘州，臨澤，高台，山丹，民楽，粛南を管轄し，総面積は4.2万 km^2，人口は120万人，耕地は390万畝（1畝＝1/15ha）であり，西北部乾燥地域のオアシスの1つである。張掖市に位置している黒河流域は西部，中部，東部と3つの水系に分かれている。上流は標高が高く，中流は平坦なオアシス，ゴビ，砂漠，下流がゴビである。上流の年間平均降水量は350mm，中流の年間平均降水量は140mm，蒸発量は1140mm，下流の年間平均降水量は47mm，蒸発量は2250mmである。張掖市は黒河流域の中流地域に属する。

　張掖市は地理的には，南部祁連山地区（海抜2000～5500m，全市総面積の52.2％を占める），回廊平原区（海抜1300～2000m，全市総面積の38.3％を占める），北部の荒山区（海抜2100～3616m，全市総面積の9.5％を占める）か

図4-4. 黒河流域図

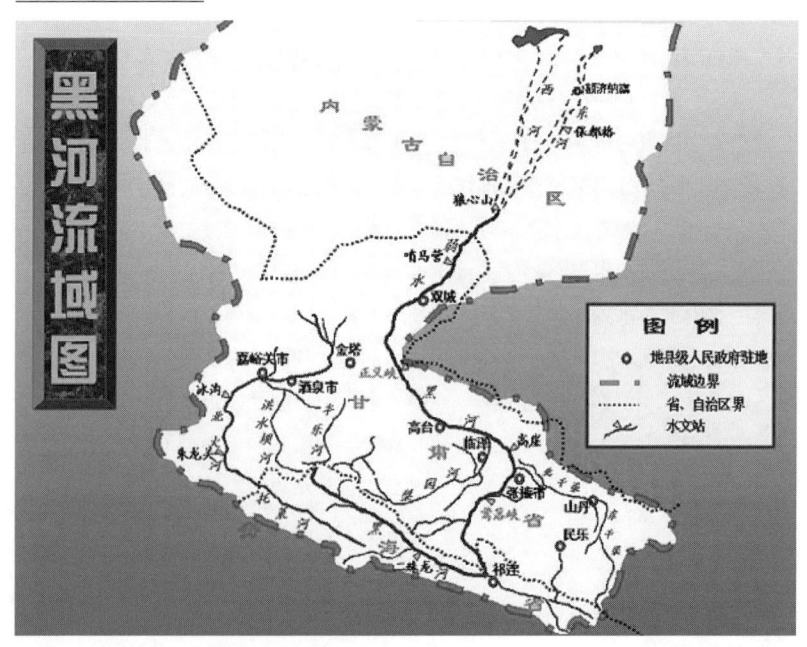

出所：黒河流域管理局(http://www.hhglj.org/category/zjhh.html, 2013年5月20日アクセス)。

らなる。

　張掖市のここ数年の平均降水量はわずか282.3mmであり，蒸発量は1400mmである。祁連山地は水源涵養地であり，回廊平原区の降水量はわずか100～200mmであり，蒸発量は1000～2000mmであるが，灌漑農業が発達しており，中国の重点的商品化食糧基地である。北部荒山区は主に砂漠牧草地帯とゴビである。

　張掖市の水資源総量は26.5億m^3，1人あたりの水資源量は1250m^3である。2000年に張掖市の農業用水の割合は87.7％を占めた。

水票制度の背景

　「従来黒河の中流では河川水を利用した灌漑が主体であったが，1990年代以降地下水利用が増加し，地下水位の低下が生じ，黒河流域にも中流地域と下流地域間で水配分の問題が発生した」（窪田ほか2010，285-286頁）。

　黒河流域はチベット，甘粛省，内モンゴルにまたがり，各地域の用水紛争が発生したため，1997年に水利部は「黒河本流水量調度管理暫行弁法」を公布し，黒河の本流の水量に対して統一的に分配することとした。2001年に国務院は水利部が策定した「黒河流域近期治理計画」を承認した。黒河は2002年に水利部による全国最初の節水型社会建設モデル地域と決定され，張掖市においてもモデル事業がはじまった。「張掖市がモデル事業の最初の試験区に選ばれた背景の1つは，同じ時期の2000年から展開されていた西部大開発事業による」（窪田ほか2010，287頁）。

　2003年に張掖市水務局は「張掖市節約用水管理弁法（試行）」を公布し，水票制度を明言した。さらに，2009年に水利部は過去の経験を検討した上で「黒河本流水量調度管理弁法」を制定し，さらに管理の責任，水量調整のルールを具体化した。

　要するに水票制度は，黒河流域上流の水供給能力が下降し，中流，下流の水資源に対する需要が増大し，下流の渇水被害が深刻化（湖の消失）したため，中流と下流の水をめぐる紛争を解決する目的で打ち出された政策である。

農業用水の水票取引の具体的な措置

　2003年に張掖市水務局が公布した「張掖市節約用水管理弁法（試行）」（以下，弁法）の22条によると配布された用水指標に基づき各取水者と用水者が節約した部分は節水者に属し，節水部分の水量の取引が認められる。

24条において水票が水利権，水量，水価の総合的な体現であり，「統一的に調整，定額的に管理，計画的に供水，公開的に配水，規定により費用を徴収する原則」に従い，先に水票を販売，後に供水する原則により，水票が規定する水量を供水することを規定した。38条では，水利権を取引できるが，水利権取引は水の機能区画（農業用水，工業用水，生活用水のような用水用途）を変更してはいけないこと，39条は水利権の譲渡の対象は自分の使った後の残水量でしかないこと，譲られた水の用途は基本生活と生産であること，40条は農業水量の取引の価格は基準水価の2倍を超えてはならないこと，43条は，「水銀行」を建設し，基準水価の1.2倍で残りの取引されなかった水量を買収することを規定している。

弁法によると，水票制度の目的は中流地域の張掖市の農業灌漑用水の再配分を通して，節水を促進し，中流地域と下流地域の水の再配分を達成させることである。水票取引の具体的な方法として以下のとおり定められている。①200m^{3}未満の取引は口頭の約束で行う。②200～1000m^{3}の取引は書面で協議をまとめる。③1000m^{3}以上の取引は契約が必要である。④村と村の間の取引は灌漑区の監督，管理の下で行う。同じ渠のシステムの取引は渠の管理部門に申請を提出して，渠の管理部門の承認の上で灌漑区に報告して記録に留めてから行う。同じ灌漑区の異なる渠システムの取引は，各自の渠管理部門に申請を提出し，両方の渠管理部門が承認して，灌漑区に報告する。灌漑区が審査して許可した上で取引を行う。⑤灌漑区の間の取引は50万m^{3}未満の場合，県の水務局が審査して承認の上で市の水務局に報告してその記録に留めてから取引を行う。50万m^{3}以上の取引は県水務局が審査，承認して，市の水務局に報告する。市の水務局が審査して許可を与え，取引を行う。⑥県と県の間は節水措置を通して余剰水量取引が可能である。500万m^{3}以上の取引は市の水務局が審査，承認して市政府に報告する。市政府が審査して許可を与えた上で取引を行う。⑦取引の方法としては入札募集，競売，協議のほか，水管理部門が残りの取引されない水量を買い取ることもある。

事例から，張掖市の農業用水水利権調整は張掖市域内の調整と黒河流域の調整との2つの視点で分析することができる。張掖市域内の調整は，農業灌漑用水内部の調整であり，水利権の内容は取水権，占有，使用，収益権であり，客体は施設から取水した水である。調整方法は行政主導（県，灌漑区間

の調整），参加型管理（農民は自主的に参加，用水者協会が調節），市場調整（水供給価格・水利権取引）の３つがある。

　黒河流域の調整は農業用水から工業用水・生活用水への調整である。水利権の内容は取水権，占有，使用，収益権であり，客体は施設から取水した水である。調整方法は行政規制を中心とする。

　水票制度は実は黒河流域の中流と下流の水資源の供給と需要の矛盾を解決するための政策である。行政は強制的に2000年から下流への放水量を2.5億m^3増加させる方針を打ち出した。この放水増加量には中流の節水が必要である。そのうち，農業用水の節水量は2013年３月の現地調査の時点で1.3億m^3に達した。張掖市は黒河流域中流地域の中心地であるため，農業用水節水の必要性が高い。節水方法としては用水路の整備と管理の強化により水の無駄使いが改善され，技術的に，点滴灌漑，ハウス栽培により水の効率的な利用を促進した。

　水票制度の一番大きな受益者は下流地域の政府と用水者である。中流地域の行政は節水目標の達成と水利権取引と節水の先進的モデル地域になったことにより，中央政府からの補助と政治的利益の両方を受けられる。中流地域の実際の用水者（農民）は用水量を減少させることは不利益であるが，行政からの点滴灌漑とハウス栽培の補助金により，農作物の構成は食糧作物から経済作物へ転換し，農業収入が増加し，経済面での受益者といえる。水資源のみの利害関係を見れば，譲渡される水票を購入するものは元の水供給価格の２倍までのお金を払うこととなる。しかし，流域範囲を見ると，下流地域は2000年から2.5億m^3の水資源を受益したが，行政調整だけで中流地域と下流地域の間に水利権取引は実際は発生せず，節約者への補償金も出されなかった。

　水票は水量だけが表記されているが，水量だけの取引ではなく，表記された一定水量の取水権，占有・使用・収益権を含めた水利権の取引である。水票で代表された水利権は水資源の所有権に触れていなかった。前述したように，水資源の実際の利用においては水資源の私権性が重視される。水資源は国家所有であっても，利用の中では公権性が弱化されるため，前述した水所有権を含める学説は現実には適していないものと考えられる。また，農業用水の取水権，占有・使用・収益権を中心に考えれば，実際の用水者である農

民の利益を強化することができる。所有権を強調しすぎると，所有権をもつ行政はいつでも権利を撤回できる状態であるため，水の利用に対する国家関与あるいは第三者からの侵害を受けやすいこととなり，市場経済に適さないといえる。

(2) 寧夏と内モンゴルの水利権転換

　2003年に黄河水利委員会は寧夏，内モンゴルを試験区として水利権転換を試みた（水利部黄河水利委員会2008，32頁）。2004年に水利部は「水利部内モンゴル，寧夏の黄河主流の水利権転換試行に関する指導意見（水利部関於内蒙古寧夏黄河幹流水権転換試点工作的指導意見）」を公布した。そのなかで水利権転換の定義，範囲と条件において「この意見のなかで水利権は取水権を指し，水利権転換は取水権の転換を指す。取水する機関と個人は取水許可書を取り，水資源費を払い，取水権を得なければならない」と明記した。

　同年，黄河水利委員会は「黄河水権転換管理実施弁法（試行）」を制定した。これにより水利権の転換には，①取水許可証の写し，②水利権転換の両者の意向協議書，③建設プロジェクトの水資源論証報告書，④黄河水利権転換の実行可能性研究報告，⑤初期水利権を持つ地方政府が提出する水利権転換の承諾意見，⑥その他の水利権転換に関する文書と資料（8条）が必要となる。

　寧夏の水利権転換は青銅峡灌漑区の水を寧夏霊武などの発電所に転換した（水利部黄河水利委員会2008，155-158頁）。内モンゴルの水利権転換も黄河南岸灌漑区の水を内モンゴル達拉特などの発電所に転換した（水利部黄河水利委員会2008，166-168頁）。

　この事例は行政主導で節約した農業用水から工業用水への黄河水利権の転換である。調整方式は黄河内部の取水権の調整であるが，内モンゴルの発電所は寧夏の灌漑区に経済補助を出し，灌漑区の節水を促進した。

　2004年「意見」では水利権は取水権を指すと規定しているが，取水の段階で終わるわけではない。調整された権利の主要部分は水の再配分を通して取水してからの水資源の占有・使用・収益権である。したがって，寧夏・内モンゴルの農業用水水利権調整の内容は取水権，占有，使用，収益権であ

り，その主体は流域管理部門の黄河水利委員会，行政部門の寧夏，内モンゴルの水利部門および使用権の主体の青銅峡灌漑区，黄河南岸灌漑区の管理局，寧夏霊武，内モンゴル達拉特などの発電所であり，客体は施設から取水した水である。調整方法は行政主導を中心とする。

現在，中国では経済発展の必要性により，地方政府が土地開発を通して，地方経済を発展させようとしている傾向がある。土地開発により，農用地の面積も減少し，それによる灌漑用水需要量もある程度減少しつつある。また節水技術の普及により，農民の節水意識も高まっている。配分された農業用の定額の水量から余剰分が出る可能性が高い。その水量を工業用水に使い，工業用水の不足を解決できる。また，水利権転換からの資金は灌漑区施設の改善にも役立つ。

寧夏・内モンゴルの農業用水水利権調整の受益者は寧夏と内モンゴルの発電所である。エネルギー開発の収益は水利権調整のための補償金より圧倒的に多い。灌漑区と発電所は両者の水不足の圧力を受けるが，エネルギー開発優先の指導方針の下で灌漑区を管轄する行政機関と灌漑区の用水者は譲歩しなければならない。しかし，中国全体の経済発展には有利であるが，用水者の自主的な意志ではなく，行政主導の水利権調整のため，水利権を譲渡した灌漑区の農民用水者の利水権益は不利ではないのか。この事例では行政主導の調整プロセスのため強制的な傾向があり，水資源利用中の公平性の問題が存在している。2007年の「物権法」では「国家所有の自然資源は機関，個人が占有，使用，収益できる」と規定し，水資源の占有・使用・収益権を認めるが，行政権力により水利権の私的権益が依然として侵害されているのではないか。

5.3　法政策面からの考察

本章では甘粛省張掖市と寧夏・内モンゴルの事例を挙げ，農業用水内部の調整と農業用水から工業用水への調整という2つの類型を通して，農業用水の水利権の内容は取水権，占有・使用・収益権であることを検証した。現在，中国における水資源の管理と水利権の調整は行政主導の力が強すぎ，市場調整と自主的な参加型管理の発展は緩慢であり，私権性が軽視されている。用水者の長期の安定的な水利権を保護することは不十分であり，特に末

端用水者の農民がもつ水利権は行政主導の水利権調整により必ずしも有効に機能していないと考える。

　また，法政策の側面から見れば，前述のように，中国現行の法制度の中で，水利権の概念が明確に規定されていないという問題もある。「水法」12条では県レベル以上の地方政府の水行政管理部門は管轄行政区域の水資源を統一的に管理，監督すると規定している。行政主導で水利権を調整することが確立されるが，寧夏・内モンゴルの事例のように，水利権の私権性への重視が足りず，既存の水利権をもつ用水者の権益の保護への配慮は不足している。また，同法22条で流域にまたがる水利権調整の場合は譲渡側と受ける側の用水需要の両方に配慮を加え，生態環境の破壊を防止しなければならないと明記したが，同じ流域内での水利権調整の状況については記述されていない。生態環境への配慮は重要であるが，水利権の譲渡側への経済的な補償には言及されていない。

　2005年に公布された「水利部の水権の譲渡に関する若干の意見（水利部関於水権転譲的若干意見）」の中で水利権調整は政府制御と市場調整が結合する水資源の配分メカニズムを建設することであると規定したが，事例のように行政主導が主要な調整方法であり，市場調整は少なく，小規模小範囲に止まっている。同意見の中で公平と効率を重視し，農業用水から非農業用水への転換の場合は農業用水の基本的要求を満足させ，経済的利益だけを追求することを防止すべきであり，譲渡側と受ける側の両方の意志を尊重し，自由意志を前提として水利権譲渡を行うと明言したが，寧夏・内モンゴルの事例のように，経済的利益を優先し，既存の用水者の用水権益を侵害しており，公平性原則に従っているといえない。農業用水の基本的な要求を達成する評価基準は不明確である。また，たとえ基本的な要求を達成しても，水利権を譲渡する地域の農業発展を保障できるのか，さらに農業発展の規模による農民の経済的利益はどのように保障できるのか。上級行政管理部門の主導の下で，自由意志はどれくらい発揮できるのかというような問題が存在している。

　また，水利権の有償譲渡は合理的な補償の原則に従うと規定しているが，張掖市の事例のように，水票による水利権の調整は有償で行われるが，黒河流域全体を見れば，下流地域は放水した中流地域に補償していない。

　さらに，取水総量が所属する行政地域の利用可能な水量を超える場合は，

所属している行政地域以外の用水者への水利権の譲渡が禁止されると規定しているが,「寧夏・内モンゴルの事例では,寧夏地域の灌漑区域はそもそも黄河から配分された定額水量を超過して取水して使用している」(姚傑宝ほか・2008, 155頁)。寧夏は依然として内モンゴルへの水利権譲渡を行い,実際の水利権調整は法政策の規定に厳格に従っていない。

　これらの事実から,現在中国の水利権の建設はまだ模索の段階であると考える。1993年の「取水許可制度実施弁法」の26条では取水許可証の譲渡が禁止されていた。30条は取水許可証を譲渡した場合は,取水許可証は水行政主管部門あるいは許可証を配布した部門から取り上げられることとなり,取水許可証の譲渡は規定により不可能であったが,2006年に同弁法が撤回され,同年に新しい「取水許可と水資源費徴収管理条例(取水許可和水資源費徴収管理条例)」が施行され,取水許可証の譲渡禁止については規定が設けられなかった。このように,水利権制度の発展に応じて,関連の制度・政策も変化している。

　現在,実際の取水権,使用権の譲渡も行われており,水利権の私権性が重視される傾向にある。しかし,寧夏・内モンゴルの事例のように,両者とも渇水の地域に位置し,経済発展優先の方針の下で,発電所の利水権益を確保するために,行政主導で灌漑区の農業用水の水利権が譲渡され,既存の水利権をもつ農民の利水権益の侵害のような悪影響が生まれている。行政は西北部あるいは中国全体のエネルギー開発と経済発展に配慮したのであろうが,行政主導の方法で農民の自主的な意志を十分に配慮せず,強制的に水利権を調整し,既存の用水者の権益を重視していない。現在中国の水利権調整方法は行政調整以外に,市場調整がある程度機能しているが,行政重視は計画的に水利権を調整する中国の社会主義の特徴ともいえる。

　法政策の側面以外には,張掖市の事例から,村では村の小組あるいは用水者協会の管理,点滴灌漑の技術,農産物構成の変化により,節水メカニズムが形成されたが,節約した農業用水の農業内部再配分の実施は困難である。

　水供給価格が高いため,農民の支払い能力の限界により必要な分の水票しか購入していない。使い残した水票も少なく,農民の間の自主的な取引は成立しにくい。水が残る可能性があるため,行政で水利権の調整が行われることとなり,行政主導を前提にした参加型の管理調整となっており,農民たちの

自主性が不足している。

　技術的には，寧夏と内モンゴルのように，同じ水系では取引できるが，異なる水系の取引は水の送水が問題になるため，実際の自主的な取引は達成しにくいであろう。

　但し，この2つの事例は，西北部の事例である。中国では北部と南部の水資源の実態は大きく異なり，中国全体の水利権の実態を反映したものでない。南部も含めた中国全体の水利権の考察は今後の研究課題としたい。

おわりに

　本章では新中国建国前後の農業水利制度に焦点を当て，中国国内の学界での水利権をめぐる法的論争を分析し，農業水利政策の新動向を把握した上で，事例研究を通じて農業用水の水利権の内容とその主体，客体と調整方法を検証し，西北部乾燥地域における農業用水再配分（農業内部，農業から工業）の法政策の適応性を考察した。

　1で，中国における水不足，水資源の空間・時間的な偏在性，西北部地域の渇水被害，調査地域の背景と中国語の「水権」の理解について概括した。

　2で，農業水利政策の新動向を把握した。2011年以後は農業水利のインフラ建設と節水型社会の建設を重視する傾向がある。節水型社会の建設，特に節水型農業の建設は農業用水の水利権調整の可能性に必要な水量を提供している。

　3で，新中国建国前後の農業水利制度の歴史的な展開を整理した。歴史上の中国は水資源が統治階級に把握され，水の中央集権式の管理は現代中国の水利権制度の基礎になっている。新中国建国以後，1980年代までに，洪水防止，灌漑施設を中心に大規模な水利インフラ建設を行った。農業水利建設は農業灌漑組織と結合し，公社，大隊，生産隊が水利施設を管理して灌漑が行われた。1980年代には国家投資の不足で供水の有料化改革，水利部門の企業化改革が始まった。農村の末端管理組織も村社に移転した。農業水利の建設は洪水防止，灌漑から供水に移行した。1990年代は完全な計画経済時代が終了し，社会主義市場経済体制への移行が始まった。農業水利の建設

は社会経済の発展に応じた水資源への需要と労働力・資金不足の矛盾，地方投入不足と国家投入減少の矛盾が顕在化した。2000年代以後，水資源の需給矛盾が突出する中で農民の負担を軽減するために，国家投資が再び増大していった。水資源の保護，節約，効率的な利用が重視された。

4では，水資源の国家所有をめぐる憲法と水法における規定をもとに，水利権をめぐる先行研究を整理し，水資源に所有権を含めるかどうかについての学界論争を分析し，実際に水資源を使用している間のみ私権性が突出する水利権は所有権を含めないとの説を支持した。その上で，現在中国において水利権の最も重要な問題は私権性をもつ水利権の内容とその主体，客体，所属関係を明確にすること，水利権をもつものの権益を保護すること，それに応じて水利権の私権性の保護への不利な要素とその改善策を解明することを提起した。

5では，農業用水の水利権の内容は分水権，取水権，占有・使用・収益権のように分類を試みた。その内容の主体は具体的にいえば，分水権の管理主体は流域，省，市，県の水利部門，村の用水者協会・村の委員会である。取水権の管理主体は機関，農民である。占有，使用，収益権の主体は機関，農民である。農業用水水利権の客体は自然水，川などから直接に取水した水，および施設から取水した水の3つである。水利権の調整方法は行政主導，参加型管理，市場調整がある。本章の研究対象は利水段階の農業用水水利権であり，甘粛省張掖市と寧夏・内モンゴルの2つの事例を通じ，利水段階の農業用水の水利権は取水権，占有・使用・収益権であることを検証した。

以上の分析から，本章は次の4点を明らかにした。

第1に，中国現行の法制度の中で，水利権の概念は明確に規定されず，学界においても水利権の内容に関する理解が統一されていない。水利権の概念と性格に関する先行研究の成果を踏まえ，農業用水水利権の調整の実態（事例調査）と結合し，中国西北部乾燥地域の農業用水水利権は取水権，占有・使用・収益権であるとし，利水段階の農業用水水利権の内容を定義した。

第2に，現行の法政策と事例研究から，実際の水利権調整は依然として行政主導中心に行われているが，私権性，市場調整，参加型管理の調整方法を重視する必要があると考える。過分の行政権力は私権性の重視，既存用水者

権益の保護に不利である。

　第3に，張掖市の事例から，小範囲での水利権調整は末端用水者の自由意志への尊重を前提とし，市場調整と参加型管理の調整方法を導入しやすく，私権性を重視している。これに対して，張掖市が位置している黒河流域全体の水利権調整，および寧夏・内モンゴルの間の水利権調整の事例については，前者の目的は下流地域の環境改善であり，後者の目的は経済発展（エネルギー開発）である。目的は異なるが，両方とも広範囲，かつ行政区域をまたがる水利権調整であり，行政区間の協定に基づき，行政主導の調整方法を主要手段としており，私権性や既存用水者の権益保護への重視程度が不足している。

　第4に，現時点では，張掖市の事例から，農業用水水利権の農業内部での大量調整を実施することは困難であり，寧夏・内モンゴルのように農業用水から工業用水への水利権調整はこれからの農業用水調整の主要な方向となっている。しかし，市場調整と参加型管理による非行政主導の水利権調整方法の運用は渇水地域の農業用水水利権調整の積極的なモデルと言え，導入に向けた条件整備が図られるべきである。

　本章では，①西北部乾燥地域の農業用水水利権の内容，②農業内部と農業用水から工業用水への2つの類型の農業用水水利権の実態分析に着目し，問題点と特徴を分析した。市場調整，参加型管理の水利権調整方法を促進し，私権性を重視し，既存用水者の権益を保護することは今後その必要性が増すであろう。そのための有効な方法を解明するとともに，南部の非乾燥地域の農業用水水利権の調整実態を調査し，中国全土の望ましい水資源の配分とそのための政策制度，水利権概念の構築を図る必要がある。今後の研究課題としたい。

注：
1　1998～2007年に中華人民共和国水利部部長に任用された。
2　chinanewsホームページ（http://www.chinanews.com/gn/2012/02-27/3702129.shtml，2014年5月3日アクセス）。
3　農業，農村，農民の問題。
4　硬い地層が小石で覆われた砂漠地形。
5　地面が流砂で覆われた砂漠地形。

6 中国農村における集団性の社会経済組織。
7 一事一議とは，郷・村から支出する農業水利建設，道路建設，植林，農業開発などの公益事業が行われる時に，強制的に農民から資金を徴収せず，事業草案を村民会議で逐一検討し，資金を徴収するかどうかを確定する制度。

参考文献：
日本語
大塚健司編（2008）『流域ガバナンス―中国・日本の課題と国際協力の展望』アジア経済研究所。
北川秀樹（2000）『病める巨龍・中国』文芸社。
北川秀樹（2013）「中国環境法30年の成果と課題－環境保護法改正と紛争解決制度を中心に」北川秀樹・石塚迅・三村光弘・廣江倫子編『現代中国法の発展と変容　西村幸次郎先生古稀記念論文集』成文堂。
窪田順平・中村知子（2010）「中国の水問題と節水政策の行方―中国北西部・黒河流域を例として」秋道智彌・小松和彦・中村康夫編『人と水Ⅰ水と環境』勉誠出版。
小島敏郎（2000）「環境問題の展開」石坂匡身編著『環境政策学―環境問題と政策体系』太洋社。
小林善文（2014）『中国の環境政策「南水北調」水危機を克服できるのか』昭和堂。
国連開発計画（2006）「人間開発報告書2006―，水危機神話を超えて：水資源をめぐる権力闘争と貧困，グローバルな課題」。
清水裕之・檜山哲哉・河村則行編（2011）『水の環境学―人との関わりから考える』名古屋大学出版社。
土屋生（1955）「水利権に関する法社会学的研究―農業水利権と農村経済構造について」『千葉大学教育学部研究紀要』4巻。
土屋生（1966）「灌漑水利権の史的構造」『千葉大学教育学部研究紀要』15巻，1966年7月。
土地改良制度資料編纂委員会（1981）『土地改良制度資料集成第3巻』全国土地改良事業団体連合会。
野田浩二（2011）『緑の水利権―制度派環境経済学からみた水政策改革』武蔵野大学出版会。
村松弘一（2012）「近代陝西省における開発と森林資源」北川秀樹編『中国の環境法政策とガバナンス』晃洋書房。
森實（1990）『水の法と社会―治水・利水から保水・親水へ』法政大学出版局。
山田七絵（2008）「中国農村における持続可能な流域管理：末端水管理体制の改革」大塚健司編『流域ガバナンス：中国・日本の課題と国際協力の展望』アジア経済研究所。

中国語
崔建遠（2002a）「水権転譲的法律分析」『清華大学学報（哲学社会科学版）』第5期第17巻，2002年。
崔建遠（2002b）「水権与民法理論及物権法典的制定」『法学研究』第3期。
崔建遠「水権的法律定位及其理性解析」『鄭州大学学報（哲学社会科学版）』第37巻第3期，2004年。
蔡守秋，蔡文灿「水権制度再思考」『北方環境』第29巻第5期，2004年。
蔡守秋編（2009）『環境政策学』科学出版社。
陳志愷（2000）「中国水資源的可持続利用」『中国水利』，2000年8月。
裴麗萍（2008）『可交易水権研究』中国社会科学出版社。
賀雪峰・郭亮（2010）「農田水利的利益主体及其成本収益分析」『管理世界』第7期。

黄錫生（2005）『水権制度研究』科学出版社，2005年。
胡曉紅・王輝・範曉宇・劉雪蓮（2012）『我国跨区域水環境保護法律制度研究』法律出版社。
水利部黄河水利委員会編（2008）『黄河水権転換―制度構建及実践』黄河水利出版社。
羅興佐（2011）「論新中国農田水利政策的変遷」『探索与争鳴』2011年8月。
李新・常福宣・陳進（2011）「水権与初始水権分配研究総述」『長江科学院院報』第28券第2期，2011年2月。
秦泗陽・常雲昆（2005a）「中国古代黄河流域水権制度変遷（上）」『水利経済』第23券第5期，2005年9月。
秦泗陽・常雲昆（2005b）「中国古代黄河流域水権制度変迁（下）」『水利経済』第23券第6期，2005年11月。
潘大軍・孫雪涛（2010）『水量分配和調度：中国的実践和澳大利亜的経験』中国水利水電出版社。
許長新（2011）『区域水権』中国水利水電出版社。
王国新編（2012）『水資源管理法律法規和規範性文件匯編』中国水利水電出版社，2012年。
汪恕誠（2009）「人与自然和諧相処―中国水資源問題及対策」『北京師範大学学報自然科学版』第45巻第5／6期，2009年10月。
王亜華（2005）『水権解釈』上海三聯書店，上海人民出版社，2005年。
王亜華・胡鞍鋼（2005）「中国水利之路：回顧与展望1949-2050」『清華大学学報（哲学社会科学版）』第5期2011年。
姚傑宝・董増川・田劇（2008）『流域水権制度研究』黄河水利出版社。
中国国家統計局編（2013）『中国統計年鑑2013』中国統計出版社。
張岳（2000）「新中国水利50年」『水利経済』第3期2000年。

本章は，龍谷政策学論集第4巻第1号（2014年12月）に掲載された論説を加筆修正したものである。

第 2 部

管理体制と制度の確立

　自然的,社会的に形成される流域の水資源の利用と保護を効率的に図っていくためには,行政区,部門をまたがった流域の総合的な管理体制を構築することが不可欠である。とりわけ,長江の中流域にあって多くの湖を抱える湖北省においては,湖北省湖泊保護条例が制定され,その環境を開発からどのように保護していくかという取り組みが行われている。なかでも梁子湖の生態環境保護の経験は,啓発,規制,生態補償メカニズムなどにより効果を上げており注目される。

第5章

中国の流域水資源管理体制改革について

王樹義・庄超

　流域管理の研究は経済学や政治学，生態学，法学など多分野にわたる学際的な研究であり，流域水資源管理体制の改善においては重大な意味をもっている。流域水資源管理体制は，流域管理の核心的な問題であり，流域内では流域管理機能を果たせる管理機関が整備されてからこそ，流域の持続可能な発展が初めて実現できる。今日の中国では，区域を中心とした流域統合管理方式にはさまざまな弊害が存在しているなか，流域水資源管理体制改革は，現行の流域管理に対して流域の自然環境に基づいて積極的に対応し，変革を起こすことであり，従来の環境ガバナンス方式から環境グッドガバナンス方式へと切り替える必要性に応えるためである。本章は海外の流域管理方式の変遷と経験を参考にし，中国の流域水資源管理体制の改革への道を探る。

I　流域水資源管理体制の内包分析

(1) 多側面からみた流域管理
①流域問題と流域管理
　流域とは，1つの完全な，総合的な，そして特殊な生態システムである。流域は降水を源とし，水流をもとに，河川を辿り，分水界を境とする特殊な区域概念である。流域の上流と中流，下流，左岸と右岸，支流と本流，河水と河道，水質と水量，地表水と地下水，そして流域内の生態システムなどは一体不可分であるため，1つの流域は1つの完全なシステムと見なすべきである。流域問題は，流域の水資源の開発利用に伴って発生する問題であり，

自然科学の問題でありながら，社会学の問題でもある。主な流域問題としては，①流域の水量減少と分布の不均等，それによって引き起こされる水配分の紛争，②水質の継続的な悪化，水汚染の深刻化，住民生活と生産への負の影響，③水生態システムが開発によって破壊され，自然清浄能力の低下，などが挙げられる。従って，流域問題は水資源の問題，水保護の問題，ないし水生態の問題に関わる総合的かつ複雑な課題である。

　流域管理は流域水資源の開発利用とともに発展し，流域問題に対処するための主な手段である。早期の流域管理は，主に流域水資源の開発利用を中心とする流域水資源管理であった。洪水災害の対策や水上輸送，灌漑水利プロジェクトの管理などが含まれる。20世紀半ば以降，水汚染問題の深刻化につれて，流域管理の対象は単純な水利開発から水環境保護など，より総合的な分野に成長した。流域管理の目標も，水資源の開発利用と保護から，適切的な計画と配分の強化へと変化した。具体的には，地域社会経済の成長に合わせて，流域の水資源を適切に配分することによって，水土保持や林業，農業，土地等の管理を実現することを目的として，計画的な措置を通じて流域内の生態効率と経済効率，社会効率の最適化を促進する。流域管理は，水資源の配分，水資源の保護，経済資源の配分などの利益の分配と調整問題にかかわる。また，対象となる利害関係は広範囲で多階層にわたり，複雑である。近年，海外では主な流域管理の研究分野は政治学，経済学，そして環境科学分野である。国の政治や経済状況は異なるが，流域管理は中央と地方の政府間関係に関連し，流域水資源の開発利用に焦点をあて，生態環境の保護を強調している点は一致している。学際的な視点から流域管理の意味について考察し，その特殊性と複雑性を整理することは，流域管理の目標を明らかにし，管理対策の適切化を促すことができる。

②流域管理の特殊性と複雑性

　まず，生態学と環境科学の視点からみれば流域の生態システムの一体不可分性は流域管理の基礎である。流域の境界は自然から生まれるものであり，人為的に区分されたわけではない。流域は開放的であり，1つの完全な独立した水資源単位であり，水資源を中枢に各種生物単位からなる1つの生態システムである。流域内と流域外は密接な関係と交流が存在し，流域内にも，異なる階層組織の間にも，物質面とエネルギー面の関連性をもっている。こ

のような物質面とエネルギー面の関連性があってこそ，異なる階層組織によって流域が形成されたわけである。そのため，局部の乱れは流域全体に影響を及ぼし，局部の調整は流域全体に対する一定の調整が効く可能性がある。つまり，このような生態システムにおいては，1つ1つの構成組織の部分的な変化はその他の構成組織ないし流域全体に影響を及ぼす可能性がある。一体不可分性という流域の特質から，流域の開発と利用，保護，管理面では，各流域を1つの空間単位として取り扱うことは最も科学的で，有効であると思われる[1]。従って，社会行為主体による流域管理の位置づけは，以上のような客観的な流域の捉え方に基づき，流域の一体不可分性とシステム性を十分に考慮し，従うべきである。

　次に，経済学の研究分野では，流域水資源は典型的な公共財であり，公共資源と流動性資源の二重性をもち，流域環境資源の保護は流域内の全住民に便益を提供することとなる。流域水資源は公共水資源として，流域内の全ての行政区域のオープンソースとすべきである。この公共水資源と特徴は希少性である。つまり，1つの区域の過剰な利用は他の区域の利用量の減少に繋がる。このような状況では，地域の利益や，部門の利益が存在するため，市場外部性問題やフリーライダーの現象が各地域，各部門で起こる可能性がある。また，水資源利用の紛争から起因し，汚染の転嫁や責任の押しつけなどの現象がしばしば発生する。流域水資源は所有権が明確にされていない公共財であるため，流域内の個人や企業はそれぞれの費用便益に基づいて利用することができる。流域へのオープンアクセスや非競合的な利用によって，流域環境資源の開発利用は極度な外部性をもたらし，流域資源の略奪型の開発と環境破壊をもたらしてしまう。さらに，流域の境界と行政の境界と一致しないため，流域内の各地方政府は各自の所轄流域に対する管理権利と，それに関する管理政策や規定を制定する権限をもっている。しかし，流域全体から見れば，各地方政府の流域環境資源開発利用政策や管理計画には統一性がなく，政策間の整合性をとることも困難であるため，結果的に政府の失敗をもたらしてしまう。従って，市場の失敗と政府の失敗を防ぐには，相応な管理体制と運営メカニズムの構築が必要である。また，外部不経済を内部化させ，有効な競争目標を設定するためには，流域そのものを対象として目標設定をしなくてはならない。

更に，政治学と管理学の視点から，流域管理は一種の公共事務であり，個人行動ではなく，集団的な行動をとらないといけない。個人の公共資源に対する自由な選択と利用，そして，社会における公共資源に対する分散型の管理方式は，破壊的な競争をもたらすため，制度設計が必要となる。つまり，公共利益の実現のための制度に個人が従うようインセンティブを与えることである。従って，流域管理の最重要課題は，特定の社会や経済，政治，文化の条件の下で，適切な誘因メカニズムを設計することによって，流域水環境管理の社会厚生を最大化できるよう流域水環境管理の利害関連者の行動を規範し，調整することである。

公共政策研究の視点から，流域水環境管理は政治だけではなく，行政も含まれる。意思決定論によると，公共管理においては，管理主体が多いほど，分散するほど，管理責任が緩くなる傾向があり，資源保護しにくくなる。権力が集中するほど，単一化するほど，責任の所在が明確になり，権力主体間の環境破壊的な競争と摩擦が減少する傾向がある[2]。中央政府と省級政府レベルでは，流域水環境管理は主に「国家の意思の表現」，すなわち，水環境管理に関連する政策・制度を制定し，公布する役割を担っている。地方政府と県政府レベルでは，流域水環境管理は主に「国家の意思の執行」，すなわち，国の法政策の実施を監視する役割，上級政府の法政策・法規定を執行する役割を担っている[3]。しかし，公共ガバナンスの視点からみれば，流域管理にかかわる利害関係の範囲は広く，複雑であるため，広範囲にわたる意識表示と参加が必要となる。従って，流域管理は公共意思の表現でもあり，市民社会という背景のもとでの市民自治の表れでもある。

上述した分析から，流域管理の役割は，流域水資源の適切な開発利用と管理を実現することであり，流域生態環境の一体不可分性と総合性をもとに全流域に対する調査と分析が一元的な管理の必要不可欠な前提である。流域水資源の開発利用によってもたらした政府の失敗と市場の失敗を改善し，外部不経済を内部化させるには，多くの利害関係者を流域管理メカニズムに参加させ，各種の流域規定と生態補償政策を制定し，利益関係者の権益を実現させることを確保しなければならない。また，多くの利害関係者による意見提出と参加は，公共ガバナンスの実現の前提である。従って，生態，経済，社会管理の側面から，流域の一元的な管理体制の構築が適切である。

(2) 流域水資源管理体制の内包と外延

　管理体制の中心課題は，管理機関の設置と職責範囲の割当である。1つの科学的，適切な流域水資源管理体制は，流域の開発，利用，保護活動に対する有効な管理を行う先決条件であり，流域の持続可能な発展の戦略目標の制度的保証である[4]。水資源管理体制は，水資源管理の組織構造，責任割当，管理制度の総称である。人々の水資源に対する客観的な認識の深まりにつれて，管理体制も徐々に進化している。全体の流れは，主に人工的な制御から水の客観性の重視への転換である。具体的には，水資源の分割管理から一元的管理へ，行政区域単位の管理から流域単位の管理へ，異なる行政区を跨がった管理への転換である[5]。

　流域水資源の管理体制は，流域管理機関の設置，管理権限の配分，責任範囲の割当，そして機構の運営と調和などの内容が含まれる全体的な基本的な制度であり，一般的な流域管理制度の基本と決定要素である。強力な流域水管理機関を設立し，流域水管理機構の権限を明確に定めてこそ，流域水管理の有効性と権威性を高めることができ，管理主体の法律地位を強化することができる。上述したように，経済学，政治学，生態学における流域管理の位置づけからすると，流域水資源管理体制は1つの系統的なものであり，政府，市場，そして社会からの多元的な参加を前提に，流域の生態的な特徴に立脚した資源の開発利用と保護に関する権限配分および管理執行を実現するための流域管理の中心的課題である。

2　国内外の流域における水資源管理体制方式の分析

　流域を単位とする総合的な管理方式は，世界の流域管理方式の主流であり，主に3つの形態がある。1つ目は，流域管理体制を含む行政区域管理に基づく形態である。2つ目は，水系を単位に流域機構を設立し，自然流域管理に基づく管理体制である。3つ目は，水資源の異なる機能に基づく部門別管理体制である[6]。しかし，流域を単位とする総合的な管理方式は世界全体のトレンドであり，多くの国で採用されている。アメリカや日本，オーストラリアなどの先進国はすでに流域管理機関を設置し，流域の一元的な管理を行っている。各国の自然や社会，経済情況は異なるため，流域水資源管理体

制の設立方式も異なっている。現在，海外における流域水資源管理体制は主に以下の3種類である。

(1) 流域の一元的な管理方式

　流域の一元的な管理方式とは，流域水資源の開発と管理，マルチ経営などを流域管理局が責任をもって管理する方式である。例えば，アメリカのテネシー川流域管理局，インドのダーモーダル川流域管理局がある。これらの流域管理局の特徴は，政府部門に属し，中央政府に対して責任をもち，特定予算を有し，高い自主権が法律によって付与されており，経済社会成長分野においては幅広い権力を有する。最も代表的なのは，テネシー川の流域管理局(TVA：Tennessee Valley Authority)である。テネシー川の流域管理は，政府権力機関としてのTVA取締役会およびコンサルティング機関である地区資源管理理事会が行う，両機関が補完しあう構図になっている。TVA取締役会は，流域水資源最高管理機関であり，国の授権により流域内の各種天然資源に対して一元的な計画，開発，利用を行う幅広い権限が与えられている。しかも，テネシー川流域管理局法を根拠に，権力の行使が保証されている。TVAは性格上，政府に属する1つの機関であり，中央政府に対して直接に責任をもつ。管理権限に関しては，高い自主権が法律によって付与されている。資金面に関しては，特定予算を有し，開発促進に使用することができる。TVAの組織図は図5-1が示すとおりである。現在，TVAが抱える主な課題は水資源の開発利用に伴う経済利益をめぐる地方政府や各関連部門との調整である。

(2) 区域管理方式

　区域管理方式とは，国の立法あるいは河川が経由する州や省政府，関連部門の間の協議を根拠に設立する河川協調組織を通じて，協議に基づき，流域内各州の水資源開発利用について計画，調整を行う方式である。その代表例はマレー・ダーリング川(Murray—Darling River)である。

　マレー・ダーリング川はオーストラリアの最大の河川である。マレー・ダーリング川流域管理委員会は1990年代から生態調査研究を実施し，1992年に流域の各州政府がマレー・ダーリング川流域協議(以下，協議)を決議

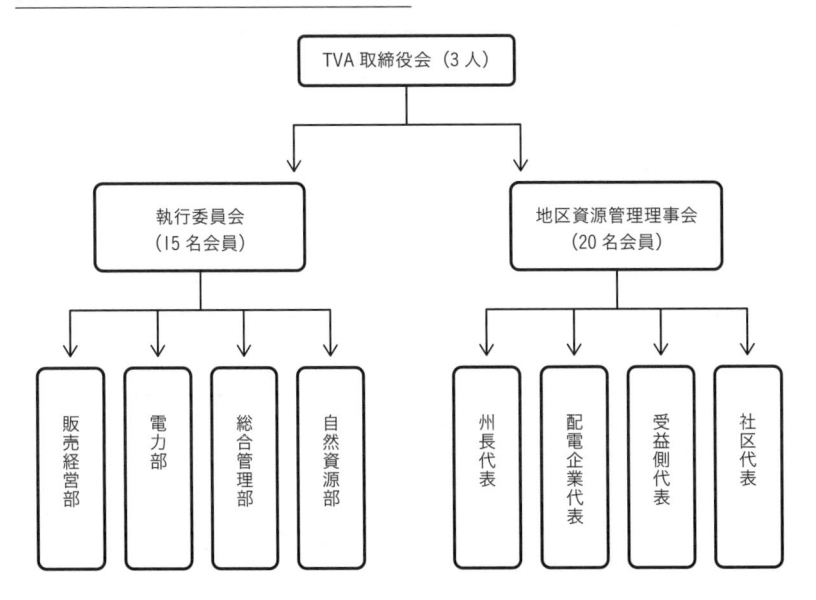

図 5-1. テネシー川流域管理局の組織図

```
              TVA取締役会（3人）
              ┌──────┴──────┐
              ↓             ↓
         執行委員会      地区資源管理理事会
        （15名会員）      （20名会員）
       ┌──┬──┬──┐    ┌──┬──┬──┐
       ↓  ↓  ↓  ↓    ↓  ↓  ↓  ↓
      販 電 総 自    州 配 受 社
      売 力 合 然    長 電 益 区
      経 部 管 資    代 企 側 代
      営   理 源    表 業 代 表
      部   部 部       代 表
                      表
```

した。協議は，マレー・ダーリング川流域部級理事会，流域管理委員会と社区諮詢協会の3つの機関の管理体制を明確にした。その組織図は図5-2が示すとおりである。部級理事会は，最高権力機関であり，連邦政府と流域内の4つの州の土地と水，環境の責任部門の部長からなり，主な業務は政策制定である。流域管理委員会は，部級理事会の執行機関であり，州政府のうち土地，水利，環境部門の局長あるいは高級官僚によって構成される。そのうち，主席は部級理事会によって指名派遣されるが，通常は中立的な立場をもつ大学教授が担う。流域管理委員会には40名の職員が務めており，日常業務を行う。社区諮詢委員会は，区域水資源共同管理方式の重要な特徴である。社区諮詢委員会は，部級理事会と流域管理委員会に対して注目すべき自然資源管理の問題に関するコンサルティング意見を提供し，管理委員会に対して社区が関心をもつ問題に関するコメントや意見を提示する。諮詢委員会のメンバーはマレー・ダーリング流域の4つの州の部長によって任命され，流域機関や流域社団とのコミュニケーションを図ることを目的とする。諮詢委員会のメンバーには，地方流域機関の代表や国家特殊利益関係グループ代表が含まれる[7]。

図 5-2. マレー・ダーリング川流域機関

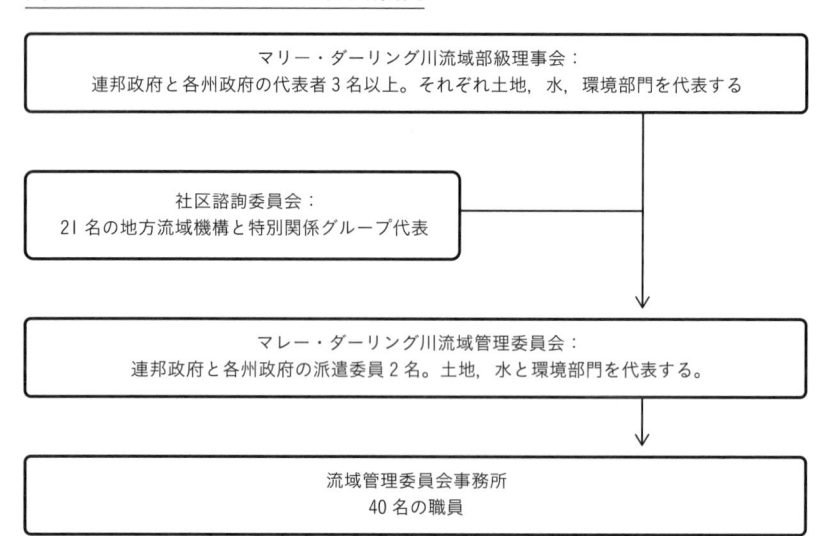

```
┌─────────────────────────────────────────────┐
│  マリー・ダーリング川流域部級理事会：            │
│  連邦政府と各州政府の代表者3名以上。それぞれ土地，水，│
│  環境部門を代表する                             │
└─────────────────────────────────────────────┘
            │
┌───────────────────────────────┐
│  社区諮詢委員会：                │
│  21名の地方流域機構と特別関係グループ代表  │
└───────────────────────────────┘
            │
            ▼
┌─────────────────────────────────────────────┐
│  マレー・ダーリング川流域管理委員会：             │
│  連邦政府と各州政府の派遣委員2名。土地，水と環境部門を代表する。│
└─────────────────────────────────────────────┘
            │
            ▼
┌─────────────────────────────────────────────┐
│        流域管理委員会事務所                      │
│            40名の職員                          │
└─────────────────────────────────────────────┘
```

しかし，マレー・ダーリング川流域は2007年に酷い旱魃が起きたため，オーストラリアは管理機関の設置と運営を見直し，水利用計画の制定と河川の健全化を目的に制定し，水権取引を促進するために，独立した水環境管理機関を設ける議論を展開した[8]。

(3) 流域と区域を結びつける方式

琵琶湖は，日本最大の淡水湖である。琵琶湖の流域管理は，特に組織機関の構築を重視している。琵琶湖の管理機関は数多く，中央政府の水管理部門もあれば，地方政府の専門的に河川流域を管理する部門もあり，更に関連の省庁が設置した琵琶湖管理機関もある。琵琶湖の管理に関わる機関が比較的多いため，部門間の協調を図るには，関係各自治体の連絡会議制度が設けられ，中央政府と地方政府との行政協同体制と，中央省庁間の協同体制が作られた。琵琶湖の管理協同体制は図5-3が示すとおりである。関係各自治体の連絡会議のメンバーは，所在の小流域組織機関によって構成されている。琵琶湖総合保全推進協議会は，国土交通省，農林水産省，林野庁，大阪府，兵庫県，京都府，滋賀県，大阪市，神戸市，京都市によって構成される。琵琶湖総合保全連絡調整会議のメンバーは，国土交通省，厚生労働省，農林水

図 5-3. 琵琶湖管理協同体制

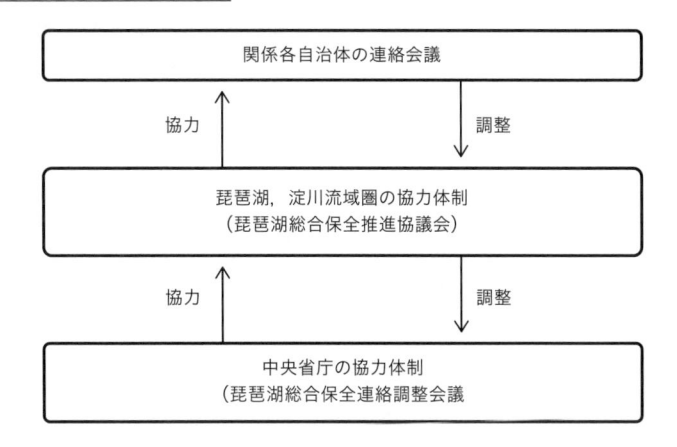

```
┌─────────────────────────┐
│   関係各自治体の連絡会議    │
└─────────────────────────┘
    ↑ 協力           │ 調整
    │                ↓
┌─────────────────────────┐
│  琵琶湖，淀川流域圏の協力体制 │
│  (琵琶湖総合保全推進協議会)  │
└─────────────────────────┘
    ↑ 協力           │ 調整
    │                ↓
┌─────────────────────────┐
│    中央省庁の協力体制      │
│  (琵琶湖総合保全連絡調整会議) │
└─────────────────────────┘
```

産省，林野庁，水産庁，環境省によって構成される。このような管理協同体制は，部門の間，中央政府と地方政府の間の交流と意思疎通だけではなく，琵琶湖の総合管理における各活動主体間の垂直的な調整と水平的な協力を図ろうという狙いがある[9]。琵琶湖流域は，7つの小流域に分かれ，小流域ごとに流域研究会が設立されている。各研究会には1人の調整役がいて，住民や企業等の代表とともに琵琶湖総合計画の実施を推進する[10]。

3 中国の流域における水資源管理体制の検討

中国の流域管理の中心課題は，管理体制の問題である。国際的な水管理方式を参考の上，中国の国情と水事情を考慮し，流域管理と行政区域の管理を結びつけた管理体制を実行している。このような管理体制は，中国での大きな河川に対する整備開発や保護においては重要な役割を果たした。現実の流域水資源管理体制は，伝統的でやや時代遅れな一元管理とレベル別，部門別管理と合わさった管理体制であり，実際は「一元管理と分散管理を合わせた方式」の管理体制である。このような管理体制の設計段階では，流域を一元管理する事を第1の目的として，部門管理と行政区域の管理を第2の目的としたが，事実上，次第に国家と地方間の縦割り・横割り行政が形成され，流域の各地方政府による管理が主に，関連管理部門が権限をもって横割り管理

を行っている。中国の七大流域の一元管理機関である長江水利委員会や黄河水利委員会などは，長い期間一元管理を実施するのに十分な管理権限をもっていなかった。また，流域水資源保護の面でも，行政法の執行権に関しても明確に規定されていなかった。現行の流域管理体制における主な問題点は以下のとおりである。

　まず，流域管理機関の設置が重複しており，管理が多重化しており，協調性が欠け，一元的な流域管理基本規定が未整備である。水法では，流域管理の基本原則，基本制度およびその運営メカニズムについて系統的な規定がなされておらず，流域管理機関と関連部門，地区との関連性も明らかにしておらず，流域管理機関には各地政府や関連部門との調整権限を付与していないため，流域管理機関が法の施行主体としての地位は明確に定められていない。歴史的原因によって，横割り行政のもとで，各行政区間における管理権限の衝突が存在し，地元地域の経済発展のために，流域全体の長期的な経済発展や持続可能な発展はしばしば度外視される。また，流域管理機関だけでは違法な水利用行為を是正したり，罰則を下したりすることは難しく，流域内の重点的な基幹プロジェクトに対しては，直接的な管轄権や調整権をもっておらず，一元管理の役割を発揮しにくい。

　次に，流域管理機関の性質が不明確であり，法的，理論的な根拠に欠ける。水法では，流域管理機関の法的位置づけや職能，権限については次のように定める。「……法律や行政法規の規定内容，国務院の水行政主管部門が付与した水資源管理と監督の職責を行使する」。しかし，水法は流域を3つに分類した。つまり，一類流域は，国によって明確に定められた重要な河川，湖沼流域である。二類流域は，省・自治区・直轄市を跨がるその他の河川，湖沼流域である。三類流域とは，その他の河川，湖沼流域である。しかも，一類流域には流域管理機関を設立することが定められているが，二類と三類流域については明確に規定されていない。法律の側面から，現在の流域管理機関の性質は未だに不明確である。水利部は既に黄河水利委員会と長江委員会など7つの一類流域管理機関を設立したが，これらの機関の実質は各流域および関連の区域での水利部の出先機関であり，水利部を代表して水行政の管理職責を行使しており，行政機能をもった事業部門である。水利部が法的責任をもつが，これらの機関は，一般的に法的責任主体ではなく，水利

部の名のもとで水資源管理活動を行うことしかできない。この点は流域管理機関の設置の当初の趣旨と反しており，流域管理機関の機能が十分に発揮できない原因でもある[11]。行政法の原理原則に基づけば，法規定によって授権された事業部門も行政主体としての地位をもつことができ，一定の行政権を有する。しかし，現行の中国の法規定から見れば，流域管理機関に対する法律の授権には不十分である。

　さらに，利益主体が平等に協議し，協同の発展を求める互恵的メカニズムが欠けている。流域水資源管理は，公共資源である流域水資源の最適配分である。水資源の供給は，効果的かつ，適切性な流域水資源管理の総合目標の実現に資するべきである。幅広い協力と参加は，公平性のある政策決定の絶対条件である。現在，公衆の知る権利に対する保障が不十分で，重大プロジェクトの設計やフィージビリティ・スタディに対する公衆参加の権利，プロジェクト実施に対する監督権が確保されないため，公衆の要望や意見が関連政府部門・機関に届かず，情報伝達がスムーズに行われないため，公衆による非理性的な行為に繋がりやすい。中国の水資源保護立法は，国家の環境保護権力を強調し過ぎであり，環境管理事務への公衆参加の権限が未だに規定に留まっており，具体的で有効な実現手段には欠けている。環境影響評価法における公衆参加のプロセスに関する規定がそれほど詳細ではなく，流域管理への公衆参加の方法やルートが確保されていないため，流域管理機関の議事能力や調整能力，仲裁能力を弱める可能性があり，水資源管理はますます複雑化し，公衆の水資源保護利用に対する要望に応えにくい。

4　中国流域水資源管理体制の改革

　上述した現行の中国流域水資源管理体制の問題点や直面している課題に関する分析研究から流域水資源管理の改革の必要性が指摘されている。しかし，流域水資源管理体制の改革には，科学性と適切性，そして実行可能性を兼ね備えていなければならない。ここでの科学性とは，新たな流域水資源管理体制は流域の自然的な本質に応えることである。適切性とは，新体制の管理理念について従来の環境ガバナンス方式ではなく，環境グッドガバナンス方式を採用することである。実行可能性とは，現状に対する改革の余地と必

要性である。

(1) 流域の自然的な本質

　流域水資源の天然流域としての特性と多機能性は，経済社会発展の資源基盤であり，多様な水問題と生態問題をもたらす原因でもある。流域は水システムをキャリアとして，資源，環境，社会，経済などいくつかのサブシステムとは関係しあい，制約しあう一体不可分な領域である。1つのサブシステムの変化あるいはある一部の局部的な調整が，必ず流域全体に重要な影響を及ぼすことになる[12]。従って，水資源の管理は流域範囲を対象に考えるべきであり，流域全体における水資源の要素の完全性の維持を前提に，異なる区域間と異なる機能間での水資源の開発利用と配分を実現し，外部不経済を内部化させ，水資源の総便益を最大化させる。流域水資源は，経済機能と浄化機能，生態機能を併せもち，多様的で，複合的で，高度依存性がある。水資源の希少性によってこれらの機能間に矛盾が現れる。水資源の持続した有効利用を保証するには，各機能を総合的に配慮し，水資源を配分しなければならない。つまり，水資源管理過程において，水資源の機能計画，政策決定，配分の一体化を実現し，経済，社会，環境資源の協調発展を確保し，社会的公平性と効率性への配慮を目標や原則として各機能間，各区域間における資源の適切な配分を実現する[13]。流域を単位に，水資源に対して一元的な管理方式を実行することは，すでに多くの国で導入されており，国際社会において公認されている科学原則である。

(2) 環境ガバナンスから環境グッドガバナンスへの推進

　ガバナンスとは，上から下への管理過程であり，主に協力，協議，パートナー関係を通じて，目標の共有等の方式を通して，公共事務の管理を実現することである。対策の本質は，市場原理や公共利益，共感に基づく協力である[14]。グッドガバナンス（good-governance）の本質とは，「良好な」「有効性に富んだ」協力である。グッドガバナンスは，政府と市場の二重の失敗を克服するために提示された理論であり，グローバル化と民主主義化の推進によってもたらされた必然の結果である。また，グッドガバナンスは，よいガバナンスが目指すべき目標であり，そして，公共利益の最大化を実現する社

会管理プロセスでもある。グッドガバナンスの本質的な特徴は，政府と国民による公共生活に対する協同管理であり，政治国家と国民社会の新しい関係であり，両者の最適な状態である[15]。グッドガバナンスには国民の政治参加，政府と国民との積極的で効果的な協力が必要である。このような協力が成功する鍵は，国民の政治ガバナンスへの参加である。国民が選挙と政策決定，監督に参加してこそ，政府とともに公的権威と公共秩序を促進することができる。

環境グッドガバナンスの前提は，憲法，法学権威，責任の明確化，多元的なガバナンスの主体が互いに利益を与え合い，互いに信用し合うことをもとに，協議と協力を行うことにある。流域環境ガバナンスから流域環境グッドガバナンスへの切り替えは，以下の要点を備える必要がある。①合法性。つまり，流域機関の法的位置づけ，設置と権限は上位法の規定に適している。②有効性。流域水資源管理体制の形式は多様であっても，流域の効果的なガバナンスと保護を実現するという目標は同じである。国内外の流域水資源管理体制の変遷を確認したところ，持続可能な，効果的な管理を求めることは流域水資源管理体制改革の出発点であることは明らかである。③透明性と公開性。つまり，流域管理での情報公開，政策制定過程における全流域の利益関係者の参加と意思表明である。従って，流域環境グッドガバナンスを促進するには，現行の管理体制における公衆参加の形式を改革し，監督メカニズムを構築，改善することである。これらの改革は流域水資源管理体制をグローバルな環境ガバナンスへの変化の流れに積極的に合わせるためのものでもある。

5　中国における流域水資源管理体制の改革の進め方

流域内に確実な流域管理機能をもつ管理機関を設立してこそ，流域の本格的な持続可能な発展を実現することができる。このような管理機関の具体的な組織の形式は多様であるが，必要な管理権を授与し，それに適した流域管理機関を設置することが必須である。水資源の天然流域としての特性と多機能性，一体不可分性から，流域の一元的な管理が行われなければならない。つまり，①区域管理は流域管理に従うべき，②部門の専門的管理は流域の総

合管理に従うべきことである。流域の総合的なガバナンスと開発管理は，各垂直的な行政レベルと各水平的な行政部門の積極的な参加と協同管理が必要となる。同時に，これらの縦割り管理と横割り管理は流域の一元的な管理に盛り込まれるべきである[16]。科学的な流域管理機関の設置は流域管理に関する法律の実施を保証することができ，流域管理業務の効率を高めることができる。

(1) 流域水資源管理体制改革の学術理論解釈

　流域水資源管理体制の改革は，生態学，経済学，政治学といった学際的な観点に基づき，現行の流域水資源管理体制の既存問題点を改善するためにある。具体的には，区域管理を主とする現行の流域水資源管理は効率が低く，衝突が多発している。また，多部門参加型の管理方式では，部門間の交流と協調メカニズムが必要となる。流域水資源管理にかかわる社会関係は幅広く，複雑であり，公衆への情報公開や公衆参加は体制改革の中心課題となる。従って，学術理論上の流域水資源管理体制の改革は，主に流域水資源管理における効率性原則，協調性原則，公衆参加原則の実現である。詳細は次の通りである。

　第1に，流域管理効率の向上である。効率性原則は多くの国では政府活動および体制の合理性を評価する重要な基準の1つである。管理の有効性と管理機関の効率性は，体制構築の基本目標とすべきである[17]。体制改革の目標は，管理の有効性と管理機関の効率性を高めることである。管理システムの専門化と管理体制の単一化，集権化は，政策決定と執行における無駄を省き，効率を向上させることによって，無責任性と混乱性を乗り越えることができる。過去の水資源保護管理体制における権力の分散化による効率の低下を教訓に，コモンズの悲劇と非集権化の悪循環の発生を防ぐことができる。流域水資源管理機関に政策決定権と監督権，協調権，執行権を付与し，一元管理の責任を与え，専門的なメカニズムの構築，統合，強化を行い，権力の分散による効率低下を改善する。

　第2に，多部門間のコミュニケーションと協調である。流域水資源の公共性と利用方式の多元性によって，資源の保護管理業務は流域機関の単独作業では処理できないため，流域内の地方政府による協力が必要である。流域管

理の協力は主に次の2点が挙げられる。①区域の水資源管理は，流域の水資源管理に従う。つまり，水資源管理システムにおける流域水資源管理は流域内の行政区域の水管理よりも高い位置づけにある。行政区域の水管理は流域水資源の一元的な管理に従うべきである。②部門の専門的管理は，流域の総合管理に従うべきことである。各業界の水管理は，流域水資源管理体系に組み込まれるべきであり，流域水資源管理を尊重し，従うべきである[18]。従って，一元的な管理と分権の関係性を精確に処理しなければならない。管理の効率化を保証した上で，合理的に矛盾を解決する原則をつくり，幅広い多部門間のコミュニケーションと協調のメカニズムを構築しなければならない。つまり，各管理部門の具体的な職責と権限を明確にし，各部門が権力を行使する際の法律手順と行動範囲を明確にすべきである。

第3に，多元的な政策決定と参加を保障することである。流域管理は，公共資源の配分と制御である。公平性と適切性はそれを実現する重要な基準であり，環境保護の総合目標と社会の共同利益の実現に有利である。この意味では，政策の集団決定，民主決定は正義と公平を実現する絶対条件である。各国の流域管理機関には多くの関連分野の専門家がいる。流域内の重大な政策決定をする際，彼らの意見が幅広く採用され，科学的論証が行われる。多元的な政策決定は，水環境の資源管理，経済管理，そして社会管理の協同化を促進させることに役立ち，流域の公共利益および各区域間，各利害関係者間の公平性を考慮し，社会正義を保持することができる。流域管理は社会各方面の利害にも関わるため，公衆の参加が重視されるべきである。従って，流域管理は広範性と社会性をもち，公衆の参加は不可欠である。流域の個別法の立法，流域計画の編制，水量の配分，水質基準の制定などの業務への公衆参加によって，部門利益と地方利益との衝突を和らげることができ，流域管理をスムーズに推進することができる。

(2) 流域水資源管理体制改革の基本的な考え
①流域の一元的な管理——流域管理機関の位置づけ
　上述したように，流域の一元的な管理体制は天然流域としての特性に適する。一体不可分性という流域の特質から，流域の開発と利用，保護，管理面では，各流域を1つの空間単位として取り扱うことは最も科学的で，有効で

あると思われる。全流域の社会・経済状況と自然環境、自然資源の条件、流域の物理的、生態面の役割の変化に基づき、流域を1つの単位としてその開発、利用と保護等を考慮することは、最も科学的で、最も持続可能な発展の需要に適していると思われる。各流域の地理位置と、流域範囲、流量、そして流域内各地域の社会経済発展の度合いの違いによって、資源の開発利用の目標も違ってくる。多くの自然要素と社会要素の違いによって各流域の水資源を保護する重点が異なる。例えば、黄河流域は水土保持を中心に、長江流域は予防を中心にしている。水資源の流動性と流域性は、流域の一元的な管理を取り入れる決定要因となる。

　流域の一元的な管理は現行の管理体制問題を克服する手段である。現行の縦割り・横割り管理体制は、地方保護主義と部門保護主義を助長し、流域の自然環境に損害を及ぼし、自然資源の効率的な利用と総合的な利用を妨げ、流域の上流と下流間の汚染転嫁を招き、地域間の汚染紛争をもたらし、地方の利益紛争を過激化させ、持続可能な発展を阻害することになる[19]。流域全体に対する開発、利用と保護管理を進めるには、大局観をもち、統一的な計画、統一的な指導と統一的な行動をとらなければならない。

②流域自治――流域管理機関の職務権限の配分

　流域管理は、集権のみならず、分権とのバランスが必要である。実際に、水資源保護管理体制の構築では、集権か分権かといった難題が存在する。これは、各国の流域管理が直面する共同の難題であり、多くの国は長い年月の実践を経て、最終的に流域の一元的な政策決定と指導、制御、執行方式を選択した。相当長い期間にわたり、各国は分散型管理を実施し、水資源の開発利用は異なる部門によって管理されてきたが、最終的には一元的な管理へと転換していった。中国においても、長い間の一元的な管理と部門別管理に基づく分権的な管理方式によって、流域管理機関の法執行が無力化し、協同管理が実現できなかった。まさに、政治学で言うように、権力の集中と一元化は、公共管理の実施と公共ガバナンスの促進に役立つ。

　流域管理に比較的に成果が出ている国は、一般的に権威の高い流域管理委員会を設置している。流域管理委員会は通常、連邦政府の代表、水利用団体の代表、地方政府の代表などからなる。流域管理委員会は、政策に関して最高決定権をもつ。流域管理委員会の下に、一般的には業務機関としての流域

管理局や，監督管理のための諮詢調整機能をもつ機関が設置されており，それによって政策決定や執行，監督が相互分離しながら，相互に制約し合う管理体制が構築される。流域管理が高い効率で運営することが保証される。各国の流域管理法の分析からわかるように，流域管理を成功させるには，流域に対して統一した計画と調整を行う権威のある流域管理組織が必要である。従って，法律のなかで，一元的な流域管理機関の位置づけを強調し，法規を用いて流域管理機関の権利と責任，義務，組織構造といった要点を明確化することは，国際流域管理の傾向である。また，流域管理機関に対し，部門や区域を跨がる総合的な管理職能を付与し，流域環境資源の総合的な分析と配置に関する管理仕組みを構築する。さらに，各国の流域管理法には，流域管理機関と中央政府部門，地方政府の監督，協調との協力，部門間や地域間の協力と調整についても焦点を当てた。

③総合的流域管理——流域管理の緯度

　水，土地，鉱産，森林，草原，野生動植物など自然資源を要素別に分類し，立法する方式は生態システムの全体性と関連性を軽視し，人為的に自然界を分割することとなる。加えて，その他の影響で，中国の流域生態システム全体は，有効な保護を得られず，「点源対策，面源破壊」あるいは「局部改善，全体悪化」といった問題が発生し，流域全体の生態環境は依然として厳しい状況にある。現在，流域管理の困難さは，我々に警告を鳴らしており，流域生態システムに対する一体化した体系的な管理が必要である[20]。

　統合的生態系管理（IEM：Integrated Ecosystem Management）は，2000年の生物多様性条約第五回締約国会議の第Ⅴ/6号決定によって，エコシステムアプローチ12の原則（COP-5原則）を提起した。IEMによれば，自然とはシステム上の概念であり，社会化の選択であるため，生態システムの構成要素を総合的に考慮し，社会や経済，自然（環境と資源，生物なども含める）の需要と価値を視野にいれ，学際的な知識と方法論を用いて，行政や市場，社会の調整メカニズムを活用して，資源利用や生態保護，生態退化の問題を解決し，経済面と社会面，環境面の多元的な便益を創出し，実現することができ，最終的に人間と自然との調和のとれた共存社会が達成される[21]。IEMの理念と方法を流域管理の実践に応用し，流域全体から出発し，生態環境の不可分性から各要素の関連性を総合的に考慮し，流域内部の各サブシ

ステムの間，そして外部環境要素との間の相互依存と衝突の関連性を認識し，法律や行政，エンジニア技術，経済，情報，宣伝教育といった多様な手段を利用し，部門を跨がる参加方式を流域管理の実践に取り込んで，機関設置の最適化，関連法律の改善，管理体制と運行メカニズムの革新，利益の調整など流域管理の新たな道と形式を積極的に模索し，全流域における総合的な便益の最大化と社会経済の持続可能な発展を実現する[22]。

各国の流域管理法を考察した結果，法律の調整対象が次第に変化してきたことが分かる。流域水資源を専門的に規範化することから，流域内の全ての環境資源要素を考慮するものへと変化し，流域の生態保護と流域の社会経済発展との関係性や経済，環境，社会問題の角度から流域生態システムの総合的な管理が強調されるようになった。例えば，ミシシッピ川流域連盟の設立目的は，流域の生態システム管理を実現することであり，流域計画では流域資源の開発利用のみならず，資源保護や生態保護，そして流域内の経済発展と人々の生活水準の向上が同時に達成できることも考慮に入れられていた。このような全体管理方式は，ミシシッピ川の流域管理が成功した重要な点である。

6　中国における流域水資源管理体制改革の具体的な構想

海外の流域総合管理の成功経験を参考に，中国の流域特徴を考慮したうえで，流域水管理委員会と流域管理局の二層構造の流域管理機関の構築を提案する。また，流域の専門技術委員会を設立し，技術支援と科学的論証を提供する。このような方式は，政策の決定と執行，監督を相互に分離させる原則の徹底化，職能と権力の一本化，管理体制の分権性と均衡化，管理方式の多様化と民主化，科学化を目指す特徴をもつ。このような流域管理機関モデルにおいては，流域の水管理委員会は政策決定機関であり，流域管理局は管理執行機関である。そして，流域監督委員会と専門技術委員会は監督参加機関である。このような管理体制は，流域内の各種の自然資源要素や経済要素，社会要素を一元的に管理することに役立ち，流域内の人間と自然，そして社会の持続可能な発展を実現させることができる。具体的な構築プロセスは以下のとおりである。

(1) 政策決定機関——流域水管理委員会

　流域水管理委員会は流域の政策決定機関であり，流域管理の最高権力機関である。流域水管理委員会は，議事や政策の決定，調整の機関であり，流域の開発と利用，保護に対して一元的な政策決定を行う。流域水管理委員会は，流域の監督，管理あるいは制限する権限をもち，関連部門と管理や協議あるいは協定を行う。流域水管理委員会は直接国務院に属すべきであり，国務院の行政主管部門に所属する部署ではない。また，国務院のいかなる部門にも属せず，国務院からの直接指導を受けるべきである。流域水管理委員会は民主的な協議を基本に，単純な行政規制や行政命令のかわりに，民主的な協議を通して流域水関連行為に対する管理体制改革を実現するための，有効な参加メカニズム，政策の協議決定と協調議事メカニズムを構築することを目的とする。流域水管理委員会は，政策決定機関として，マクロ的な管理職責を行使し，中長期的な全体的な視野から流域の各種自然資源をマクロ的に調整配置を行う。主に流域全体に対して科学的な管理と一元的な計画を行い，各種の政策規定の実施段階における監督の役割を果たす。流域水管理委員会は，民主協議の原則を表した新たな政策決定権力議事機関として，国務院の関連行政部門や流域における各省級人民政府等の代表によって構成されるべきである。各部門，各行政区域の立場と利益から出発し，流域の全体に関する計画やガバナンスについて協議し，政策決定機関内部における参加と民主的協議を実現し，水，土壌資源，その他の環境資源の効率の高い持続可能な利用を実現する。また，流域の各地方政府部門の環境保護や水利，輸送など関連事業に対して指導と監督の役割を果たし，流域の総合的な一元的な管理意志を現し，総合便益の最大化を追究する。

(2) 執行機関——流域管理局

　流域管理局は，流域管理の執行機関であり，具体的な業務を処理する機関である。流域管理局は，流域委員会に対して直接責任を負い，高度な専門技術や管理実務経験のもつ専門家によって構成される。流域水管理委員会は，流域管理局に対して垂直的な管理を行う。流域管理局は，流域の監督や管理といった日常業務を行う。社会発展と流域管理の需要に迫り，組織法が整合性に欠けていることから，流域管理局を国務院の出先機関として位置づける

ことは管理局の法的権威の確立に有利であり，職能が単一的な水管理者が多くの管理主体の権力争いと利益争いに巻き込まれることを避けることができる。流域管理の職責を果たし，自らの権限を行使するには，流域管理局は情況に合わせて出先機関または流域管理支局を設置することができる。これらの支局は直接流域管理局の行政管理と業務指導を受ける。このようにして，流域水管理委員会，流域管理局と支局を中心的な管理機関とする流域の一元的な管理と垂直指導管理体制が構築される。

　流域管理局は，流域の洪水防止と旱ばつ防止，水資源の開発利用，保護，水汚染防止，生態環境の保護，河道と河口などの水工事の建設と運営などの一元的な監督と管理を行う。流域管理局は，日常の監督管理業務の必要性に応じて，流域の直接管理区に出先機関を設置し，法規定等の行使や日常の監督管理職能を果たす。

(3) 監督参加機関——流域監督委員会

　流域監督委員会は，流域管理機関のなかの監督組織である。主な職責は，流域における各方面の意見を収集することであり，一部重大問題に関して協議や諮問を行い，流域各方面との情報交換を保障し，アドバイスや意見，対策などを提出し，流域管理委員会に政策決定の参考情報を提供する。流域協調監督委員会は，監督責任を行使する以外に，流域管理活動が公正，公開，透明な状況下において実施されることを保証する。流域監督委員会は，流域管理局に対して流域水管理委員会が決定した政策事項の実施を監督し，流域管理プロセスにおける部門間と地方間の利益または権限をめぐる衝突を調整し，流域全体を視野に水資源の保護と利用を実現し，区域を跨がる水紛争を解決する。流域水管理委員会と流域監督委員会，専門技術委員会との間は，政策決定に対する支持や監督，参加の関係である。流域監督委員会は，利益関連者が公共政策決定に関わるプラットフォームとして，その権威性は各利害関係者間の駆け引きの結果とその現れである。法に基づき，流域監督委員会が流域に関わる重大事項の政策決定権を行使し，体制全体に対する監督権限を発揮し，牽制し合いながら規則正しい体制運営を実現しなければならない。

(何彦旻 [監訳]，王天荷 [訳])

注：

1 王樹義（2001）「流域管理体制研究」『長江流域資源與環境』，2001年第 4 期，423頁。
2 呂忠梅（2005）「論水汚染的流域控制立法」『水汚染防治立法和循環経済立法研究——2005年全国環境資源法学検討会論文集』第一冊，武漢大学環境法研究所。
3 王資峰・宋国君（2010）「流域水環境管理的政治学分析」『中国地質大学学報（社会科学版）』2010年第 1 期。
4 王樹義（2001）「流域管理体制研究」『長江流域資源與環境』2001年第 4 期，420頁。
5 袁弘任・呉国平等（2002）『水資源保護及其立法』中国水利水電出版社，2002年版，120頁。
6 俞樹毅（2010）「国外流域管理模式対我国的啓示」『南京大学法律評論』，2010年秋巻。
7 Erin Bohensky(2009) 22 Experiences in Integrated river Basin Management, International and Murry Darling Basin, lessons for northern Australia, Northern Australia Land and Water Science Review full report October 2009.
8 Cullen, P.(2007)Facing up to the Water Crisis in the Murray-Darling Basin, Brisbane Institute 13, 3，2007.
9 傅春（2009）『中外湖区開発利用模式研究——兼論鄱陽湖開発戦略究』，社会科学文献出版社，81-82頁。
10 張興奇・秋吉康弘他（2006）『日本琵琶湖的保護管理模式及対江蘇省湖泊保護管理的啓示』『資源科学』，2006年第 6 期。
11 俞樹毅（2010）「国外流域管理模式対我国的啓示」『南京大学法律評論』，2010年秋季巻。
12 幸紅（2007）「流域水資源管理相関法律問題探討」『法商研究』，2007年第 4 期。
13 李啓家・姚似錦（2002）「流域管理体制的構建與運行」『環境保護』，2002年第10期。
14 俞可平（2009）「治理與善治引論」『馬克思主義與現実』，2009年第 5 期。
15 同上。
16 蕭木華（2002）「従新「水法」看流域管理体制改革」『水利発展研究』，2002年第10期。
17 呂忠梅（1999）「長江流域水資源保護立法問題研究」『中国法学』，1999年第 4 期。
18 張承中（1999）『環境管理的原理和方法』中国環境科学出版社，1999年版，67-80頁。
19 王宏巍・王樹義（2011）「「長江法」的構建與流域管理体制的改革」『河海大学学報（哲学社会科学版）』，2011年第13巻第 2 期，63頁。
20 俞樹毅（2008）「我国流域管理模式創新及法律制度供給」『甘粛社会科学』，2008年第 6 期，118頁。
21 蔡守秋（2006）「論統合生態系統管理」『甘粛政法学院学報』，2006年第 3 期。
22 Bruce, P. Hooper(2003) Integrated Water Resources Management and River Basin Governance, UNIVERSITIES COUNCIL ON WATER RESOUCES WATER RESOURCES UPDATE, ISSUE 126, PAGES 12-20, 11．

参考文献：

曹明徳（2002）『生態法原理』人民出版社。
趙絵宇（2006）『生態系統管理法律研究』，上海交通大学出版社，2006年版。
陳紹金（2003）『流域管理方略研究』湖南人民出版社。
邱秋（2010）『中国自然資源国家所有権制度研究』科学出版社。
姜文来等（2005）『水資源管理学導論』化学工業出版社。
呂忠梅（2009）『流域立法控制研究』，法律出版社。
楊桂山等（2004）『流域総合管理導論』科学出版社。

葉俊栄（2003）『環境政策与法律』中国政法大学出版社。
兪可平（2008）『治理與善治』，社会科学出版社，2008年版。
宮本憲一，朴玉訳（2004）『環境経済学』三聯書店。
Warren, F., 王叢虎等訳（2005）『政治体制中的行政法』中国人民大学出版社。
Ostrom, E., 於遜達・陳旭東訳（2000）『公共事物的治理之道』上海三聯書店。

第6章

『湖北省湖泊保護条例』の立法構造

水利権調整問題をめぐる法政策学的実証研究

呂忠梅

　「千湖の省」と呼ばれる湖北省にとっては，湖は経済と社会発展にとって重要な存在である。しかし，さまざまな原因で，湖への環境保護が不十分であるため，湖の面積や数の激減，汚染の多発，生物多様性の減少など厳しい問題を引き起こしている。湖の保護を強化するため，湖北省の人民代表大会常務委員会の法律委員会が委託した専門家は，湖北省湖泊保護条例の研究と起案に携わった。筆者は代表として湖北省湖泊保護条例（専門家意見稿）の制定にあたって，省の湖の保護現状や問題点などを調査研究し，湖北省の現状と湖の現状を踏まえた立法構想を提案した。

I　はじめに

　湖北省は湖の生態環境に非常に恵まれた地域であり，「千湖の省」と讃えられている。雲夢大澤[1]は江漢平原を育み，水資源に恵まれ，長江，漢江，清江の3本の長い川が合流していることから，湖北省は湖によって有名になった省である。湖北省は水で栄え，水で憂えている。2011年，湖北省人民代表大会法律委員会の委託を受けて，筆者が所属する湖北経済学院の湖北省水事業研究センターに湖北省湖泊保護条例（専門家意見稿）（以下，条例）の起案が任された。当学院は専門家チームを作り，湖北省の農業庁，環境保護庁，水利庁，林業庁，交通庁，武漢市水務局などの事業部門や政府部門，

武漢市，鄂州市，荊州市，宜昌市，十堰市などの地域に対する現地調査を行った。省の湖保護の現状や立法，法執行状況等について全面的な調査研究[2]を行った結果，湖保護の法規制の要改善点を把握することができ，条例の制定に対する専門家意見をまとめた。同条例は，既に2012年10月1日から施行されている。

2　湖北省における湖の保護現状と立法の課題

(1)湖の機能による立法の利害関係の調整

　湖北省は豊富な湖資源[3]を有し，域内の湖は東経111°30'-116°06'，北緯29°26'-31°30'の範囲内に集中しおり，海抜50m以下にある。湖の多くは長江，漢江とその支流の進化過程でできた共生湖であり，古代の雲夢大澤の一部が土砂によって堰き止められてできたものもあり，長江や漢江沿岸の侵蝕・堆積地形の一部である。故に江漢湖群とも呼ばれる。湖北省は亜熱帯大陸性モンスーン気候帯にあり，高温多湿であり，平均降水量は1100-1350mm，太陽の年線量は106-118kcal/cm^2，年平均気温は約16℃，寒冷期を除けば，不凍湖[4]であることなどが特徴である。これらの特徴は，湖群地域に生息する水生動植物や農業生産に優れた自然条件を与えている。また，湖北省の経済発展と社会発展にとっても重要な意味をもち，下記のような多面的機能を担っている。

　第1に，洪水調節機能である。湖は天然窪地にあり，水面は周囲地面より低く，優れた天然ダムとしての機能をもつ。2010年を例に，湖北省の湖は118億m^{3}の洪水を貯水，調節し，約1850万畝（約123.3万ha，1畝＝1/15ha）の農田が被害から免れた（2399.5万畝の農田の77.1％を占める）。長江下流の県レベル以上の15都市，約1135万人の生活安全を守ることができた[5]。また，降雨量の少ない秋冬には，生活や工業，農業に重要な水源を提供している。

　第2に，生態バランスの維持機能である。湖は水質浄化機能と気候調整機能，生態系バランスの維持，生態多様性の保持といった重要な機能をもっている。歴史上，湖北省の湖の多くは長江，漢江と繋がっており，川と湖が交差する独特な複合な生態システムが作り上げられている。湖北省の湖は生物

多様性に富んでおり，多くの回遊魚または半回遊魚の摂餌場や繁殖地，肥育地であり，鳥類の生息地である。名実相伴う生物遺伝資源の揺りかごと遺伝子バンクであり，科学研究の価値が非常に高い。

　第3に，経済成長基盤としての機能である。湖は水産養殖，観光業，水上輸送，工業農業用水の提供といった機能をもつ。つまり，湖は湖北省の特色であると同時に，経済成長の基盤でもある。まず，水産養殖については，『2010湖北水産年鑑』によれば，2010年湖北省湖沼水産養殖面積は294万畝，生産量は38万tであり，当年度の省の養殖総面積の29.8%，水産養殖総生産量の10.1%に達する。淡水水産物は15年連続全国1位であった。湖北省では，湖で生計を立てている，あるいは漁業を行っている人口は約100万人，漁船は2.5万艘弱である。洪湖，鄂州，仙桃，監利などの重点湖区・市・県の漁業生産量は農業総生産量の5割以上を占める[6]。

　ついで，観光業については，武漢の東湖や鄂州の梁子湖，神農架大九湖，黄石仙島湖などは湖沼旅行の名所である。その内，東湖は既に湖北省のブランド観光地にもなっている。

　さらに，水上輸送については，湖北省では全18の通行湖沼があり，航路は全長659.22kmである。その内，609.82kmは年中通行可能である。輸送距離が比較的長いのは洪湖，梁子湖，長湖，龍感湖，木冶湖と保安湖などである。

　最後に，米は湖北省の主な食糧生産物である。これは湖が豊富な農業用水を提供してくれたためであり，省内工業も主に川や湖の沿岸地域で栽培が展開されている。

　第4に，水文化の基盤としての機能である。湖の水は湖北の人々を養ってきた。それぞれの湖は独自の文化を生み出している。たとえば，斧頭湖をめぐっては，明の時代の楊幺が宣花大金斧をもち，農民一揆を起こした伝説がある。龍感湖は「不越雷池一歩（境界を一歩も出ない）」といった物語がある。また，湖北省の曲芸，文化，飲食，民風民俗など，どれも水と関連し，水から由来するものである。

　立法の観点から，湖のさまざまな機能は，考慮されるべき省の固有の事情である。湖のさまざまな機能は互いに関連しており，異なる機能を発揮させるには，しばしば利益争いを引き起こす。起こりうる利益争いを予見し，規

則し，互いのバランスと調和を図ることは立法の基本任務である。従って，水生態と水経済，水文化など異なる機能を組み合わせ，利益と利益との間の境目を定め，法律秩序を構築，維持することを実現しなければならない。それは，各機能を調和させ，湖の生態保護と経済発展と両立させ，持続可能な発展を実現するための絶対的な要件である。

(2) 湖の性質が立法条件に対する制限

「1本の川には1つの法」という古い諺がある[7]。つまり，科学的に適切に湖保護の立法を進めるには，湖の性質とそれにかかわる社会や経済情況を考慮に入れなければならない。

①湖の類型

地理的条件に基づけば，形成要因から湖北省の湖を河川間陥没湖 (interfluvial depression lake)，丘側湖 (hill side lake)，堰止湖 (barrier lake)，構造湖 (tectonic lake) と牛角湖 (oxbow lake) などの種類に分かれる。その内，最も広く見られ，面積が大きいのは河川間陥没湖と丘側湖である。河川間陥没湖は長江とその支流の間にある窪地に水が溜まってできたものである。洪湖，汈汊湖 (Diaocha Lake)，大沙湖，運粮湖などが挙げられる。丘側湖は氾濫原後縁部と周りの丘陵地との間の低地水が溜まってできたものである。梁子湖，長湖，張渡湖，斧頭湖などが挙げられる。この2種類の湖の形成過程が異なるため，自然生態システムの均衡条件が異なり，人々の生活に対する影響も違う。河川間陥没湖は比較的に水位が浅く，湖岸線は変化がなく，沼沢化しやすく，開拓利用も比較的容易である。他方，人間活動の影響によって，面積が縮小しやすく，枯渇しやすい。現在，三湖，白露湖，大同湖などの河川間陥没湖はほぼなくなっている。一方，丘側湖は比較的多く，湖岸線も長く，複雑に入り組んでいる。湖と陸地の接触面積が広く，陸上の活動から影響を受けやすい。特に，農業生産方式や農村生活方式による面源汚染が多く，抑制が難しい。

②湖の管理方式

現在，湖北省は行政管轄の視点から，省が直接管理する湖，地級市が管理する湖，そして県が管理する湖の3種類がある。省から直接管理される湖には次のような特徴がある。①湖の面積が大きく，省を跨ぐ，②環境保護と経

済，社会，生活のなかで湖が重要な役割を果たしている，③保護が困難である，④地方利益と行政部門間利益の衝突が激しい。しかし，実際では，湖に関する明確な区分根拠や管理部門の違いによって，関連管理部門は各自の権限を用いて，バラバラに管理している。現在，省環境保護庁は，洪湖と梁子湖，斧頭湖，大冶湖，保安湖，長湖，汈汊湖などを省の直接管理する湖と定めており，水質のモニタリングを行っている。また，農業庁は，梁子湖，斧頭湖などの9つの大型越境湖を省の直接管理する湖と定め，省級漁政監督管理機関を設置した。林業庁は，洪湖，龍感湖など大型湖を省の直接管理する湖と定め，湿地自然保護区を設立した。水利庁では，洪湖，梁子湖，長湖，斧頭湖，汈汊湖などの大型湖に対して重点的に洪水防止と冠水対策に取り組んでいる。

　県が管理する湖の数は最も多く，総面積は小さい。通常は閉鎖的湖沼と呼ばれ，県・区の行政区域を跨がらず，生態や経済，社会生活の中で果たす役割は限られている湖が対象となる。湖管理の中で，最も軽視されるのは県レベルの管理である。この類の湖に関する基礎データは非常に少ない。

　地級市が管理する湖は，地級市の管轄区域内にあり，面積の大きさや省の生態や経済，社会生活の中で果たす役割が省の直接管理湖と県の直接管理湖の中間にあるものを対象としている。現在，この類の湖の数は，大枠把握されており，基礎データは不十分であるが，取得可能である。

③湖の機能類型

　湖は異なる区域の経済社会の成長方式と産業構造によって，全く異なる機能をもつことになる。湖が所在する場所により，都市湖と農村湖に分けることができる。また，経済用途の違いによって，人工養殖に適する湖と，飲用水に適する水源性の湖，そして，観光に適する湖，輸送に適する湖などに分かれる。しかし，現在，湖北省は機能に基づく湖の分類を行っておらず，水産養殖が湖の容量，環境負荷，計画との関係性に基づいて，湖を水産養殖に適する湖と水産養殖に適さない湖に分類している。一般的には，飲用水に適する水源保護区の湖あるいは水質が酷く汚染されている湖は水産養殖に適さない湖と分類すべきであり，それ以外の湖は，湖の水の生態機能に影響を与えないことを前提に，水産養殖を展開すべきである。

　現行の湖北省における湖管理の情況を見たところ，統一された明確な湖の

定義がなく，湖管理部門と管理体制も統一されておらず，管理権限や管理方式の基準も定められていない。湖の主たる機能の指標体系や保護目的も明確化されていない。このような現状では，湖保護に不利な影響を及ぼすのは明らかであり，行き届かない管理や業務のミスマッチ，越権などは避けられない状態であり，湖の保護立法は急務であり，必至である。

(3) 湖保護立法の重点領域

　湖北省はこれまで一貫して湖保護を重視してきた。湖保護を促進する措置をとり，しかも，一定の効果を発揮することができた。しかし，湖北省における経済の急速な発展に伴い，産業構造の調整と都市化の加速によって，生態安全と生活基準への公衆の要求が次第に高まってきた。湖保護事業は新たな困難と挑戦に直面している。具体的な課題は下記のとおりである。

　第1に，湖の数の激減と面積の縮小である。湖の数と面積は湖の機能を維持する前提であり，基礎である。面積の縮小，数の減少は機能の劣化と喪失をもたらす。20世紀初期，湖北省の湖の総面積は約2万6000km²であったのが，2005年には3025.6km²になり，わずか100年で湖の総面積はもとの11.64%の面積にまで縮小してしまった。1950年代，面積100畝(ムー)以上の湖は1332個あり，その内5,000畝以上の湖は322個もあった[8]。しかし，2009年1月に湖北省の水利庁が公布された『湖北省水資源質量通報』では，全省の100畝以上の湖は574個しかない。当初より56.9%も減少した。その内，5000畝以上の湖は100余りしかなく，当初の1/3に減少した[9]。

　第2に，水汚染の深刻さと生態機能の減退である。省の環境保護庁が公布した『湖北省環境質量状況（2010年)』によれば，省が管理する11湖，15水域のうち，水質がⅡ類の湖は全体の20.0%を占めており，それぞれは斧頭湖の江夏水域と咸寧水域，梁子湖の江夏水域である。水質がⅢ類の湖は全体の26.7%を占めており，主に武漢市の後官湖，梁子湖の鄂州水域，大冶市保安湖と漢川市汈汊湖水域である。全体の26.7%の水質はⅣ類であり，13.3%はⅤ類，13.3%は劣Ⅴ類である。水質が機能区の基準に達している水域は約全体の約40.0%である[10]。

　湖の富栄養化も比較的深刻な状況である。総リン，総窒素は基準値を超えている。主な汚染源は都市部と農村部の生産と生活用水である。農村汚染源

は主に農村の栽培業や牧畜養殖業，生活による面源汚染，湖を利用した肥料投入，投薬養殖による直接汚染である。都市部の汚染源は主に都市生活ゴミの不当な処置，工業生産による汚染排出，観光開発による飲食汚染，遊覧船汚染などである。

第3に，生態環境の劣化と生物多様性の減少である。湖を囲んだ田圃造りや洪水防止のダム造り，湖の埋立て，都市建設，不動産開発などによって，大規模な湖の減少や面積縮小がもたらされている。「湖と湖が繋がり，川と湖が合流する」と言われるような生態環境が破壊され，湖の水調節能力，自己浄化能力，汚染吸収能力，生態回復能力などが大幅に弱められた。これによって，洪水や旱魃などが多発し，生物多様性の減少などの生態問題ももたらされた。例として，東湖の水生植物の分布面積は建国初期の23.78km^{2}から現在の0.8km^{2}に約96.6%減少した。また，底生動物は113種から26種まで，77.0%減少した。魚類も67種から38種まで，43.2%減少した。

第4に，湖管理の権限が分散され，保護メカニズムが欠如している。湖に対して必要とされる監測と管理は水利，環境保護，農業，林業などと多部門に跨る。関連部門では，それぞれの分野の上位法に基づき管理をし，監測を行っており，バラバラに水資源や水環境等の監測公報を発行している。その結果，監測データに整合性がなく，実情が不明瞭になってしまう。また，このような監測による管理と保護体制は，しばしば目標が定まっておらず，互いの利益争いを引き起こし，湖の保護には繋がらない。公衆にとっては，異なる部門による監測データの違いは政府への不信にも繋がるため，監測データを公開するにせよ，公開しないにせよ，社会に悪影響をもたらす。同時に，各データが十分に共有されないため，政府の資金投下や公共資源の投入に無駄が生じる。

湖北省の湖保護問題は，主に湖の開発利用と保護に関する統一された計画がなされていないことに由来する。各部門や各地方は各自の需要に基づき，目標を設定しているため，整合性に欠け，統一された価値観をもっておらず，結果的に互いに必要な協調性がなく，権限や利益衝突がもたらされている。外からみれば，各部門には各自の保護計画があり，管理を行っているが，実際には，目標の違いは必ず管理上の不調和をもたらす。絶えず発生するこれらの衝突につれて，次第に湖の生態環境機能が弱まり，最終的には滅

びる。従って，専門的な法規定を制定することによって，湖北省の湖に対する一元的な計画を進めることが，湖の開発利用と保護との関連性を整理し，規範的な，秩序のある湖保護の道へと導くためには急務である。

3　湖北省における湖保護立法の留意点

　湖北省の湖保護立法の需要を調査研究し，武漢市とその他の省や市の湖保護立法とを比較分析した結果，湖北省の湖保護立法は他の省や市のものと同様な課題に直面している。また，湖北省は湖の数多さ，性質の複雑さ，産業構造と生活方式の密接な関連性，管理方式の粗放さなどによって，他地域とは異なる事情も存在する。従って，効果的な湖北省湖保護条例を制定するには，下記のような要点と難点に留意すべきである。

(1) 基本となる概念と基準を定める

　第1に，湖の定義について，自然科学では，湖を「陸地の窪地に水がたまり，比較的広い水域」と定義する。既存の湖関連法規定に関する考察によれば，国際的な『ラムサール条約』[11]，国内の地方立法も含め，「湖泊」についての統一された概念はまだない。湖，砂浜，湿地といった関連概念の相互関係も明確に区別されていない。しかし，われわれの調査研究では，明らかにされたように，実際の湖管理における関連部門の管理権限には整合性がなく，衝突が起こりやすく，業務のミスマッチや越権などの現象もみられる。これらの現象は，いずれも湖の定義づけに直接関連する。従って，湖について適切に位置づけし，定義することは湖保護の立法には不可欠である。

　客観的に見れば，自然科学における湖の概念を直接法律に盛り込むことは不適切である。しかし，自然科学の概念を無視して，法学的な観点から直接に定義することは難しい[12]。理論が未だに完全に整備されていない状況では，主に列挙方式や限定方式を用いて，法規定に格納されるべき概念範囲を調整する立法技術をもって問題解決を図る。つまり，外延から法規定に格納されるべき湖の概念範囲を取り決めることである。今日の立法は主に2つの方法が採用されている。1つ目は，直接水域面積を確定し，一定の水域面積に達した湖を立法対象とする。例えば，南昌市湖泊保護条例がある。2つ目

は，湖の目録方式である。つまり，一定の水域面積あるいは容積に達した湖を目録に入れ，目録にある湖を立法対象とする。例えば，武漢市湖泊保護条例がある。

実際，水域面積確定方式であろうと，湖目録確定方式であろうと，自然科学に基づく湖の定義に関連する。つまり，「陸地の窪地に水がたまり，比較的広い水域」のなかの「比較的広い」について定量化を図ることである。それによって，法学的な観点から直接に定義する困難さを乗り越えることができ，比較的に容易に実行することができる[13]。客観的に言えば，このような定義の仕方は数が少なく，種類や機能が単一で，法律の効力範囲が大きくない湖に対する立法においては非常に有効である。しかし，この方法は，「千湖の省」といわれる湖北省のような，多数の湖を有する地方には適用しにくい。湖の数が多いほど，機能も多様化し，開発利用と保護との関係性も複雑になるためである。それに加え，湖の実情が明らかでない点や，情報の不確実性，湖区での生産活動やライフスタイルの多様性といった問題が存在する。したがって，水域面積確定方式と湖目録確定方式といった立法方式では，湖保護立法対象を簡単に取り決めることはできない。

上記を踏まえ，湖北省の独特の湖事情に対処し，湖保護の立法目標を達成させるには，より多元的な取り決め方を採用する必要があると思われる。まず，「湖北省の域内の湖に対する保護と開発，利用，管理活動に本条例を適用する」と概括的に規定し，湖保護に法的根拠を提供する。

次に，省人民政府の水行政主管部門と農（漁）業，林業などの関連部門と共同で湖保護目録を作成し，省級人民政府が確認し，公布することを明確に定める。目録制度を通じて，湖保護の立法の対象範囲を明確化させ，湖保護事業の展開に具体的で実施可能な定義を提供する。同時に，目録を省人民政府によって公布することは，関連部門間の目的の相違や基準の不統一，保護範囲の違いなどを避けることができる。

更に，実情に適した湖保護目録の編制に対する調整権を省級人民政府に付与することは，目録の適用性を保証することによって，湖保護事業が湖そのものの変化や経済社会の発展による湖に対する需要の変化に適応させることができる。また，湖目録の調整の厳格性を保証し，湖の保護違反や，目録の勝手な改竄防止にも資することができる。

第2に，湖の保護範囲の確定である。湖は閉鎖的な生態システムではなく，周りの環境要素との間に絶えずエネルギーが流動している。物質交換，情報伝達の過程のなかで生態バランスが保たれている。従って，湖を保護することは，水体のみを対象にしてはならない。保護区を区画することによって湖の保護範囲を定めるのは，一般的な立法方式である[14]。この方式では，湖保護の要求を考慮に入れた方式であり，具体性と実施可能性のメリットがある。しかし，このような「線引き」方式では，湖保護の目標達成が実現できるかどうかの疑問があり，上位法根拠も不十分である。

　上記で強調したように，湖は多様な機能をもち，湖の保護範囲はその機能とは直接関連する。飲用水源としての湖は，養殖水体として湖と同じ保護内容であってはならない。仮に区別せずに一括して「線引き」をした場合，過剰な線引きや不十分な線引きが起こる可能性があり，湖の保護立法の所定目標に反する。

　立法法の規定に基づき，地方性規定としての湖保護立法は，上位法と対立してはならないことが基本である。現在，湖の保護範囲においては，一連の上位法の既存規定が整備されているが，これらの規定は水体の機能に基づく保護範囲を確定するものである。例えば水汚染防治法の飲用水の水源保護区の保護範囲に関する規定や，自然保護区管理条例の自然保護区の保護範囲に関する規定などがある。これらの規定は飲用水源地の湖と自然保護区や風景名勝区の湖に適用可能である。地方立法による安易な「線引き」を行うと，上位法と対立し，立法法に反し，結果的に無効となる可能性がある。

　湖北省の湖保護の立法は立法法の規定を従い，湖保護は湖の機能の保護を主要な目標として十分に考慮し，規定を通じて湖の保護範囲に関する基本原則を確定することによって，湖の保護範囲を定めていくべきである。

　具体的には，まず，湖保護の需要性に基づき，保護範囲を保護区と抑制区に区分し，湖保護区を中心区域として明確に規定し，湖に害を及ぼす活動をすべて禁止あるいは制限する。湖抑制区は保護区域と人々の活動集中区域との間の緩衝区域であり，湖保護の要求に従い，人々の活動を効率よくコントロールし，生態への影響を減らすことが目的である。

　次に，湖保護区の区分基準を定める。湖北省の湖の自然の特性に基づき，湖の最高水位線に基づき，線引きを行い，湖堤防，湖沼水体，湖盆，中洲，

灘，中島などを含む保護区域を規定する。ここでは，湖北省の多くの湖は河川間陥没湖と丘側湖であり，湖盆が比較的浅いことから，一部地方立法と同様な最高洪水水位を基準に湖保護区の線引きをする方式を採用していない。もし最高洪水水位を基準にした場合，村や郷鎮全体まで保護区に入れられ，占用する土地面積が広すぎて，ほかの社会問題を引き起こしてしまう可能性があるため，慎重に対処しなければならない[15]。

更に，明確な湖抑制区の区画基準を明確に定める。湖抑制区は湖の保護区の外延に湖保護の必要性に基づいて区分する。原則上，保護区の外縁部から300m以上離れた水域でなければならない。湖抑制区の設置は広東省の立法の成功経験を参考にしている。「保護区の外縁部から300m」を最低抑制範囲として規定することは，武漢市の湖立法の区分基準を規定する積極的な試みであり，単一基準の柔軟性の欠如といった欠点を補うことができ，各地区や湖の実情に合わせて線引きを行うことを可能にした。同時に，各湖の保護により厳しい要求を求めることも可能である。

第3に，湖分類の基準について，自然状態の湖は，それぞれの形成の仕方が異なっている。また，社会生活に関係する湖は，開発利用方式や人文環境の成り行きが異なるため，湖の自然性と社会性を十分に考慮の上，立法することが求められる。湖の機能を正確に確認した上，それに適したいろいろな方式で湖の開発利用と保護とを協調させながら，行う必要がある。従って，立法段階における湖の適切な分類基準を確定し，類型化された保護を実施することは，実効性のある通用する方法であるとされている。

湖の分類基準は保護目標の達成にとって重要である。現在，湖北省では主に業務主管部門によって基準が定められている。このような分類基準の設定方式は一定の合理性があるものの，湖保護の目標とは適合しない可能性もある。そのため，新たな湖の保護立法の観点からの基準設定が必要である。

湖の機能をベースラインに湖を分類し，湖の機能の類型にそった保護目標を定め，保護目標を考え，レベル別に管理を行うための原則を確定する。具体的には，①湖保護区に区分された湖に対して，機能別に分類する，あるいは機能別に保護目録を公布する。それによって，機能類型別に湖の保護目標を明らかにすることができる。②湖の機能保護目標に基づき機能類型別に，各行政管理部門の法的権限に合わせ，湖北省の湖を省直轄の湖，地級市管理

の湖，県級管理の湖，そして行政区域を跨がる湖に分ける。湖管理体制を構築する基盤を整備し，関連部門間の協力体制の構築に資する。

(2) 湖保護管理体制の構築

現在，理論上と経験上，政府は公共利益の代表として保護管理権を行使すべきである。しかし，湖保護は，多くの政府部門が湖の管理に関わっており，相互に利害関係が存在し，しばしば権力争いが発生している。立法はこれらの権限配分の問題を効果的に解決できなければ，当初の目的が達成できず，「コモンズの悲劇」を引き起こす可能性もある。そのため，立法を通して適切な湖保護管理体制を構築し，権限配分といった課題[16]を解決しなければない。

現在，多くの政府部門が湖の管理権限をもっている。既存の多くの法律は，関連部門の湖に対する管理権限について規定している。例えば，水利部門は水法に基づき，湖の水資源の管理責任について規定している。環境保護部門は水汚染防治法に基づき，湖の汚染防止や汚染整備に対して責任をもつ。農業（漁業）部門は漁業法に基づき，湖の水産養殖に対して責任をもつ。林業部門は森林法に基づき湿地保護に責任をもつ。そして，交通部門は河道管理条例に基づき，湖の通航や輸送に責任をもつ。ほかにも，発展改革委員会や国土資源部，衛生部門，建設部門，食品薬品監督部門などの部門も異なる角度から湖に一定の管理権限をもつ。

湖の機能は多様化しているため，1つの部門によって湖の全ての機能を管理することは不可能である。理論上，上述したような「九龍治水」はそれほどおかしなことではない。しかし，「九龍治水」が「九龍争水」になったら，必ず問題が発生するであろう。「九龍治水」は問題ではなく，「九龍共治水」をいかに実現するかが課題である[17]。関連の部門による利益を追求する権力争いをなくすための重要な点は，湖の保護概念を変えることにある。「管理」から「ガバナンス」に転換し，コマンド・アンド・コントロール方式から重層的ガバナンス方式に切り替えるべきである[18]。これを実現するには，斬新な理念で湖の保護立法の管理体制を築き上げるしかない。

新理念を基にした湖の保護立法の管理体制は，少なくとも以下の内容が含まれるべきであると考える。

まず，湖保護の行政主管部門を確定することである。水法の規定によれば，水行政主管部門は水資源の総合管理部門であり，湖は水資源の一部として，その管理体制は水法の規定に適したものでなければならない。水行政主管部門を湖保護の主管部門とすることは，各地方の湖の立法の共通認識でもあり，湖保護の客観的な条件にも適する。湖保護のコアは水であり，水量問題と水質問題が含まれる。水量とは水質の基本的な保障である。湖の容量が確保されてこそ，湖の自己清浄能力が発揮できる。水量と水質が保障されてこそ，漁業養殖に良い場所の提供ができ，水上輸送に良い条件を与えることができ，湿地の生態システムに水域保証ができる。この意味で，水行政部門による湖管理は，ほかの部門による専門的な管理の前提である。

　次に，湖の種類と機能別保護目標に従い，類型別の重点湖に対する専門的な保護体制を確立し，「1つの湖には1つの法律」に基づき，関連主管部門に特定管理権限を与え，総合的な管理を行わせる。例えば，環境保護部門には飲用水源の重要保護区，林業部門には湿地の重要保護区，農業（漁業）部門には養殖水体の重要保護区の特定管理権限を与える。同時に，特定管理権限を授与した部門と一般の管理部門との間における，湖保護の権限，職責，そして関連部門間の共同の基本プロセスを確定する。

　更に，水汚染防治法や漁業法，土地管理法，森林法，河道管理条例などの法律，法規の規定に基づき，環境保護，建設（計画），農（漁）業，国土資源，林業，交通運輸，観光などの部門における湖の保護に関連する管理権限について詳しく規定する。管理体制下における分業の原則や権限範囲，協調性原則，法執行の協同基本プロセスを明確にする。

(3) 主な法律メカニズムの構築

　湖の保護立法の目的，基本原理，管理体制の構築のどれも制度化によって実現しなければならない。同時に，これらの制度も立法目標，基本原理と管理体制に基づく具体化された措置や方法，ルート，手順であり，関連する主体間の権利（権力），義務（職責）関係を確定することによって形成された一連の法律メカニズムである。具体的には下記のとおりである。

①湖の等級別管理メカニズム

　湖の分類は江蘇省の湖立法の成功経験に基づいたものである。分類を基に

等級別に管理することは，分類の目的の1つである。等級別に管理メカニズムを構築することによって，異なる湖を異なる方式で管理することができ，重点湖に対して「1つの湖に1つの法」を実行することを可能にした。また，非重点湖についても管理対象から免れることができなくなった。

湖北省の湖保護立法では，湖の分類に基づき，省直轄の湖，地級市管理の湖，県級管理の湖，そして行政区域を跨がる湖に区分して管理を実行することも可能である。重点湖に対して「1つの湖に1つの法」に基づき，特定管理権限を導入することもできる。湖の等級別管理メカニズムを通じて，湖の経済機能や社会機能，生態機能などを総合的に考慮し，より科学的に管理することができる。同時に，湖の分類と現行の管理体制とを効果的に結合させることを促進する。

②特定湖保護メカニズム

特定保護が必要な湖に対して「1つの湖に1つの法」を適用させることは，国内外の湖保護立法の成功経験である。「1つの湖に1つの法」は，重大な生態保護意義のある湖に対しては独立した立法方式をとり，法律をオーダーメイドし，専門機関を設置し，特定制度を構築し，法の執行権限を集中委託することなど，特定の保護目標の実現を保証する。例えば，アメリカの五大湖流域管理や中国の撫仙湖，滇池，太湖，洱海については[19]，この種の立法方式が採用されている。

湖北省の湖の保護立法では，重層的ガバナンス方式の管理体制をベースに，特定立法原則や条件を確立し，省内の異なる湖事情に応じて，湖保護専門機関の設立と執行権限の付与根拠を明確にし，権限の集中行使の基本規則を明らかにすることによって，今後の重点湖保護の立法のための根拠を確立する。

③湖の管理権限の調整メカニズム

湖の多機能性は，管理部門の多元性をもたらす。しかし，多部門管理による弊害を効果的に克服することは，湖立法の重点であり，難点でもある。長期的で有効な調整メカニズムの構築は，部門間の権力争いや利益衝突を解決し，これらの難題を解決できる。アメリカの五大湖流域整備の経験から，長期的で有効な調整メカニズムは，同レベルの部門間の提携交流や，上級部門との間の提携などを含め多種多様な方法で行う必要がある。

湖北省の湖保護立法では，湖管理権限調整メカニズムを構築する必要がある。まず，同レベルの部門間や地方政府間の調整メカニズムを構築する。これには，各種の提携や交流制度，情報・資源の共用制度，協同執行制度，責任共同負担制度などが含まれる。次に，上級部門との間の政策決定メカニズムを構築する。中国では，特定機関の設置はほかの複雑な問題に巻き込まれる可能性があり，実際の運用効果も保証されがたいことを考慮した結果，直接に各級の人民政府に調整権限と責任を付与することを規定し，それに関わる具体的な調整方式と政策決定プロセスを明確にしたほうが適切である。具体的には，聯席会議制度や例会制度，首長会談制度など多様な形式が含まれ，利益衝突が発生した場合の調整手順や法の共同執行プロセス，重大保護措置の選択プロセス等が含まれる。

④政府の法律責任の追究メカニズム

　中国の環境保護法の規定によれば，地方人民政府は所轄区域の環境質に対して責任を負う[20]。つまり，地方政府は湖保護を含めた環境質の法定責任主体である。これは，湖保護立法は地方人民政府が協調権限を担うと規定した理由であり，政府が湖保護に責任をもつ法律根拠でもある。

　現在，湖保護が不十分である1つの重要な原因は，「政府責任」が「部門責任」に縮小されたことである。また，責任追及メカニズムの欠如によって，行政への責任追及も脱落している。湖保護立法を通して，関連規定を改善し，本当の意味での法律責任の追及メカニズムを構築しなければならない。つまり，政府の行政首長が管轄区域内の湖の保護に対して総責任を担うことを明確にし，関連部門の責任者が湖保護に対して特定責任を負うことを規定し，政府と責任部門が執行責任を果たさなかった場合の法定責任を明確にし，行政問責と法律追究の二重の責任制を実施する。政府に湖保護に対して具体的な責任を負わせ，権限付与の根拠と違法した場合の処分，責任追及のプロセスを明らかにすることは，問責制と法律責任追及の徹底化につながる。

(4) 湖北省の特殊な制度配置

　湖北省は「千湖の省」と言われている。省の湖保護には，他省と異なる「省の事情」と「湖の事情」がある。現地の調査研究を通して，湖が多いこ

とから，湖と直接関連性のあるいくつかの生産方式と生活方式が存在することが分かった。まずは，湖南省は農業生産が「多水型」である。稲の生産大省であり，水産養殖大省である。それ以外にも，湖と密接な関連性をもつ生活方式，水上旅行，臨水建築，水体汚染浄化などがある。これらの独特な生活方式は，湖保護にも特定の課題をもたらしている。例えば，都市および周辺地域の水上旅行業の発展がもたらした水汚染，水上輸送がもたらした船舶汚染，沿岸農村の生産・生活方式による面源汚染などがある。これらの問題に対して，他省の湖立法では，特段に取り決める必要性はないが，湖北省では，そうした対策規定が欠かせない。

①湖畔レストランの営業規制

　水景観を利用した湖畔飲食業の推進は湖北省でよく見られている。しかし，この現象は都市や都市周辺だけではなく，農村地域まで蔓延している。関連する管理規定が整備されていないため，各種の飲食排水は湖に直接排出されており，湖汚染が日々深刻化している。武漢市の湖の保護立法では，これらの問題点に注目し，無秩序な飲食業推進による湖汚染の現状に対して，湖畔レストランの営業規制を設けた。湖北省の湖保護条例においても，この経験を参考にし，湖抑制区域内と湖沿岸の飲食経営許可証制度や湖畔レストランの汚染物質排出許可証制度を導入し，経営者による湖への有害飲食排水，固形廃棄物の排出を禁止する。また，湖へ無害排水を排出する場合も排出汚染許可証を取得する必要があることを規定し，湖畔レストラン経営者の環境保護の義務と責任を定める。

②船舶汚染の防止対策

　輸送船舶，旅行船舶による汚水や廃油，ゴミ，糞便などの汚染物も全て湖の主要な汚染源であり，船舶汚染を有効に抑制することは，湖保護立法の重要な課題である。船舶汚染の特徴を考慮し，湖の保護立法は船舶汚染の防止対策を構築すべきである。つまり，船舶汚染の防止対策の主体を規定し，船由来の汚染物質を収集・処理する義務と責任をもたせる。国内水上輸送船舶基準によれば，湖で輸送する船舶は，合法で有効な水域環境汚染防止の証明書や文書を所持しなければならない。また，湖水体に対する船舶汚染の管理主体を明確にし，法執行の手順や責任追及手順も明らかにする必要がある。

③農村における面源汚染の防止対策

湖北省は農業大省として，面源汚染が比較的深刻化している。汚染源は主に農業生産方式に由来する。つまり，化学肥料や農薬を大量に使用する生産方式や肥料，農薬の投入を主とする水産養殖方式は，湖の富栄養化と有害化をもたらした。また，農村部では，汚水の収集施設やゴミ集中処理施設が整備されていない臨水建築物が多く，生活汚水やゴミが直接に湖に排出されている。更に，都市部の工業廃棄物や生活ゴミが大量に農村部に移転されたことも湖に大きなダメージを与えている。湖の保護条例を制定し，これらの問題に対応し，各種の面源汚染に対する規制や禁止し，面源汚染を抑制できるような制度を構築すべきである。また，生態農業や生態養殖，クリーンな小流域の構築を促進させるような奨励措置を導入し，農業面源汚染をより効果的に抑制する必要がある。

（何彦旻［監訳］，王天荷［訳］）

注：
1　訳者注。湖北省の武漢一帯に散在する湖群の総称である。
2　本章で特別な説明がない限り，使用したデータは本研究グループの調査研究および省の水利庁，環境保護庁，農業庁，林業庁など関連の部門の提供によるものである。
3　湖とは陸地表面の窪地に水がたまり，形成された広い水域である。典型的な湖は，湖沼水体，湖盆，中洲，灘，中島などからなる。
4　湖北の湖の現状（www.bbs.cnhan.com，最終参照日：2012年2月26日）。
5　河北省水利庁：我が省では昨年「五つの最も」数値が防水効果を表している（www.hubeiwater. gov.cn，最終参照日2012年2月26日）。
6　『湖北生産年鑑』（www.hbfm.gov.cn，最終参照日：2012年2月26日）。
7　水資源が人類の生存と発展に不可欠であり，複雑な自然性質がもっているため，水事法は，最も古い法律分野の１つである。まず，水は生命の源，経済の源，文化の源，社会の源である。水は「あらゆる資源の資源である」という説もあり，人類の生存と発展に不可欠な存在である。また，水は流動性，循環性，有限性をもち，通常は一定の形態で集まり，海や河，湖，氷などさまざまな形態で水系となる。それぞれの水系は単なる水の集結ではなく，自然要素と密接な関係にある生態系統である。これらの生態系には違いが大きく，人類の海，河，湖を利用する形式も完全に同一なものはない。立法上，一種の方式に統一して定めることは難しく，「１つの川に１つの法律」ということわざはまさに水事立法経験をあらわしている。
8　張毅ほか（2010）「近百年湖北湖泊演変特徴研究」『湿地科学』，2010年第１期。
9　湖北省水利庁水資源処（2009）『湖北省水資源質量通報（2009年第６期総第42期）』，(219.140.162.169:8888/szyc/more_szy.asp?st，最終参照日：2012年2月26日）。
10　『湖北省環境質量状況（2010）』（http://cn.chinagate.cn/infocus/2011-06/15/content_22787909_9.htm，最終参照日：2010年12月9日）。

11 『ラムサール条約』とは，『特に水鳥の生息地として国際的に重要な湿地に関する条約』の略称である。1971年2月2日，イランのラムサールで締結された。『ラムサール湿地条約 (Ramsar Convention on Wetlands)』とも呼ばれる。この条約は1975年12月21日に正式に発効し，2010年9月までに160ヶ国の締約国がある。中国は1992年に加盟した。『ラムサール条約』によれば，湿地には沼沢地，泥炭地，湿原，湖，河川，蓄洪区，河口三角洲，灘，ダム，池，水田と低潮時の水深6mを超えない海域などが含まれる。

12 この現象は，湖の保護立法だけに起こりうることではなく，自然科学上の概念について如何に法学的に定めるかは環境資源立法上の共通する課題である。自然科学上の概念は自然現象から定義するものであり，法学は人間と自然現象との間の関係を考慮し，人々の行動と活動を規範することを主とする。それぞれの学問は異なる目標を抱える。自然科学上の概念は法学的な観点からの定義づけに科学的な土台を提供しており，立法者の責任はその両者の考え方を統合することであることは否めないが，残念なことに，未だに最適な統合プロセスが導かれておらず，環境法における多くの定義はしばしば疑問視される。

13 例えば『江蘇省湖泊保護条例』の規定では，江蘇省の湖保護目録に記載される湖の開発，利用，保護と管理は，本条例に従う。省人民政府は面積が0.5km²以上の湖，市内の湖，都市部の飲用水水源とする湖はすべて湖保護目録に記載され，条例の執行前に確定し，公布すると定められている。

14 例えば『武漢市湖泊保護条例』は「三本のライン」の線引を規定することによって，湖保護の範囲を定めている。湖の水域ラインは湖最高制御水位として，湖緑化用地ラインは湖の水域ラインをベースラインとして，そこから30m以上離れた水域でなければならない。湖外延抑制範囲は湖緑化用地線をベースラインとして，岸辺に向けて300m以上離れた水域でなければならないと規定している。

15 例えば，江漢平原では，多くの地域においては湖と川がもともと繋がっており，人為的な原因により，切断され，湖と川の間に多くの村，郷鎮ができあがっている。洪水の最高水位を基準に保護区を区分する場合，これらの村と郷鎮の立退きをしなければならない。そうすると，このような規定は最初から執行する可能性がなくなってしまう。全体が退くことを実施すれば，問題は更に複雑化する。これらの問題は湖保護条例1つで解決できる問題ではない。湖保護立法の理念から考えると，湖を保護し，人と水の争いを解決するには，場合によっては，地域全体の立退きも考えられる。しかし，このような問題について，熟慮した解決策がまだ見つからなければ，安易に規定をしてはならない。湖北省の立法機関や行政機関がこの問題について，実施可能性と生態便益，社会便益を十分に調査し，全面的に評価を行うことに期待したい。

16 我々の現地調査と研究を通して，湖の管理体制は各方面から高い注目を受ける問題であることがわかる。調査研究の約80%の時間は，各部門の権限や相互関係の議論に費やされたことも過言ではない。実際，湖北省の湖保護立法は16年を経てようやく人民代表大会委員会にて正式な審議に入った。湖管理体制に対して共通認識がなかなか得られていなかったことが一因であるとも言える。

17 呂忠梅ほか（2011）『流域総合控制：水汚染防治的法律機制重構』法律出版社，11頁。

18 伝統的な水資源の管理体制は，権力集中とコマンド・アンド・コントロール方式が主な特徴である。これは，行政権力の行使を中心に構築されたものである。また，管理機関の権力と行政処罰など強制的な行政措置が特に重要な位置づけとされている。このような管理方式では，主体の多元化と社会公衆の参加が重要視されておらず，水資源管理の需要にも応えることができないため，各国の水資源管理体制の改革の中心課題となっている。およそ20年近く

の模索により，各国の水法律は徐々に「政府──企業──公衆」からなる重層的なガバナンス方式へ転換し，「対策」が「ガバナンス」に変化した。複合的なガバナンスの需要に応えるためには，執行も単一主体から多主体の連携執行へと変わり，「重層的なガバナンス」方式が「コマンド・アンド・コントロール」方式を取って代わった（呂忠梅他（2011）『流域総合控制：水汚染防治的法律機制重構』法律出版社，16頁）。

19 呂ほか（2011）18頁。
20 『中華人民共和環境保護法』16条によれば，地方各級人民政府は所轄区域の環境質に責任を担うべきである。また，環境質の改善措置を実行すべきであると規定する。

第7章

梁子湖の生態環境保護と修復対策に関する考察

柯秋林・張燎・曾擁軍

1　はじめに

梁子湖は，長江の中流，下流にある典型的な淡水生態システムであり，内陸湖の重要な一部である。梁子湖は，飲用水源や水産養殖，湿地保護，エコツーリズム，交通運輸，水量調整，灌漑用水といった多様な生態機能をもつ。梁子湖は，武漢市の戦略的な予備用水として水源保護区のみならず，省級の湿地自然保護区でもあり，武昌魚が生息する国家級水産遺伝資源保護区でもある。区域内の物質循環と陸上汚染分解，地域経済社会の持続的な，健康的な，安定した成長に重要な役割を果たしている。したがって，梁子湖の生態環境の保護回復は長期的に重大な意義をもつ。

2　梁子湖の保護強化の意義

梁子湖は，東経114°31'19"-114°42'52"，北緯30°04'55"-30°20'26" の間にあり，長さは44.3km，最大幅は9.9km，面積は280km²，平均水深は2.5mに及び，武漢市の江夏区，鄂州市の梁子湖区，黄石市，大冶市に跨がる湖北省で2番目に大きい淡水湖である。流域内人口は約60万人，その内城鎮の常住人口は9万人である。梁子湖は，2001年11月に湖北省人民政府により省級湿地自然保護区に承認され，2007年12月に農業部に武昌魚国家級水産遺伝資源保護区に認定された。2010年4月には，梁子湖は，内モンゴル自治区の烏梁素海，雲南省の撫仙湖と合わせて「新三湖」として中国の重点湖ダ

ム生態安全調査および評価の特定プロジェクト（第Ⅲ期プロジェクト）として全国のモデル湖となった。2011年9月，梁子湖は第1期湖生態保護試験場として環境保護部に選ばれた。梁子湖は独特な形態と，完全に揃った生態システム，そして豊富な生物種をもっているため，「化石型の湖」や「生物種の遺伝子バンク」「鳥類の楽園」とも譬えられている。梁子湖は，世界でも貴重な水生生物の宝庫の1つであり，生物多様性と生態バランスの維持の面で重要な役割を果たしている。主に以下の3つの役割があげられる。

　第1に，洪水調整，生態安全の確保である。梁子湖の集水面積は2085km^{2}であり，30以上の流入河川がある。そのうちの主な流入河川は，高橋河，金牛港，朝英港，徐家港，張橋港，山坡港，寧港である。流出は長港を経由して長江に流れる。梁子湖の長年の平均の水位は18.25m，湖水滞留時間は0.53年，貯水量は6.5×108m^{3}である。湖北省1位の容水量をもつ。そのため，長江の中流・下流の洪水防止システムの重要な一部である。1998年長江流域で甚大な洪水災害が発生した際，梁子湖の貯水量は21.36mで，史上最高の洪水水位に達し，武漢，鄂州，黄石沿岸住民の生命と財産の安全を確保した。2010年冬から2011年夏の間，長江流域では珍しく3季連続の乾期が訪れた際，鄱陽湖と洪湖は相次いで涸渇したが，梁子湖は16.93mの最低水位を保ちつつ，沿湖住民に日常生産用水と生活用水を安定的に供給することができた。

　第2に，汚染分解と生態環境の浄化である。梁子湖の総面積は280km^{2}であり，水草の被覆率は77％に達する。湖には大量の菰，菖蒲，苦草，クロモなどの水生植物，ツブやハマグリなどの底生動物，ハクレン，コクレンといった濾過摂食型魚は天然の「浄化剤」である。これらの水生植物，底生動物，濾過摂食型魚は集合作用，堆積作用，脱窒素作用，脱リン作用，水中栄養物質と有毒汚染物を吸収，固定，転換と分解する作用をもち，水質の浄化や改善，富栄養化抑制ができ，梁子湖の生態環境を保証する役割を果たしている。2010年，梁子湖の約35％はⅠ類水質，約60％はⅡ類水質であり，Ⅲ類水質は5％未満である。近年，梁子湖では水中のパンダと呼ばれる「桃花クラゲ」が大量に連続的に現れたことは，湖の水質を良好な状態で保持されていることを証明している。

　第3に，種が豊富で，生物多様性が高い。梁子湖は比較的高い生物多様

性，遺伝多様性，そして種の希少性を有し，中国の水生生物種が最も豊富にある湖の１つである。現在，梁子湖の水生植物は282種もあり，イギリス（約200種）や日本（約198種），オーストラリア（約195種）などの国々の水生植物の種類を超える。現在，脊椎動物は280種余りで，そのうち，魚類は70種余り，鳥類は166種，哺乳類は21種，両生類は８種，爬虫類は15種，浮遊動物は89種，底生動物は49種ある。そのうち，多くは国の絶滅危惧種や特定水生野生動植物である。梁子湖には中国の国家重点保護植物のうちの４種が生息している。そのうち，１級保護植物は１種（ジュンサイ），２級保護植物は３種（ミズワラビ，ヒシとハス）である。梁子湖はアジアの希少水生植物である藍睡蓮の唯一の生存地でもある。中国の新産種で，国際特定新産種である楊子狐尾藻の発見地である。ほかにも，白睡蓮，ミズオオバコ（中国名：水車前），オグラノフサモ（中国名：奥古狐尾藻），フサモ（中国名：互叶狐尾藻），キカシグサ（中国名：輪叶節節菜）といった希少水生生物が生息している。同時に，梁子湖は鳥類や爬虫類の天国であり，多くの国家１級，２級保護動物が生息している。

3　梁子湖をめぐる現行の課題

　近年，梁子湖流域の人口増加や都市化の進展の急速化に加え，周辺地区の工業，養殖業，旅行業などの急速な発展により，湖の水質の安全性問題や生態環境問題が日々深刻化し，環境負担がますます大きくなった。湖は貧栄養化から富栄養化へと変わり，生態環境の安全と人々の健康に脅威をもたらしている。沿岸周辺地区の経済社会の発展に阻害をもたらし，経済の持続発展と社会の調和安定に負の影響を及ぼしている。具体的に，梁子湖をめぐる現行の主な課題は以下のとおりである。

①湖の面積縮小

　梁子湖はもともと長江につながるオープン水域であり，水位の高い時は保安湖と鴨児湖とつながる。中国建国直後に梁子湖の面積は409km^{2}であったが，1950年代初期から1970年代までの間，鄂州市と江夏区境内の約100ヶ所に湖の一部を囲んでダムが建設され，開墾面積は129km^{2}にも達した。その結果，2008年に梁子湖の水域面積は建国初期の２/３に縮小した。

②生態システムの部分破壊

　湖を囲んで耕地にしたり，堤防で湖を囲んだり，ダム建設で湖を切断したりすることなどの人為的な行為は，湖を堰き止め，湖と長江とのつながりを切断した。これによって水体間，そして水体と湖周辺陸地にある物質や種の間の流通を塞いでしまう。このような水資源の分断は湖の生態システムの破壊や生体機能の脆弱化をもたらしている。

③植物種の進化の逆行

　梁子湖にある植物の多様性は基本的に安定しているが，湖エリアの優勢品種である菰やクロモなどの水生植物の品種は減少傾向にある。浮遊植物の品種は貧栄養型の珪藻や渦鞭毛藻から，富栄養型の緑藻や藍藻へと変化している。外来種のホテイアオイやマロンチャは既に湖に侵入しており，ホテンアオイは一部の水域で蔓延しており，優勢品種群の生存の空間を占拠しつつある。

④生物多様性の減少

　湖と長江との切断等の人為的活動によって，梁子湖の魚類は1950年代の94品種から1970年代の75品種に減り，1980年代の52品種へと減少していたが，現在，魚類資源はある程度回復している。生態環境の悪化により，国家2級保護魚類の胭脂魚は既に絶滅し，ヤガラや光唇蛇鮈（コイ科），レイオカッシス・ロンギロストリスなど省級の重点保護魚類は既に消えた。白鳥やコウノトリ，ナベコウ，アオサギ，雁，コサギといった国家重点保護動物の数も激減している。

⑤環境汚染

　2007年だけで，梁子湖に排出されたCODは9943t，総窒素量2101t，総リン量196tに達する。湖に排出されたCODのうち，農村面源汚染は33%であり，工業点源汚染は27%，城鎮生活汚染は21%を占める。環境汚染は依然として深刻であることは明らかである。同時に，梁子湖（島）の観光業の規模の拡大に伴い，観光による汚染も年々増加傾向にある。梁子湖への環境負荷が一層高くなる。

⑥公衆の保護意識の低さ

　現在，梁子湖（島）の生態観光区域は既に霊秀湖北部十大観光名所，国家2A級観光景観区に選ばれた。しかし，一部生態保護意識が低い公衆や観光

客が野生ヒシ，野生ハス，菰，オニバスなどの水生植物を違法採取，捕獲する事態が一定範囲内に存在しており，植物の正常な繁殖に影響を及ぼしている。次第に湖全体の生態環境にも一定の損害をもたらしている。

⑦不十分な法整備

梁子湖は省直接管轄の越境湖である。しかし，現在，湖北省湖泊保護条例はまだ意見募集段階にあり，発表するまでには時間がかかる。また，梁子湖を対象に制定された湖北省梁子湖生態環境保護条例に関しては，未だに省政府の議題にのぼっていない。湖を囲んだ田圃造りや汚水の直接排出，湖への砂滓の投棄，無許可の工事といった湖の自然生態を破壊する行為に対して処罰する根拠法は，関連法律では明白に定められていない状況である。その結果，法執行が難航し，違法行為は後を立たない。

4　梁子湖の保護措置と対策の強化

梁子湖の生態環境保護は，科学的発展観の指導思想のもとに，「保護第一，適切利用」の基本原則を厳守し，生態修復と自然回復を両立させる措置をとり，梁子湖の資源保護を強化し，湖への汚水の直接排出や砂浜の違法占拠，動植物の違法採取・捕獲といった人為的な生態環境破壊問題を重点に対策をとりながら，未然防止対策として水面や砂浜に対して最も厳しい生態保護措置を実行する。具体的な措置と対策は下記のとおりである。

第1に，湖保護の啓発を強化する。長い間，湖の生態機能や便益に対する全面的な認識が欠けているため，しばしば間違った政策がとられ，短期的な利益重視の経済活動が行われていた。今後は，各関連のメディアは梁子湖の観光資源に対して，過大な誇張的な報道や観光開発促進につながる宣伝を避け，湖を保護する危機意識，責任意識をもって人々を正しい生態保護方向に向かわせるための宣伝や報道を行うべきである。梁子湖の「水生野生動物保護の科学知識普及月」活動をベースに，公益コマーシャルや宣伝スローガン，宣伝ポスター，宣伝資料，携帯ショートメッセージの公募活動といった形式を通して，湖の保護意識と危機意識に関する宣伝教育を強化すべきである。それを通して，公衆に対する湖保護教育を強化し，社会全体の保護意識を高め，「湖を愛し，湖に優しく，湖を保護する」社会づくりに力を入れる

べきである。

　第2に，湖汚染対策の強化である。つまり，湖の汚染対策を強化し，水質環境を保全することである。具体的な対策としては，①工業汚染の防止と整備を強化し，梁子湖流域のさまざまな機能区域における環境規制を厳しく執行し，全ての汚染排出企業に対して法律に準じて汚染排出許可証を交付し，規定の排出基準に達成していない企業に対しては閉鎖，操業停止，合併，転移を実施する。新規建設プロジェクトに対する環境アセスメントを厳格化し，流域内の経済発展と城鎮開発，資源開発，旅行業，水上輸送業などあらゆる建設プロジェクトに対して環境影響評価を行わなければならない。②都市部の生活ゴミと汚水処理施設の建設を加速させる。梁子湖流域内で新設，または建設中のすべての汚水処理施設について，排水がⅠ級排出基準に達するよう脱窒・脱リン設備を取り付けなければならない。都市排水許可制度を厳格に執行し，下水道パイプに排出される汚水に対する水質モニタリングおよび管理を強化する。都市ゴミの最終処分場における滲出水処理も排出基準に達するように，管理対策を強化しなければならない。③農村部の生活汚染と面源汚染を厳しくコントロールする。梁子湖流域内の各級人民政府は地域に適した方法で農業汚水，ゴミ汚染処理対策を展開すべきである。家畜・家禽飼育エリアを科学的に計画し，エコ養殖場や養殖エリアの建設を促し，メタンガスや家畜・家禽糞便の無害化・循環総合利用方式の普及を通して，農村部の汚染排出基準を達成させる。現在において，排出基準をまだ達成できていない規模のある家畜・家禽養殖場については，早急に汚染整備と改造を進めなければならない。農業のクリーン生産を大いに発展させ，農業企業のクリーン生産の審査を強化する。農民に対して土質に合わせて肥料づくりと使用を促し，病虫雑草害の総合的な防止対策やバイオ防止対策，薬物の適切な利用などの技術を導入する。灌漑と排出を分離させる方法で農地の窒素やリンの流失を防ぐ。生物農薬や高効率・低毒素・低残留農薬の使用を広め，農業企業の省エネと排出削減を促進する。最高水位の外側から半径300m範囲内においては，野菜や花卉など単面積あたりの化学肥料使用量の多い農業生産や，高毒と高残留農薬の使用を禁止する。④水上船舶の燃油汚染の防止・整備を強化する。観光業や漁業による船舶汚染を抑制する。湖周辺の観光業に対して科学的に基準を設定し，環境容量を超えた開発を防止する。湖

周辺の観光リゾートや観光用ホテルなどは汚水処理設備を設置し，排出基準を守らなければならない。

　第3に，長期的な有効な保護メカニズムの構築である。まずは，関連法規定の制定と改善を行う必要がある。省人民政府に立法という形を通して，『湖北省湖泊保護条例』と『湖北省梁子湖生態環境保護条例』の制定，公布，執行を提案し，法律に依拠した湖の整備と振興，管理を促進する。また，レベル別に責任を分担させ，審査メカニズムを構築し，厳格な問責制度を実行する。沿岸部の地方人民政府は梁子湖の生態環境保護の責任主体であるため，環境保護をより重点的に位置づけし，リーダーシップを発揮して，年度別に汚染物質の排出削減計画を制定し，目標と進捗情況を明確にし，徹底させる。省関連部門は職責を徹底的に履行し，指導と協調を強化し，協力を進める。3つ目は，環境監視測定の予報・警報システムの健全化を図る。水質モニタリングの能力を強化し，ネットワークを改善し，範囲を拡大させると同時に，観測の断面と頻度を増やす。水の質と情況，水汚染事故のリスクを真剣に分析し，水環境保護の予報と警報，応急措置に備えた予備案を制定する。段階的に管理システムの健全化，汚染源・水環境品質・応急体制を含める総合的な情報管理プラットフォームを構築する。4つ目は，環境法律の執行の厳格化である。環境違法行為に対する取り締まりを厳しくし，悪意のある排出汚染行為に対しては厳しく処罰する。排出許認可，期限付き処理，建設プロジェクトの環境アセスメントの実行を厳格にし，汚染の排出源からコントロールし，新しい汚染源の発生を防止する。無許可の建設，未検収の建設プロジェクトに対しては生産停止や建設停止の命令を下す。対策能力のない企業や古い生産設備に対しては，閉鎖と淘汰を命じる。環境保護法関連規定に反する地方の規定に関しては，即時廃止を要求する。違法排出の企業責任者や背任または業務怠慢の官僚を処罰し，場合によっては刑事責任を追及する。5つ目は，科学技術の革新を強化する。梁子湖における窒素やリンの排出汚染抑制や水体の自然回復，生態養殖，沼沢化の防止，漲落地帯の保護，面源汚染の抑制，汚水排出基準，生態保証メカニズムなどに関する技術の研究開発を促進し，技術面からサポートを強化する。6つ目は，域内の環境保護の協同作業と交流を強化する。環境の質や法律の執行，汚染の緊急処理，汚染整備に関する情報などを定期的に報告する環境情報の交流メカ

ニズムを構築することによって，互いに補完しあいながら，梁子湖周辺の産業の再編と転換を促進する。

　第4に，生態補償メカニズムの構築である。梁子湖をめぐる生態補償メカニズムは次の3つの形式が考えられる。①区単位での生態補償である。梁子湖の「保護第一」の原則は，部分的な貧困をもたらす可能性や社会と政治への影響が懸念される。そのため，一般的な財政移転交付を通じて，湖保護による地方政府の税収損失を補填することや，区域内における農業生産活動の制限によって受けた直接的な経済損失あるいは生態保護への投資コストに基づき，農民に適切な経済補償を与えることなどが考えられる。②流域内の生態補償である。水資源の使用権を定め，水権取引制度を策定し，上下流の間に水権の譲渡メカニズムを構築することによって，下流地域は一定の基準や市場価格を参考に，上流地域に対して水資源使用費を支払う。流域内に設置できない汚染プロジェクトは，流域外の発展地域で別途に流域発展のための工業開発区を設立し，域内からの産業移転を吸収し，外国企業投資を新たに誘致することで，流域全体の経済発展と産業促進を促す。③生態建設の補償である。武漢，鄂州といった地域の産業や科学技術，人材，市場，資金，情報など総合的な優位性を発揮し，梁子湖流域の産業や天然資源，労働力等の要素と合わせ，優位補完を実現させる。インフラ建設を通じて，生態移民の実施に役立ち，流域の環境負荷を軽減させる。

　最後に，投資を増やすことである。現在，梁子湖の生態保護と生態建設の必要経費は著しく不足しており，すでに梁子湖の生態環境保護の実施の制約要因になっている。投入資金を増し，梁子湖の生態保護の資金面のボトルネックを解消するためには，次の対策が必要である。1つ目は，省政府のリーダーシップを発揮し，梁子湖の保護を国民経済および社会発展の計画と生態環境建設の計画に盛り込み，保護資金を省級の財政予算に組み込む。これによって梁子湖の生態保護の関連プロジェクトの実施を財政面から保証することができる。2つ目は，湖のモニタリングへの資金投入を増やす。モニタリングスポットや法執行の設備，事務業務の自動化，チームの強化などの資金投入によって，モニタリング能力を強化する。3つ目は，技術開発資金の投入を増やす。湖の生態システムの保護と管理に有力な科学技術支援を提供するには，関連の科学研究院・研究所による湖の生態システムの保護・修

復・回復，資源の総合利用技術，政策の研究を促進させる。4つ目は，湖の生態環境保護を実施する国内外の団体と個人からの寄付や国際関連組織からの資金の援助などを積極的に受け入れ，湖の生態環境保護基金を立ち上げ，湖の生態環境保護の実施をより一層促進する。

（何彦旻［監訳］，王天荷［訳］）

参考資料：
角野泰郎（1994）『日本水草図鑑』文一総合出版
金伯欣・鄧兆仁・李新民（1991）『江漢湖群総合研究』湖北科学技術出版社。
李兆華・孫大鐘（2009）『梁子湖生態環境保護研究』科学出版社。
Aston（1997），Aquatic plants of Australia.
Preston, C. D. and Croft, J. M.（1997）"Aquatic plants in Britain and Ireland," UK: Harley Books.

第3部

水利権と水をめぐる紛争

　中国では，水資源は国家所有と規定され，その公共財としての性格は前面に出ている。わが国では農業慣行水利権が認められており，私権性が突出するというように，その排水義務が軽んじられているという問題点が指摘されている。また，中国では近年の水汚染問題の深刻化に伴い，水資源をめぐる紛争が増加している。この解決のために環境公益訴訟の試みが行われ，海事法院での審理も始まっている。一方，中国の乾燥地における水紛争は近年にいたるまで，暴力を伴うような激しいものもみられた。その防止のためには調停を含む総合的な未然防止の努力が必要となっている。

第8章

日本の河川法の現状と民事法的課題

奥田進一

I 河川水をめぐる問題の概要

　河川水をめぐる問題は，水害，水利，水質の3つの類型に分けることができ，それぞれについて利害関係の対立が生じている[1]。この3類型は，ちょうど河川法の制定とその後の改正による同法の目的変化の軌跡と合致する。

　まず，水害問題についてであるが，わが国では1896（明治29）年に洪水防御に重点を置く河川法が制定され，水害対策とともに農業生産が飛躍的に向上した。水害にかかる利害関係の対立は，洪水被害として顕在化することになる。ただし，戦前においては1907（明治40）年の山梨大水害，1910（明治43）年の関東大水害，1938（昭和13）年の阪神大水害などがあるが，大規模水害は戦後に多発する。これは，治水対策により河川改修において河川の直線化が推進されたことに加え，都市部における宅地開発が進み人口が急増したことに起因するところが大きい。そのため，水害は国の防災対策の瑕疵に基づく人災であると認識され，1947（昭和22）年に国家賠償法が制定されたことと相まって，昭和40年代に入ると水害訴訟が増加しはじめて原告勝訴も相次いだ。しかし，1984（昭和59）年1月26日の大東水害訴訟事件において最高裁が，「未改修河川の安全性について，同種・同規模の河川の管理の一般水準および社会通念に照らして是認しうる安全性を備えているかどうかを基準として判断すべきであり，未改修の部分で水害が発生しても，河川管理者たる国には損害を賠償する責任はない」と判断するに至り，それ以降の水害訴訟では原告敗訴が続き，水害訴訟は「冬の時代」を迎えたといわれる[2]。

　つぎに，水利については1964（昭和39）年の河川法改正によってこれが

明確に打ち出される。同改正法の基本精神は，これまでの治水対策に加えて，とりわけ工業用水や上水道用水などの新規の大量利水開発にあった。その結果，水系一貫管理の方策のもとで，水資源開発促進法とともに，全国の水系において大規模な電源開発やダム建設が盛んに行われるようになり，水資源開発者と農業や漁業などの既存利水者と，産業や都市などの新規利水者との対立構造に，水資源開発の犠牲となる地域住民が組み入れられて一層複雑な利害関係が生じることになり，全国各地で反対運動が湧き上がることになった[3]。

とくに地域社会への影響は深刻であり，大規模なダム建設などが行われると地域住民を賛成派と反対派に分断して対立させ，地域活力の低下，過疎化，地域消失への過程をたどり，結果として地域コミュニティが崩壊することにつながる[4]。

そして，水質については1997（平成9）年の河川法改正でこの問題が正面に出されることになる。産業構造の転換，水に対する価値観の多様性という流れにより経済成長や産業発展あるいは生活水準の向上と水需要とが比例しなくなり，水需要の減退，水供給の過剰という事態を招いている。また，これまでの過度な水資源開発，洪水対策などにより環境問題が顕在化し，自然生態系への影響だけでなく，国民の価値観が大きく変化し，河川環境や多自然型河川への再生が国民的課題となり，1997（平成9）年に河川法が改正されることになった。この改正では，治水，利水および環境の3本柱が謳われ，100年以上を経過して初めて河川の本来の姿へ回帰する法的整備が行われたといえよう。また，河川整備計画の策定に当たっては，必要に応じて住民等の意見を反映されることになり，住民等が河川の将来計画に関わることができるようになった[5]。

ところで，水利問題は利用形態の違いによって生じる影響関係の調整問題と，水資源の有効利用問題とに二分することができるという見解がある[6]。水質問題は水利問題と密接な関係にあり，水を利用すれば当然に排水が必要であり，逆に水質が悪化すれば水利用を妨げる恐れも生じる。なるほど水質は一般的に汚染の濃度が問題となり，その濃淡は水量によって影響されるといえよう。つまり，水利権に基づく水利用において水量侵害行為があった場合には，水質汚濁による不法行為の可能性も生じ得るのである。

今日のダムや河口堰の建設計画や建設中の事例の動向をみると，社会・生活基盤の整備向上，水需要の減退と水供給の過剰など社会的要因，産業における節水技術的要因などにより，ダムや河口堰の建設・立地による経済的効果や波及効果，公共利益は小さいかあるいはほとんどないようである。このため，地域住民や関係者の多数はダムや河口堰の建設計画に対して反対という意思表示を行うようになってきたのが現状である。また，予測された効果と現実的な効果との格差が大きくなり，さらに，開発利益の帰属に偏りがあり，こうしたことが水資源開発における利害関係の調整を困難にしているのみならず，コンフリクト構造を一層複雑にしているという指摘がある[7]。

2　河川法の役割

　1896（明治29）年に河川法が制定され，その後の1964（昭和39）年の大改正を経て，さらに1997（平成9）年の改正を経て，河川は多様な機能を付加的に担いながら，その法的性質を複雑なものにしてきた。

　1896年河川法の制定当時は，治水対策に重点が置かれ，流水，河川敷，堤防等の河川区域内の土地に私権の成立を一切認めず，河川管理は原則として地方行政庁が行うものとしていた。その後，1964年河川法においては，河川区域内の土地については私権の成立を認めたうえで，河川管理上必要な範囲内でのみその行使を制限するという立場をとり[8]，私権の存在とその継続性に配慮したものとなっているように思われる。河川管理については，1964年河川法において，1級河川は国が，2級河川は都道府県知事が，準用河川は市町村が管理するという水系主義の河川管理制度が採用された。なお，1級河川であってもその全区間，全管理事項について国が直接管理する必要が必ずしも存在しない場合もあることから，1級河川について区間や事項を限って都道府県知事もしくは政令指定都市の長に管理権限を委譲することができる（同法9条2項）。

　河川法によれば，河川は「公共用物」であると定義され（同法2条1項），河川の流水は私権の目的となることができない（同法2条2項）。また，国家賠償法によれば，河川は「公の営造物」とされ（同法2条1項），とくに湖沼や海岸等とともに「自然公物」とされている。もっとも，「自然」

と「公物」を結合させた「自然公物」という語は違和感の多い概念であり，河川に関しては堤防やダム等の治水施設がまったく存在しない場合についても国家賠償の対象となり得るのかという議論が存在する。たとえば，積極説は，堤防等の治水施設を全く備えない河川については，社会通念上当然治水施設を設けるべきであるのにもかかわらず，これを備えないような場合であれば，そこから生ずる危険は，社会通念上合理的に受忍されるべき範囲を超え，行政主体の負担とするのが妥当であるから，その氾濫による損害は河川という営造物の設置・管理に瑕疵があるものと考えるべきであるとする。他方で，消極説は，国賠法2条が適用されるのは，原則として堤防その他の工作物がある場合に限られ，河川を放置したことによって責任は発生しないとする。いずれにせよ治水対策において何らかの瑕疵があれば，それは国家賠償法の対象として訴訟によって解決する可能性があろう[9]。

つぎに，利水について考察する。利水は，水利権という形で調整される。水利権とは，河川の流水を一定の目的のために継続的，排他的に使用する権利であり，以前は慣行によって成立していたが，1964年の法改正後は，河川管理者の許可によってのみ成立することになった（同法23条）。このことは，これまで慣習法上の物権として，建前上は存在が否定されてきた水利権が，法的根拠を得て一種の財産権として扱われるようになったことを意味する。水利権の内容は，水力発電，農業灌漑，水道，工業用水，鉱業用水，養魚，し尿処理等の目的での河川流水の占有である。あくまでも占有目的を権利内容としているので，たとえば農業灌漑に利用した流水をそのまま利用して養魚を行ったとして，占有する流水量は同じであるが，占有目的が異なるので，別個の水利権の許可を受ける必要がある。なお，新規に水利使用の許可申請に際しては，既存の権利者を保護するために，関係河川使用者の同意を得て，その者の損失を補償した後でないと許可されない（同法40〜43条）。また，河川管理者の許可を得ることで，水利権を譲渡することも可能とされている（同法34条）。

基本的に，水利権が問題となるのは農業灌漑を目的とする流水の占有である。日本における年間水使用量約900億tの内，農業用水は約2/3を占めている。また，農業用水の約90％は河川水に依存しており，その内の約95％は水田の灌漑用水として使用されている。農業用水は，農業生産にとって不

可欠なものである。今後も農業の持続的な発展のため，農業用水の安定的な確保を進めなくてはならない。農業用水は，転用などによる水田面積の減少により，水田灌漑用水の減少が見込まれるが，畑地灌漑用水や水路機能を維持するための用水確保が必要であり，今後も横ばいで推移すると思われる。農業用水は，灌漑用水だけでなく，古くから防火用水，環境用水（景観形成，生態系保全，生活排水の稀釈），収穫物・機械洗浄などにも利用され，地域の生活に不可欠な存在となっている。農業用水の水利権の多くは土地改良区や水利組合等の利水団体が有しており，営農形態の変化や受益面積の減少等により変更が必要となっているものもある。

　さて，河川水を利用する際には，河川法の規定に従って河川管理者の許可を得る必要があるが，一部の水利用においては私的な利用に近い水利用，すなわち慣行水利権が存在する。慣行水利権は，河川法87条に規定される「みなし許可制度」により成立し，河川法102条違反（1年以下の懲役または50万円以下の罰金）にはならない。慣行水利権は，河川法上は「みなし許可水利」と称されるが，あくまでも河川管理行政は許可制による一元管理を建前としており，慣行水利権もこれを法定化し，許可水利に取り込もうという姿勢で実務を継続してきた。慣行水利権は慣習法において秩序化されているが[10]，河川法制定以前から水利秩序に関する慣習はすでに存在したのであり，河川法が慣行水利権の存在を認めたことは，慣習法による水利秩序の存在を認めたことを意味する[11]。つまり，結果として河川法は，水利秩序全体を規律することができなかったわけで，慣行水利権については慣習法が規律するという複雑な法構造をとらざるを得なかったのである[12]。また，慣行水利権が，河川法上の許可水利とみなされたからといって，その性格が変質するものではない[13]。

　このような河川法が抱える二元的法構造による問題が顕在化するのは，ダム建設等の大規模公共事業が展開される際に，「慣行水利権の放棄」という形で紛争になった時である。本章において問題としたいのは，そもそも水利権は誰のものであって，その権利は一体いかなるものなのかということである。それは権利の性質をどのように認識するのかによって変わってこよう。同様の問題は，山野や漁業においても発生しうる。すなわち，入会権や漁業権をめぐる問題である。そして，このような権利の法的根拠の不明確さこそ

が，ダム開発や干拓事業差止などの頻発する公共事業に係る紛争の背景になっているのである。従来の利水の理念は，増加する水需要を満たす供給を確保するためにダムや堰などの利水施設を建設することにあり，いかに多くの水をいかに安価に提供するかにあった[14]。しかし，昨今の水を取り巻く環境の変化は，この考え方に大きな転換を迫っている。

ところで，慣行水利権の利水目的は，工業用水や上水など多岐にわたっているが，圧倒的多数は農業用水であり，とくに農業用水のみなし許可水利権を慣行農業水利権と称することが多い。慣行農業水利権の利水目的は灌漑が中心的であるが，それに限定すべきではなく，農村地域の生活用水等の役割を有することから地域用水と理解すべきとする見解がある[15]。

3　水利許可と慣行水利権の競合

水利権の内容は，水力発電，農業灌漑，水道，工業用水，鉱業用水，養魚，し尿処理等の目的での河川流水の占有である。あくまでも占有目的を権利内容としているので，たとえば農業灌漑に利用した流水をそのまま利用して養魚を行ったとして，占有する流水量は同じであるが，占有目的が異なるので，別個の水利権の許可を受ける必要がある。なお，新規の水利使用の許可申請に際しては，既存の権利者を保護するために，関係河川使用者の同意を得て，その者の損失を補償した後でないと許可されない（河川法40〜43条）。また，河川管理者の許可を得ることで，水利権を譲渡することも可能とされている（河川法34条）。

ところで，水利権の法的性質に関しては公権説，私権説，折衷説が存在する。このうち，「水利権も現に私的利益の対象になり，慣行水利権でさえも優先権や排他的支配の性質をもっており私権たることを否定できないが，公法上の各種制限によって公法的規律を受けるにすぎない」とする折衷説が妥当であるとされる。ただし，これらの学説の対立もあまり実益はなく，公権説に立ったところで慣行水利権が私的利益の対象となっていることを否定できないし，私権説に立っても水利権が公法上制限を受けることを否定することもできないからである[16]。

以上の手続きを踏まえると，河川法23条により取得した水利許可と河川

法87条により許可を得たものとみなされた慣行水利権とが競合し，その結果として水利許可が慣行水利権を侵害する場合があり得よう[17]。また，慣行水利権は成立していないものの，漁業等の河川利用者や河川環境そのものに対して水利許可に基づく利水行為が何らかの障害となる場合もあり得よう。とくに，発電等の目的による利水行為に関しては，それが河川水量の著しい減少や消滅等という形で，河川環境に多大な負荷を与える現象が発生している。既存水利権に対する侵害行為に関しては，侵害行為と損害の事実が明確になることが通常であり，判例も多く，学術上の議論も従前からそれなりになされてきている[18]。翻って，河川水量への侵害のように，損害の事実が不明瞭であり，被害者は不特定少数者であり，ともすれば被害の主体は河川やその周辺環境そのものである場合には，訴訟にすらなり得ない。しかし，水量侵害も公害であり，たとえ人的被害が発生していなくとも，環境には取り返しのつかない程の極めて大きな負荷を与え，自然公物たる河川の機能そのものを不全に陥らせ，最終的には水利秩序を崩壊させている場合もある。洪水の流下の妨害（ダムや取水施設の設置により生じかねない），河川水の減少による公益の阻害（水質汚濁，景観の損傷，河口閉塞，漁業被害など）等を発生させるような，公共的な機能を妨げる水利使用は許されないばかりか，河川空間のオープンスペース機能，河川湿地の自然生態系機能などの河川環境を損傷しないことも重視されるべきだという見解も存在する[19]。

　いずれにせよ，慣行水利権，とくに慣行農業水利権と新規の水利許可とが競合することが，現行河川法の課題であるといえよう。それでは，なぜ1964年の改正において慣行水利権の成立を認めなくてはならなかったのであろうか。この問題は，慣行水利権の法的性質を検証することによって明らかとなろう。

4　慣行水利権の法的性質

(1) 民法上の性質

　民法175条は，「物権は，この法律その他の法律に定めるもののほか，創設することができない」と規定しており，当事者が契約により新たな物権を創り出すことを禁じているが，慣習上物権には本条が適用されるのか否かに

ついては争いがある。ただし，民法施行法35条は，「慣習上物権と認めたる権利にして民法施行前に発生したるものと雖も其施行の後は民法其他の法律に定むるものに非ざれば物権たる効力を有せず」と規定しており，慣習上の物権を明確に否定している。さらに，法の適用に関する通則法3条が「公の秩序又は善良の風俗に反しない慣習は，法令の規定により認められたもの又は法令に規定されていない事項に関するものに限り，法律と同一の効力を有する」と規定して，民法90条に反するような慣習は認めないとした。判例は，本条の法律に法の適用に関する通則法3条（旧法例2条）にいわゆる慣習を含むということに否定的であるが，学説はこれを肯定する方向にあり，慣習法上の物権が認められると解されている。このように，民法175条，民法施行令35条および法の適用に関する通則法3条により，慣習法上の物権は何重にも否定されたのである。

　しかし，明治期のわが国において，社会全体に江戸時代以前の慣習に基づくさまざまな権利や商慣習等が根強く残存し，広く行われていたことは想像に難くなく，民法においてそれらの存在を完全に圧殺することはできず，多くの慣習やそれに基づく物権を是認せざるを得なかったといえる。学説も，慣習法を民法175条にいわゆる「法律」に包含させて慣習法上の物権を認めようとする「民法175条適用説」，慣習上の物権が法定主義の趣旨に反しない場合には民法175条は適用されず，法の適用に関する通則法3条における「法令に規定されていない事項に関するもの」となるとする「民法175条不適用説」などがあるが，いずれも慣習上の物権を肯定しようとする点では共通する[20]。さらに，後述するように，判例も明確に物権とは言い切っていないものの，何らかの物権的な権利として肯定してきたといえる。このような考え方の背景には，制定法上の規定がないことから，水利権の法的性質が公権であるか，私権であるかという論争がある。概ね，公法学者は公権論に立ち，私法学者は私権論を支持した。慣行水利権は，後述するように，その内容から判ずるに基本的には私権であり，それは物権ないし物権類似の権利とするのが今日においても多数説である[21]。慣行水利権が物権ないしは物権に類似する権利であることの特徴は，権利の効力面において顕在化する。物権は，物を直接支配することによってその物の効用を享受する排他的独占権であり，優先的効力と物権的請求権を効力として有する。慣行水利権がこれ

らの効力を有するか否かについては，つぎのような歴史的背景から検証されよう。

　江戸時代を通じて，天領においては幕府が，その他の地域では知行する各藩が，領地内で水利紛争が発生すると，当事者間において自主的に解決させることが通常であった。もし，自主的解決ができない場合は，村落共同体の長たる庄屋・名主（地域によっては大庄屋・大名主）の裁量と差配に委ねられた[22]。つまり，水利権の侵害行為に対しては，水利権の主体がこれを排除し，予防を請求する権利，すなわち物権的請求権の行使があったことが確認できるのである。また，上流優先の原則あるいは古田優先の原則の存在[23]から，優先的効力を有していたことは明らかである。

　しかし，このような性質を有しているからといっても，河川の流水までを私的な物権であると捉えているものではない。この現象に，「河川の流水は，私権の目的となることができない」とする現行河川法 2 条の淵源を求めることもできよう。つまり，河川流水は公共財であるという考え方は，現行法によって確定したのではなく，これもまた慣習法であると言っても過言ではない。

　さて，現行河川法が伝統的な水利権概念を継承しているならば，水利権とは公共財としての河川流水を占有的に利用する権利であり，決して所有権ではないのである。したがって，水利権は自らが占有的に利用するのではない水に対してまで権利を主張することはできず，あくまでもその利用目的に応じて必要な水量だけを取水して利用することを内容としている。言い換えるならば，実際に使用しない水は，河川管理者に返還しなければならない。現在の河川法では，水利権者が自らの水利権水量を利用しなくなれば，その水利権を河川管理者に返還し，その後に河川管理者が水利を必要としている他の人に再分配するという制度になっている。このプロセスは，現実の水資源の需給を見極めるという意味においても重要である。水利権の私権性は，あくまでも行政の許可の上で成立するものであり，公法上の制限を受けるものである。

(2) 慣行水利権の内容

　前述の学説の動向を踏まえると，慣行水利権とは，「水利用の事実が反復

継承され，それが合理的であり，正当なものであるとして社会的承認をうけ，これを通じて形成された権利」と定義できよう。社会的承認とは，同一水系において利害関係を有する共同体の構成員によって取水，配水，排水という一連の行為が秩序立って行われ，慣習化することである。反復するが，この慣行水利権は，1964年河川法において許可水利権制度が導入された際に，1896年河川法以前より利用していた水利秩序に対して与えられたものであり，この瞬間に慣行水利権が私権化したとともに，河川法という公法上の制約を受けることになった。例えば，現行河川法34条による権利譲渡制限，同38条以下の水利調整，同75条の河川管理の監督処分等がこれに該当する。

　この慣行水利権を，河川法の管理下においてどのように規律して行くのかという問題に対しては，2つの考え方が存在する。まず，農業利水者は河川管理による管理を排除し，旧来の慣行水利を堅持しつつ，その私権性をより強調すべきとする見解である。つぎに，権利形態の差異を絶対化して，慣行水利権の主体でなければ権利の実現が保障されないと考えるのではなく，河川管理者，他種の水利権に対する農業水利権者側の交渉能力を高め，利水上の問題を調整する調整機構の整備に重点をおいて水利秩序の組織化を考えようとする見解である[24]。両見解は，必ずしも対立的な構造にあるわけではなく，いずれも水利権が有する性質の一面をそれぞれに強調しているにすぎない。両見解の決定的な相違点は，河川の公的管理に対抗する論理が，旧来の論理（自由な水利）であるか，新しい論理（自治的な利水調整組織による交渉）であるかである。慣行水利権を堅持しようとする見解は，権利の効果として公的管理を排除できることを前提とするので，行政との接触の場を理論内在的に想定しないものであり，水利調整・紛争解決は裁判での解決を想定するものとなる[25]。

(3) 慣行水利権の主体
　慣行水利権の内容は，その主体面からも特殊性を明らかにすることができる。前述のように，慣行水利権の主体は伝統的な村落共同体であった。共同体は，堰堤や水門，用水路や水車等の水利施設を設置し，これを維持管理し所有した。そして，特定の水系に沿って存在する各共同体間では，取水の量

や時期をめぐって紛争が頻発し，それらは基本的に当事者間において解決された。これらの紛争や解決方法を通じて，水利慣行が形成されたのである。水利紛争においては，各共同体が所有する水利施設が標的とされることが多かった。このことは，往時は，水利施設の所有と水利は表裏一体の関係にあり，水利権の内容が水利施設の維持管理によって享受できる取水量にあったことを推認させる現象である[26]。水利施設の維持，管理，取水，配水，排水の方法等に関しては，水利権を有する各共同体の寄合において決定された。これは水利権が入会権と同様の権利であることから，総有的利用形態の効果として当然のことであり，共同体の構成員たる個々の農民（農家）は，構成員たる資格において自由に水を利用し得たが，離農や離村等の事情により構成員たる資格を失えば水を利用する権利も喪失した。個々の農民は，寄合において決定された方法に従って水利行為を行ったが，水利権の管理および処分の権能は有さず，これらはあくまでも共同体に総有的に帰属した。したがって，実際に取水後の水を利用する個々の農民にとっては，水利施設の所有には関心がなく，取水，配水，排水という水利行為そのものに強い関心が寄せられていたことは言うまでもない。このとき，農民は配水によって水の利用を享受する一方で，それを元の水系にうまく排水すべき義務を負っており，むしろこの排水義務をいかに尽くすのかが水利権の内容として認識されていたきらいがある[27]。なお，農民が所有に関心を有さなかったということは，水利に限ったことではなく，当時の農民の多くは小作的地位にあり自己所有の農地を有しておらず，農地についてもそこを所有することよりも利用することにのみ関心が寄せられていたのである[28]。

　至極当たり前のことであるが，農業は元来，農地と水利とが一体となって営まれるものであり，両者は常に合わさって機能していたのである。そして，少なくとも第二次世界大戦以前においては，農地も水利も共同体の管理コントロール下に置かれ，それぞれについて利用に関する慣行秩序が形成されていたとみるべきであろう。したがって，共同体が消滅ないしは崩壊した場合には，新たな利用秩序を人為的に形成するか，新たな管理団体を組織する必要がある。農地については，1947（昭和22）年にはじまった農地改革と1952（昭和27）年の農地法により，農地は新秩序において管理コントロールされることになったのだが，水利に関してはこのような秩序形成は行

われず，新たな管理団体として土地改良区等の形で水利集団が形成されたものの，その実態は旧慣秩序を形成していた旧共同体であることが多い[29]。

分割的利用が可能な土地については，共同体の解体によって土地の共同体的支配も容易に消滅する。しかし，利水が治水事業と密接にかかわる結果，比較的広域の一定組織を中心とした，体系的な管理システム抜きに水利用を営むことは不可能であり，これが土地改良区という組織が存在する理由である。そして，共同体が解体ないしは消滅したとしても，当該共同体とリンクしていた水利組織は解体ないしは消滅できないという現象が発生するのである。なお，土地改良法は，耕地整理法と水利組合法を統合したものであるから，土地改良区はもっぱら水利組織として機能することを目的に設立されることが多い。河川水利集団としてもたざるを得ない公共的性格が，土地改良区に公共的法人の形態を必要としているが，その形態の背後には私的共同体の実態が存在する。かつての「藩営」と「民営」という相対現象が，今日も継続していると考えられる[30]。

転用を通じて形成された土地改良区の資本は，土地改良区が管理するものであって，決して個々の農業者に分配されてよいものではない。このことこそが，土地改良区がかつての私的共同体を継承しているものであることを証左するものである。

水利権の帰属は，今日，必ずしも定かではないが，これまでの議論をまとめると，土地改良区の管理下にあるという見方（土地改良区帰属説）が一般的であるが，個々の農業者（あるいは水田）にあるとする見解もある（私的所有説）。また，水について土地改良区と個々の農業者（あるいは水田）との関係は，水利権という極めて限定された流量を，限定された時期に授受するという関係にあるのではなく，個々の農業者（あるいは水田）が水稲栽培を円滑に行えるように適宜排水するという義務が土地改良区にあり，個々の農業者にはその排水を要求する権利があるという，一種の排水についての契約関係であるとする見解もある（配水契約説）。

以上を踏まえて，農地と水利権との関係を総括すると，自作農の創設により個々の農家は自己の農地を所有するに至り，その点において旧慣秩序から解放されたかに見えるが，農業において最も肝心な水利権の適正再配分が行われなかったことで，農家は水利の面から旧慣秩序から脱却することができ

なかった。法的側面からいえば，農地法の施行により農地は近代法秩序の中に組み込まれたが，水利権は近代法以前の慣習法秩序から脱却することができなかったのである。そして，農地の経営に最も必要不可欠な水利権が旧慣秩序の中で機能したため，農地は水利権に従属する存在になったといってもよく，このことは1964年の河川法改正により創設された許可水利制度により決定的になったのではないだろうか。つまり，農地と水とは，農地解放前後も河川法改正前後もそれが不可分一体であり続けたのだが，いずれが主でいずれが従かという関係は逆転したと考えられる[31]。この問題に関して渡辺洋三博士も，「農業水利の伝統的秩序は，農村内部における民主主義的秩序の形成を阻止し，農業生産力の発展にとっての桎梏となるばかりでなく，それは現在，農村外部からの収奪に直面しても，その矛盾を露呈せずにはいられない」と指摘している[32]。

5　私権性の強い「水利許可」　まとめにかえて

　これまで概観してきた，慣行水利権の法的性質や内容は，河川水利用の新規参入に際して行われる水利調整にどのような影響を及ぼすのであろうか。水田面積が減少し，水利用形態が大きく変化している都市近郊などで，上水道などが慢性的に不足している地域では，農業用水を減じて，上水や工業用水を殖やそうとする水利権の転用が行われている。また，すでに繰り返し述べてきたように，水利権が公権的性質も帯びていることから，余水に関しては，本来これを公に帰せしめるべきであるが，これがほとんど行われていない。それは，水利集団が水利権を完全なる私的財産権として認識していることが原因ではないだろうか。さらに言うならば，営農集団や水利集団が，過去においては明確に認識できていたはずの管理的内容を主とする水利行為（水利施設の所有と維持管理）ではなく，いつしか所有的内容を主とする水利の権利所有に関心が移ったといえよう。また，個々の農民においても，かつては排水義務を負うものとして水利行為を捉えて取水と配水とに関心を示していたはずなのに，いつしか自らを水利という権利の所有主体であると認識するようになったのである。排水量は，その農業用水に課せられている義務的な排水量（ある種の公共財）と考えることが妥当であり，過去の水利慣

行では確かに排水義務が重要視されていた。つまり，水利権は，水利施設を維持管理し，排水を行う賦役の総和であり，義務として構成されるべきものであったのである。ところで，排水義務よりも水利権流量を基本的水利量と考えるようになったのは，水資源の開発が大規模になされるようになってからであり，公水管理の体系がそうさせたという指摘がある[33]。しかし，多くの土地改良区が「取水」と「配水」という私的側面を重点に機能している実態を考えると，水利権の私的財産化はより進行させるべきものであるが，依然として公共性の強い性格のものであることを考慮して，一定の公的管理のもとで水利秩序を構築すべきである。

なお，農業用水（不特定利水）から都市用水（特定利水）への転用が行われた場合，転用分は不特定利水容量から減じて考えるべきではないかという疑問が存在する。農業用水は不特定利水容量によってある程度取水流量が確保されているが，都市用水は特定利水容量に拠っている。この場合において，農業用水から都市用水に転用したものに関する利水容量はどのように考えるべきかについては不明な点が多い。このことも，河川水を公共財と私財とに明確に区分して議論することである程度の方向性が見えてこよう。いずれにせよ，水利許可に関してはその公共性が強いにもかかわらず，誤った方向で私権性が強調されているという実情が，今日のわが国河川法を貫く大きな問題として認識され，その是正に向けた検討が早急に開始されることが期待されるのである。

注：
1 長谷部俊治（2008）「水問題と水利権」『社会志林』55巻2号，16頁。
2 橋本博之（2004）「行政判例における『判断基準』～水害訴訟をめぐって」『立教法学』65号，197～217頁。
3 若井郁次郎（2006）「水資源開発におけるコンフリクト」土屋正春・伊藤達也編『水資源・環境研究の現在』成文堂，110頁。
4 若井（2006），108頁。また，(2013)萩原優騎（2013）「失われた将来像」上野英雄編『ダムを造らない社会へ』新泉社，142～144頁は，政治もマスコミも「八ッ場ダム建設に賛成か反対か」という対立ばかりを強調する状況を放置してきた結果，とりわけ具体的な生活再建案が提示されないままにあったことが対立構造をより一層複雑で強固なものにしたとする。重要なことは「八ッ場の再生を認めるかどうか」であるとする。この萩原氏の洞察は，水資源開発に伴う地域再生を考慮する上で参考になろう。

5 若井（2006），111頁。
6 長谷部（2008），16頁。
7 若井（2006），113頁。
8 私権の成立を認める考え方の基本には，①河川の敷地は本来必ずしも私権の目的になり得ないものではなく，また，流水の冠水している土地が土地所有権として使用収益が不可能ではないこと，②高水敷は何年かに一度冠水するだけであり，土地利用を必ずしも否定すべきものでもなく，かつ，私権を認めた方が補償問題も生じず行政上も便宜であることという考え方がある。また，原龍之助（1994）『公物営造物法（新版）』有斐閣，78頁は，「私有地が河川敷になったとしても，その土地の私所有権は当然消滅するものではなく，ただ，それが河川として公共の用に供せられる結果，その所有権が公法上の制限に服するにすぎない」と考え，私権の存在とその継続性を強調する。
9 大東水害訴訟事件最高裁判決（最高裁昭和59年1月26日判決・民集38巻2号53頁）は，「河川は，本来自然発生的な公共用物であり，当初から人工的に安全性を備えた物として設置される道路とは異なり，もともと洪水等の自然的原因による災害をもたらす危険性を内包しているものである。また，河川の通常備えるべき安全性の確保は，管理開始後において，予想される洪水等による災害に対処すべく，堤防の安全性を高め，河道を拡幅・掘削し，流路を整え，又は放水路，ダム，遊水池を設置するなどの治水事業を行うことによって，達成されていくことが当初から予定されているものである。そして，治水事業の実施については，財政的，技術的，社会的制約がある」と判示して，河川管理の特殊性を強調している。
10 渡辺洋三著，北条浩・村田彰編（2009）『慣習的権利と所有権』御茶の水書房，161頁は，水利権は通常，水の供給主体の側の権利のことを指すのであって，水の利用主体すなわち水需要者の権利のことをいうのではないとする。
11 三好規正（2007）『流域管理の法政策』慈学社出版，95～96頁は，河川法23条が許可権限の所在を示しているに過ぎず，水利権の詳細な意味内容や許可基準については同条も含めて法令上明記されずに通達や前例に依拠していることから，法律による行政が行われているとは言い難いとする。
12 黒木三郎・塩谷弘康・林研三・前川佳夫共編（1995）『社会と法』法律文化社，101頁。
13 財団法人日本農業土木総合研究所（1986）『現代水利紛争論』財団法人日本農業土木総合研究所，42頁。
14 須田政勝（2006）『概説水法・国土保全法』山海堂，275頁。
15 黒木・塩谷・林・前川（1995），100頁。
16 須田（2006），285～286頁。
17 河川法改正前の判例であるが，最高裁昭和37年4月10日判決・民集16巻4号699頁は，「農水使用権は，それが慣習によるものであると行政庁の許可によるものであると問わず，公共用物たる公水の上に存する権利であることにかんがみ，河川の全水量を独占的排他的に利用しうる絶対不可侵の権利でなく，使用目的を充たす必要な限度の流水を使用しうるにすぎないと解するを相当とする」と判示しており，必ずしも水利許可と慣行水利権とが競合関係に立つものではないことを示唆している。
18 たとえば，宮崎淳（2009）「慣行水利権の類型とその効力」『水資源・環境研究』22巻，1～12頁など。
19 長谷部（2008），26頁。
20 慣習法上の物権と民法175条との関係をめぐる学説の動向については，多田利隆（1993）「「慣習法上の物権」の問題点」『民法と著作権法の諸問題（半田正夫先生還暦記念論文集）』

法学書院，3頁以下において比較的よく整理されている。
21 我妻榮・有泉亨・清水誠・田山輝明（2005）『我妻・有泉 コンメンタール民法（総則・物権・債権）』日本評論社，328頁。
22 江渕武彦編著（1994）『筑後川の農業水利』九州大学出版会，87～98頁。
23 金沢良雄（1960）『水法（法律学全集15）』有斐閣，87頁によれば，上流優先の原則とは，河川の自然的性格に立脚した慣行であり，上流の使用者が下流の使用者に対して優先するという慣行である。また，古田優先の原則とは，時間的に先に水を利用した者が後から利用した者に優先するとする原則で，既得権優先の考え方あるいは水利開発を先に行った者が保護されるべきであるとの考え方に立脚するものと考えられている。
24 両見解の詳細については，金沢（1960），83～89頁参照。
25 渡辺（2009），103～105頁，金沢（1960），85頁。
26 渡辺（2009），268～278頁。
27 渡辺（2009），356頁。
28 中川善之助（1950）「水利権と耕作権」『私法』第3号，58頁。
29 室田武・三俣学（2004）『入会林野とコモンズ』日本評論社，206～207頁。
30 江渕（1994），160頁。
31 中川善之助（2001）『民法風土記』講談社学術文庫，149～150頁では，讃岐（香川県）において中川博士が見聞した「地主水」の慣行について紹介されている。中川博士は，地主水に対して，「田の所有権と，それを灌漑する水の支配権とは別物で，田をもっているから，水が使えるというわけではなく，田の権利と水の権利をもたないと百姓はできないということになる。従って田は田で売買され，それとは別に，水は水で売買されるのである」とその特殊性を強調されている。中川博士がこの地主水の慣行を了知されたのは，同書の記述から昭和36年と推測されるが，その後の河川法の改正によって，珍奇な慣習であったはずの地主水は法制度化されたのである。
32 渡辺（2009），482頁。
33 志村博康（1978）「水資源の再分配と農業水利」日本土地法学会『不動産金融・水資源と法』（土地問題双書10号）有斐閣，137頁。

第9章

中国における水環境公益訴訟

李 群 星

　中国では改革開放以降の急速な経済成長に伴い，水汚染問題が悪化し，関連の紛争が日々増加している。近年，水環境公益訴訟は中国の裁判機関に対して新たな裁判課題を提示し，実践と模索が行われている。

I　中国の最高裁判機関の水環境公益訴訟に対する態度

　総じて言えば，中国の最高裁判機関は水環境公益訴訟に対して肯定的で，支持を表明している。具体的には次の3点にその傾向が示されている。

I.1　規範文書の発布による要求と呼びかけ
　2006年11月9日，最高人民法院は「海事裁判活動の発展に関する若干の意見（関於海事審判工作発展的若干意見）」（2006年，法発27号）において，「海事法院は，行政区分を跨いで設置されている優位性を充分に発揮し，専門性を活用し，環境公益訴訟を積極的に支持し，関連する案件を管轄すべきである」と言及した。2009年11月16日には，最高人民法院は「法に基づく行政訴訟当事者の訴訟権利保護に関する意見（関於依法保護行政訴訟当事人訴権的意見）」（2009年，法発54号）において，「環境公益訴訟案件の受理条件と裁判形式について積極的に議論，研究すること」「状況が緊急かつ人民大衆の切実な利益に関わる案件，あるいは公共利益の立案条件に符合する案件については，適時立案し，できるだけ早く審理すべきである」と指摘した。
　2010年6月29日には，最高人民法院は「経済発展方式の転換を加速させるための司法による補償とサービスの提供に関する若干の意見（関於為加快

経済発展方式転変提供司法保障和服務的若干意見）」（2010年，法発18号）第13条で，「環境保護行政部門が国を代表して提起する環境汚染損害賠償紛争案件を法に基づいて受理し，全ての環境破壊行為に厳格に対処する」とさらに明確にした。学術界と実務の世界は，この第13条の条文が，事実上，水環境公益訴訟を許可する記述であると認識している。

1.2 最高人民法院の指導者による肯定と呼びかけ

中国の司法体制に基づけば，ある問題に対する最高人民法院指導者の意見は，最高審判機関の態度を代表する。最高人民法院の指導者は，度々，さまざまな所で水環境公益訴訟を肯定してきた。例えば，最高人民法院院長の王勝俊は，2011年3月12日，第11期全国人民代表大会第4回会議の活動報告時に，「環境公益訴訟制度の確立に向けて模索し，地方裁判所に環境保護法廷の開設を推進し，法に基づいて生態文明建設を促進する」と言及した。最高人民法院副院長の万鄂湘は，2009年6月25日の全国海事法院院長活動座談会において，「今後，水資源環境保護主管部門，環境保護組織，環境保護法律援助機関はその役割を十分に発揮し，国と公民を代表して環境保護公益訴訟を提起する可能性を検討していく必要がある」と述べた。さらに「海事裁判所の行政区域を跨ぐ管轄と専門性のある裁判の優位性を十分に生かし，地方保護主義を防止し，水資源の司法による保護を強化するために，関連の高級人民法院は，各地域管轄範囲内で発生している水資源汚染案件に対し，海事法院による集中的な管轄を行うことができる」と言及した。2010，2011年には，万鄂湘副院長が，第11期全国政治協商会議第3，4回会議において，環境公益訴訟制度の確立と環境保護案件の専門的な管理を呼びかけた。

1.3 最高人民法院による調査・研究

最高人民法院は，近年，環境公益訴訟，特に水汚染公益訴訟に関する調査・研究を行った。実務経験の総括と理論の整理，精製を行い，共同認識を形成し，法律活用を推進している。例えば，2010年7月，最高人民法院と環境保護部は関連する省・市で水資源司法保護および水汚染公益訴訟の調査・研究を行った。2011年以降，最高人民法院第4法廷（民四庭）と中華

環境保護連合会は，共同で海事環境案件の特定テーマについて調査・研究を行った。海事環境案件裁判文書を1,000部余り収集し，第1段階の海事案件データベースを作成した。2012年1月13日には，最高人民法院第4法廷（民四庭）と中華環境保護連合会は，海事環境司法研究・討論会を共同で開催し，現在の海事環境司法の注目すべき点，課題について検討し，交流した。

残念なことは，現在，最高人民法院は水環境公益訴訟に関する指導的な判例を未だ審理し，正式に歩み出していないことである。

2 中国における水環境公益訴訟の司法実践

現実の需要と司法の動向から考慮すると，中国の裁判機関では司法権を用いて環境保護を進展させる意欲が次第に高まり，実践の試みも盛んに行われ，徐々に環境司法専門化の兆しが表れている。具体的には以下のような動きがある。

2.1 専門的な裁判機関の設置

2007年以来，いくつかの地方裁判所では，環境保護案件を専門的に審理する環境保護審判廷を試験的に開設し，環境公益訴訟の実施を奨励している。例えば，貴州省貴陽市の中級人民法院と清鎮市人民法院は，2007年11月20日に同時に環境保護審判法廷を設立した。ついで雲南省の昆明市，玉渓市，曲靖市などで11ヵ所の環境保護審判法廷が設立された。重慶市高級人民法院は「環境保護案件の刑事，民事，行政を集中審理する専門裁判所の試点的設立に関する意見（関於試点設立専門審判庭集中審理刑事，民事，行政環境保護案件的意見）」を公布し，一部の基礎法院に環境保護審判廷を設立し，高級人民法院と一部の中級人民法院に専門的な環境保護合議廷を設立した。不完全な統計ではあるが，現在，全国で16省および直轄市が61ヵ所の環境保護法廷を設立しており，環境保護審判廷，独自に設立した環境保護法廷，環境保護合議廷の3つの形態が存在している。

2.2 独特の訴訟方式の試行

環境公益訴訟は，法律上に明確な規定がないために，いくつかの裁判所では裁判の実践中で独自の訴訟方式が試行されている。第1に，裁判所による原告範囲の拡大である。司法の実践において，環境公益訴訟案件の原告適格は，検察機関，環境保護行政機関であったが，環境保護社会団体，弁護士，一般市民などへ徐々に拡大されている。例えば，貴陽市中級人民法院は2007年12月に「指定管轄決定書」を公布し，「各クラスの検察機関，2湖1ダム管理局[1]，各クラス環境保護局，林業局など関連部門が環境公益訴訟の原告となり，人民法院に環境公益訴訟を提起することができる」と規定した。2011年7月には，海南省高級人民法院は「環境資源民事公益訴訟の試点実施に関する意見（関於開展環境資源民事公益訴訟試点的実施意見）」を公布し，「検察院，関連行政主管部門，法に基づき成立した自然保護区管理機関，環境保護と社会公益事業に従事する法人組織，基層集団性の自治組織，市民など6主体のいずれも環境公益訴訟を提起する原告となりうる」と明確にした。

第2に，独自の裁判と執行方式である。例えば，無錫市中級人民法院と無錫市検察院は共同で「環境民事公益訴訟案件の処理に関する試行規定（関於瓣理環境民事公益訴訟案件的試行規定）」を公布し，人民法院，人民検察院は環境公益訴訟案件を特殊な原則に従って処理するべきであること，人民検察院は一般民事訴訟原告の訴訟地位とは異なること，人民法院は一般民事訴訟のプロセスとは異なる特別な審判プロセスを活用することを明確に表明した。重慶市高級人民法院は「環境保護禁止令」制度および「代理履行メカニズム」を設けた[2]。

海南，雲南などでは環境公益訴訟特定項目資金を開設して，「利益は国有の原則」のもとで訴訟に活用している。

2.3 海事法院による水環境訴訟案件審理の積極的な試み

水問題の案件が行政区域を跨ぐものであることが多いため，中国海事法院が水域（海域）環境訴訟案件でいくつかの審理を試みている。2002年に天津海事法院が審理した「塔斯曼海」におけるタンカーの油漏れによる海域汚染の案件は，公益訴訟の性質をもつものであった[3]。広州海事法院が2008年

に受理した水域汚染公益訴訟紛争案件では，検察機関を原告とする汚染企業の水汚染公益訴訟案件として起訴され，被告に違法な汚水排出行為の停止と環境汚染の損失と費用を賠償させる判決が出された。2010年，武漢海事法院は長江本流の聖洪源等で発生した江蘇鎮江発電有限公司の水汚染案件を受理した[4]。

以上のように，中国の裁判機関が水環境公益訴訟において積極的な試みをしているにも拘わらず，メディアが公開している案例をみると，1994年から2009年まで，中国の各クラスの地方法院が正式に受理した環境公益訴訟の案件はわずかに20件余りである[5]。関連の統計によると，2008年に環境保護法廷が成立して以来，雲南，貴州，江蘇の3省の環境保護法廷がその後2年間で審理した環境公益訴訟はわずか4件であった[6]。これから明らかなように，現在，中国の環境公益訴訟は未だ試行段階であり，実際の意義よりも象徴的意義が大きい。

3　中国水環境公益訴訟の裁判実践中の障壁と課題

法律による明確な規定がないことにより，中国における水環境公益訴訟の裁判の実践では多くの法律上の障壁と困難に直面している。

3.1　現行法律の原告適格への厳しい制限

中国「民事訴訟法」第108条第1項の規定によると，「原告は本案と直接利害関係にある公民，法人とその他組織」である。しかし，現在，裁判の実践では水環境公益訴訟の原告は明らかにこの要求を満たしていない。いくつかの地方裁判所では，独自に制定した文書で法を作って原告適格の範囲を拡大しているが，中国の司法体制に基づくと，最高法院以外はそのような文書を活用して判決を下す権限を有していない。この文書は実際，裁判所の職責から逸脱しており，地方法院のこのような法を作る行為は法律執行における違法行為であるといえる。第11期全国人民代表大会常務委員会第23回会議で審議された「民事訴訟法修正案草案」で「環境汚染，多くの消費者の合法権益などの社会公共利益を損害する行為に対して，関連機関，社会団体は人民法院に訴訟を提起することができる」という規定があるが，この規定が採

択されるのか，いつ採択されるのかは未だわからない状況である。

3.2　証拠分析

　水環境公益訴訟の証拠分析とは，証拠収集，証拠の形式，挙証責任の分配，証明基準のことである。水の流動性，収容性および汚染の広範さ，遅れて発生する被害，長期性などが水汚染過程と結果を相当不安定にする。これらは，水環境公益訴訟の証拠収集が困難となる要因である。さらに水環境公益訴訟における被害者が住む場所は分散しており，人数も不確定で，公益訴訟代表の原告または今日的な意味での"当事者"の証拠収集はさらに困難になっている。

　水環境公益訴訟において汚染行為と損害結果の因果関係，損失額の計算は必ず専門機関，専門家が運用する科学技術手段による認定・鑑定・評価を受けなければならない。「民事訴訟の証拠に関する最高法院の若干の意見（最高人民法院関於民事訴訟証拠的若干意見）」第26条において，「当事者が申請する鑑定は，人民法院の同意を得た後，双方の当事者の協議により鑑定資格を有する鑑定機関，鑑定者を確定する。協議が成立しない場合は，人民法院が指定する」と規定されている。すなわち，当事者が申請する鑑定が裁判所の同意を得た後，2つの方式で鑑定機関を選択する。第1に，当事者が共同で協議して確定する方式である。第2に，協議が成立しない場合，裁判所が指定する方式である。環境汚染あるいは破壊は，期限があり複雑であることから双方の認可を待っていると，最良の鑑定時期を逃す可能性がある。それゆえ，片方による鑑定を認めることも水環境公益訴訟において考慮すべきであろう。この他，専門家の証人による証言も因果関係の重要な証拠となりうるが，司法の実践では専門家の証人による証言の影響は未だ制限されている。水環境公益訴訟には科学性と技術性があり，現在はそれらに対応しうる資質を備えた機関は少なく，専門家の証人による証言の効力を強めるべきであろう。

　挙証責任の分配と証明基準は，水環境公益訴訟において解決が必要な問題である。「侵権責任法」第66条では，「環境汚染による紛争が発生した場合，汚染者は法律既定の無責任，責任軽減及びその行為と損害の間に因果関係が存在しないことを挙証する責任がある」と規定されている。本条は原則

上，環境汚染訴訟における挙証責任の転換の実行を確定している。しかし問題は，水環境公益訴訟を単独の訴訟とみなし，不確定の状態にある挙証責任分配の規定に関する本条を活用することが認められるのか否かという点である。例え，挙証責任転換の活用を前提としても，訴訟においては，原告，被告それぞれの要証事実の証明基準の問題は，水環境公益訴訟に関する専門家の討論の焦点となる。いかなる証明基準を採用するのかについての本質は，当事者の法律的立場のバランスにある。水環境公益訴訟において，仮に原告が直接の被害者ではない自然人あるいは一般社会団体である場合，その弱者としての立場は明確である。一方，仮に行政機関を原告とする，あるいは検察機関が起訴を支持する場合，原告の弱者としての立場は逆転する。

　一般民事訴訟で優位を占める証拠規則と損害事実，損害結果に関する高度な蓋然性基準はすべて活用することができる。ただし，因果関係と免責事由など少数の問題については現在の科学水準に基づいて蓋然性基準を活用することが可能で，現行の証明基準を大幅に改定する必要はないであろう。

3.3　責任方式と訴訟費用負担

　水環境公益訴訟における責任方式については次の3つに分けることができる。第1に，法律に基づく命令の形式である。裁判所が原告の請求に基づいて被告に対して判決を命令する。例えば，被告に対して直ちに汚染排出の停止，汚染排出設備の撤去，期限付きの汚染物質排出基準達成，原状回復などを命令する。この方式は，どのように実施するか，誰が監督するか，費用はどのように負担するのかといった問題に係わる。

　第2に，法律に基づく補償である。すなわち，被告が環境汚染により引き起こした損失の費用を負担するという裁判所による判決である。公益訴訟においては，被告が支払う補償，賠償費用は国に納めるという基本原則がある。問題は，仮に公益訴訟の原告が自然人あるいは一般社会団体である場合，被告から受け取る費用で原告に支出する補償分をどうするかという点について，細部で複雑な方式になっていることである。

　第3に，懲罰の形式である。裁判所が原告の請求を支持する以外に，被告に対して科料を取る，あるいは原告の請求に基づき被告に対して科料を取るという方式である。この方式は，科料を取る行為をいかにして監督管理する

かという問題がある。仮に原告が行政管理職務を有する行政機関である場合は，この方式は有効である。なぜなら，被告の汚染行為に対して有効な監督管理を行うことが可能で，ひいては，被告が判決により指定された行為義務，すなわち，被告が支払った関連費用の国庫への収納の代理執行も可能である。一方，原告が行政管理職務を有する行政機関ではない場合は，被告は交付費用の行先が不明瞭でどのように履行されるのか分からないという問題に直面する。

訴訟費用の負担は，一般的な私益訴訟においては明確な規定があるが，公益訴訟においては細部まで明確な規定がない状況である。公益目的で提起する公益訴訟は，原告に対する訴訟費用を免除することが合理的であるが，むやみやたらに訴訟を起こさせる可能性がある。訴訟過程で発生するその他訴訟費用については，原告負担を一律免除し，裁判所が負担するという方式は，明らかに限られた財政の浪費であり，裁判所は引き受ける術がない。

4　中国における水環境公益訴訟の現実的な活路

現在の法律規則の枠組みのもとで，現行の訴訟規範を研究，考察し，さまざまな規則の間で繋がり得る点を探し，個々の案例におけるバランスのとれた当事者利益を通じて，最終的に水域の経済利益と環境価値の均衡を実現することを中国における水環境公益訴訟の現実的な活路とすべきである。

4.1　水環境公益訴訟の合法性の前提となる当事者適格

中国の訴訟法理論に基づき，当事者が裁判所に訴訟を提起する際には必ず正当な利益と必要性を備えたものでなければならない。具体的には，次の2点である。第1に，訴訟の対象が法律の保護を受けるという利益である。第2に，訴訟の主体が必ず争議と直接の利害関係を有することである。これら2点から，当事者は必ず自身の権利に対して直接の侵害を受け，その損害行為を根拠として訴訟を提起する者でなければならない。この理論に基づき，私益訴訟では民事と行政訴訟の体系が規定，構築された。現行の法律の枠組みで水環境公益訴訟を進めることが必要であるが，このような当事者の主体資格の制限を突破することができない。この制限のために，現在の水環境公

益訴訟は合法的に実施することが難しい状況である。

4.2　私益訴訟による水環境訴訟の合法性
　実際，現行の法律のもとでは，水環境民事訴訟の原告として適格と認められている主体があり，水環境公益訴訟に取って代わる合法なルートもあり，現在の私益訴訟（民事訴訟と行政訴訟を含む）の枠組みのもとで，私益訴訟により環境保護の公益目的を実現することが可能である。

（Ⅰ）合法的な民事訴訟の原告資格を有する水域環境主管機関
　水域環境主管機関を環境管理の専門機関として，環境汚染および破壊者との間に存在する行政上の管理関係を行政法により調整すべきである。しかし，これ以外にも双方が特定の法律事実に基づいて特定の民事法律上の関係を形成することが可能である。水域汚染損害賠償紛争は，合法的権益の侵害により発生した財産損害賠償の関係にあり，平等な主体間の民事法律関係にある。水域環境主管機関と環境汚染および破壊者の間には，環境管理における行政管理関係が存在するため，民事法律上の関係に基づいて民事訴訟を提起することを妨げられない。
　中国「民法通則」第73条では，「国の財産は神聖で侵犯してはならない。いかなる組織あるいは個人が横領，略奪，私物化，保留，破壊することを禁ずる」と規定されている。「物権法」第45条第2項では，「国務院が国を代表して国有財産の所有権を行使する。法律が別の規定を持つ場合は，その規定に従う」と規定されている。同法第46条では，「鉱物資源，河川，海域は国の所有に属する」と規定されている。「水法」第3条では，「水資源は国の所有に属する。水資源の所有権は国務院が国を代表して行使する」と規定されている。同法第12条では，「国務院水行政主管部門は全国水資源の統一的管理と監督活動に責任を負う。国が確定した重要な河川，湖において国務院水行政主管部門が設立した流域管理機関は管轄範囲内における法律，行政法規及び国務院水行政主管部門より授権した水資源管理及び監督職責を行使する。県クラス以上の地方人民政府水行政主管部門は規定の権限に基づき，当地の行政区域内における水資源の統一的管理と監督活動に責任を負う」と規定されている。

「海域使用管理法」第3条では，「海域は国の所有に属し，国務院が国を代表して海域の所有権を行使する」，第7条では「国務院海洋行政主管部門が全国における海域利用の監督管理に責任を負う。沿海の県クラス以上地方人民政府海洋行政主管部門は，授権に基づいて当地における行政区隣接の海域使用の監督管理に責任を負う。漁業行政主管部門は「中華人民共和国漁業法」に基づき，海洋漁業に対して監督管理を行う」と規定されている。「国務院行政機構設置和編制管理条例」第6条第3項では，「国務院の構成部門は，国務院の基本的な行政管理の職務を法に基づいて分担して履行する」と規定されている。

　以上のように，現行の法律規定に基づくと，河川，海域等の国有財産は法に基づき，国務院が国を代表して所有権を行使する。水行政主管部門，海洋行政主管部門，漁業行政主管部門などの国務院の構成部門は，自らの職責の範囲内の河川と海域について，国を代表して所有権を行使する権利を有する。各地の行政主管部門も当地の管轄区内で国を代表して所有権を行使する権利を有する。

　つまり，これらの部門は原告適格とすることが可能で，国を代表して水域環境の破壊者，汚染者に対して国家所有権の侵害を理由に民事訴訟を提起し，損害賠償を要求することが可能である。実際に，国家財産所有権が損害を受け，国有財産所有権を行使する行政機関あるいは法律，法規により授権した組織が国を代表して提起する合法的権利侵害に対する訴訟は，国有財産管理の職務の行使を体現するだけでなく，法定の職責として定められている。

（2）環境行政公益訴訟を代替する公民の告発と告訴権

　中国「環境保護法」第6条では「全ての単位と個人は環境保護の義務があり，環境を汚染，破壊する単位と個人に対して告発・告訴する権利を有する」と規定されている。中国の多くの地方条例も，「全ての単位と個人は，環境を汚染，破壊する行為に対して告発と告訴する権利を有する」と規定している[7]。これらの告発と告訴の対象は，環境汚染および破壊行為以外では，行政機関の環境汚染および破壊に対する不作為あるいは不履行も含むべきである。実際に，単位，個人の違法であれ，行政機関の違法であれ，公民

は主に当地の行政機関（あるいはさらに高位の行政機関）に対して告発・告訴を行う。環境保護は行政機関の義務と職責の一環であり，行政機関が環境を汚染，破壊する行為を処理する，あるいは環境主管機関の行為を是正することは，司法の手順でそれらを行うよりも効率的である。現在，最も必要なことは，告発と告訴の具体的な操作規範を完成させることであり，これがなければ環境公益訴訟を新たに確立していくことはできないであろう。

（3）起訴制度の支援による水環境訴訟の補足と改善

「民事訴訟法」第15条では，「機関，社会団体，企業事業単位は国，集団あるいは個人の民事上の権益を損害する行為に対して，損害を受けた単位あるいは個人が人民法院に起訴することを支援することができる」と規定されている。実践では，訴訟への意識と挙証能力などの問題により，環境汚染，破壊行為により合法的権益を直接に侵害された公民個人が環境訴訟を提起することは難しい。このような場合，公民は上述の規定に基づき，関連部門に支援を要求するか，あるいは，環境汚染，破壊行為が確実に発生しているが，起訴の時に直接の利害関係がない場合，裁判所は起訴の審査時に当事者に原告適格を変更することを告知しなければならない。裁判所も起訴を支援する機関の1つなので，上述の条項に基づいて司法建議書を出し，関連機関に対して環境保護職務の履行を要求するか，原告適格の起訴を支援することができる。例えば，2009年11月に雲南省昆明市環境保護局が原告として公益訴訟を提起した際，昆明市人民検察院は，起訴を支持する意見書を作成して原告の訴訟を支持した。これは環境保護機関の起訴資格と検察機関の起訴支援の職務を公益訴訟に活用した一例であり，訴訟方式の新たな形である。しかし，現行の法律規定を未だ突破したとはいえず，手本となるモデルの1つであるといえよう。

4.3　水環境訴訟の専門的裁判モデルの試行

これについては，次の3点が重要である。第1に，環境民事訴訟と行政訴訟が連関するシステムの構築である。同一の案件について環境民事訴訟と行政訴訟の間で調整を行うことができるルートを作り，起訴条件，挙証責任，訴訟費用等でできる限り障壁を減らし，証拠の効力と因果関係を統一的に認

定し，さらに裁判所が釈明権を主導的に行使し，すぐに当事者に請求の変更を告知するといったシステムが必要である。第2に，環境民事訴訟と行政訴訟を統合した裁判組織の開設である。専門的な裁判の需要に鑑み，専門的な水環境裁判法廷を開設すべきである。現在までの環境保護法廷の経験が証明していることは，環境法廷の環境公益訴訟に対する影響はそれほど大きくないが，一般環境民事訴訟と行政訴訟を結集することが，案件の最終的な解決に効果的な役割を果たしていることである。第3に，民事責任と行政責任を並行して採用することは，環境責任を問う方式として矛盾しないという点である。「侵権責任法」第4条では，他人の合法的権利を侵害する者は，その行為に対して民事，行政，刑事責任を同時に負い得ると明確に規定されている。水環境汚染，破壊行為は典型的な合法的権利の侵害行為であり，裁判時には民事責任と行政責任の総合的な運用を重視し，水資源の保護を促進するべきである。

(知足章宏［訳］)

注：
1　2湖1ダムとは，貴陽市の主な飲用水源である紅楓湖，百花湖，阿哈ダムのこと。
2　「環境保護禁止令」とは，人民法院が環境民事公益訴訟の案件を審理する際，被告による汚染，破壊行為が重大な危険を及ぼし，回復が困難となり得る緊急の状況である場合，原告の申請を得て人民法院が審査後に確実に必要であると判断すれば，環境汚染，破壊行為を禁止する裁定を出す制度のこと。「代理履行メカニズム」とは，裁判の執行中，判決書が確定した環境汚染処理と回復義務を指定した専門機関が代行して実施し，犯罪者，被告がその費用を支払う制度のこと（「重慶高院試点設立"環境保護審判庭"」中華人民共和国最高人民法院，2011年12月8日，http://www.court.gov.cn/xwzx/fyxw/dffyxw_1/gdfyxw/cq/201112/t20111208_167666.htm，2015年1月30日参照)。
3　2002年11月23日早朝4時，原油を満載したマルタ国籍のタンカー「塔斯曼海」と中国大連の「順凱一号」船が天津大沽錨の東部海域23海里で衝突し，原油漏れを引き起こした。国家海洋局は，天津市海洋局が国を代表して海洋生態損失の賠償請求を提起する権限を与えた。賠償請求額は9,830万元余りである。天津市漁政漁港監督管理所が国を代表して漁業資源損失の賠償請求を提起し，賠償請求額は1,830万元余りである。天津市塘沽区大沽漁民協会が漁民1,490世帯，河北省灤南県漁民協会が漁民921世帯および養殖を営む15世帯，天津市塘沽区北塘漁民協会が漁民433世帯，大沽漁民協会が当地の漁民236世帯および漢沽地区の漁民，養殖を営む世帯など256世帯を代表し，漁業資源が受けた損失，水産物の漁が停止したことで発生した損失への損害賠償請求を提起した。損害賠償請求額は6,228万元である。天津海事法院は，案件を受理した後，同案件の経緯が複雑であることを考慮して，合弁審理裁判方式（民事訴訟において，裁判所がいくつかの関連する案件を一括して1つの案件として処理

すること）を採用した。天津海事法院は案件受理後，次の 3 点については損害賠償重複の問題が存在しないと認識した。第 1 に大沽の漁民が請求した汚染による水産物の漁が停止したことで発生した損失および網具と砂浜における貝類養殖の損失，第 2 に天津市漁政漁港監督管理所が請求した漁業資源の損失，第 3 に天津市海洋局が請求した海洋環境生態汚染の破壊と生態修復の損害賠償である。裁判所は，漁民たちの損害賠償請求を支持しただけでなく，漁政漁港監督管理所と海洋局の請求も支持した。この案件の処理は環境公益訴訟の要素を含んでいる。

4　江蘇鎮江発電有限公司が正式に生産開始後，聖洪源等の漁民53世帯は，長期にわたって水産物を捕ってきた水域の漁業資源が顕著に影響を受け，最終的には捕獲する魚がいなくなっていることを発見した。漁民たちは発電過程の取水，排水行為が原因であると判断し，発電公司に対して経済損失への補償を要求した。しかし，発電公司は自らの取水，排水行為は国家規定の基準に適合している，さらに川沿いの地域には多くの発電所があるが賠償責任を負った先例がないことから補償を拒絶した。そのため，漁民たちは何度も発電公司近辺の埠頭や作業所の進路を塞ぎ，正常な運行を一定程度妨げる行動に出た。原告は最終的に裁判所へ告訴し，被告に対して漁民 1 世帯あたりの経済損失 5 万1,042元，合計（53世帯）で270万5,26元の賠償を請求した。 2 度の法廷訊問を経て，裁判所は双方の当事者の調停合意を成立させた。

5　張豐芹・曾祥生（2009）「我国環境公益訴訟原告資格制度的現状及出路」『2009年全国環境資源法学検討会（年会）論文集』中国法学会環境資源法学研究会（http://www.doc88.com/p-802989191032.html，2015年 1 月30日参照）。

6　高潔（2010）「環境公益訴訟與環保法庭的生命力－中国環保法庭的発展与未来」『人民法院報』2010年 1 月29日，（http://rmfyb.chinacourt.org/paper/html/2010-01/29/content_3415.htm，2015年 1 月30日参照）。

7　例えば，「上海環境保護条例」（1994年12月）第 6 条では「公民は良好な環境を享受する権利を有し，環境保護の義務がある。全ての単位と個人は環境を汚染，破壊する行為に対して告発，告訴する権利を有する」と規定されている。「福建省環境保護条例」（1995年 7 月）第 9 条では「公民は良好な環境を享受する権利を有し，環境を保護する義務がある。全ての単位と個人は環境を汚染，破壊する単位と個人に対して告発，告訴する権利を有する。環境汚染の損害を受けた時には賠償を要求する権利を有する」と規定されている。「寧夏回族自治区環境保護条例」（1990年 4 月）第 8 条では，「全ての単位と個人は良好な環境を享受する権利を有し，環境を保護する義務がある。全ての単位と個人は環境を汚染，破壊する行為に対して告発，告訴する権利を有する」と規定されている。

第10章

水紛争の調停と調和のとれた社会の建設

李 崇興

　中国では改革開放以降の急速な経済成長に伴い，水汚染問題が悪化し，関連の紛争が日々増加している。近年，水環境公益訴訟は中国の裁判機関に対して新たな裁判課題を提示し，実践と模索が行われている。

I　水紛争の概念

　水紛争とは，水資源の開発，利用，保護，統治，管理によって引き起こったさまざまな紛争のことである。数千年前から人間社会における水紛争は途切れることなく続いている。水資源，水環境は人類の基本的な生活や社会の発展においてとても重要な基礎物質であり，いかなる人，社会，また国家の発展においても極めて重要である。21世紀の経済社会の迅速な発展に伴い，水土流失，水質汚染，水量減少，水資源の無駄遣いなどの水資源環境問題は，社会経済の持続可能な発展の重要な要素となり，ある地域の水紛争は民族紛争や国家紛争を引き起こす引き金となり，またそれを長期化させる基本要素になることがある。我が国の各地における水紛争はすでに大規模な武装闘争にまで発展し，発砲，砲撃などを伴う深刻な状況にある。日に日に深刻化し，さまざまな形の水紛争が頻繁に発生し，かつ日ごとに激しくなるため，ある地域ではすでに社会の安定や経済発展に深刻な影響がでている。

2　水紛争の分類

　紛争の当事者から見れば，水紛争は人対人，集団対集団，人対集団などに分類でき，法律関係から見れば，行政事件と民事事件に分類でき，さらに地域から見れば，国際紛争と国内紛争に分けられ，その中でも国際紛争では二国間紛争と多国間紛争があり，国内紛争では行政区域内紛争と行政区域を越える紛争，流域内紛争と流域を越える紛争がある。
　水紛争の原因から見ると，水資源の開発，利用から起こったものがある。例えば，ウォータープロジェクトの補修が双方に影響を与え発生したもの，引水により他方に影響を与え発生したものである。また保護，治水が原因となって起こったものでは，例えば，汚水の排水によって上下流域および両岸の環境が損なわれて発生したもの，水資源の管理によるもの，水量分配によるもの，水資源の利用によるものがある。

3　水紛争の特徴

　水紛争の特徴はタイプによって異なる。以下に水紛争の主な特徴をまとめる。
　1つ目は地域的特徴である。水紛争が起こるのは往々にして水に対して敏感な地域である。多くの水紛争は通常ある特定の地域で発生し，主には水不足の地域，行政管轄の境界が接している河川または湖，引水点，取水点，および水利プロジェクト付近で発生する。
　2つ目は季節性と長期性である。多くの水紛争は季節性があり，頻度と深刻度合いは季節によって規則的に変化する。視察調査によると，現代の国内外の多くの水紛争は往々にして何年，何十年，何百年，さらには何千年もの間続き，水紛争はどの歴史上にも記載される歴史性紛争である。ある時期が来るたびに，特にある地域の河川と湖の境界点または取水点，分水点で大干ばつが起こる時期や引水の時期では水資源が非常に乏しいため，往々にして行政区域や流域を越えた，種族，村，大衆の水紛争が発生する。ある引水点では往々にしていくつもの記念碑がたてられ，詳細に例年の水紛争状況について記録されている。

3つ目に，尖鋭性と広汎性である。飲用水，用水問題が往々にして人間の生存問題にかかわってくることである。人間の利益の根本であるため，多くの水紛争には矛盾の尖鋭性と激しい闘争性がある。歴史からみると，多くの水紛争は発生しなければよいが，一度発生するとかなり激しく，影響範囲も広い。村中，一族，さらには全行政区域の居住民までを巻き込んだものまである。水紛争によって集団的，かつ大規模な武闘や切りつけ，発砲が起こり，さらには戦争を引き起こした例もある。

　4つ目に，多様性である。水紛争は種類が多く，複雑で性質も多様で，影響を受ける利益範囲が広く，かつ政治，経済，伝統文化，民族風習，気象，地理等の多くの社会的要素や自然要素と関係する。ある政治家たち（政治関係者）や企業家（経済関係者）は往々にして水紛争を通して，あるいは力を借りて，自分の特殊な利益や目的を実現しようとする。

　5つ目は，複雑性である。水紛争が発展して行く過程も複雑で，水紛争と水事違法案件は密接な関係にあり，往々にして，共に起こるか，お互いが干渉しているのである。あるものは表面的には水事違法案件の特徴を完全にもっているように見えても，違法案件の処理方法に照らし合わせてみるとなかなか解決できない問題がでてくる。これは水紛争の処理と違法案件が適用される法律規定が異なり，救済方法も異なるからである。

　6つ目に，技術性である。特に現代の水紛争や水質汚染，ウォータープロジェクトの利益紛争の問題は，往々にしてプロジェクトの技術問題や自然問題と水の総量，積載重量（汚染水の収容可能量），汚染水総量，処理措置，水量分配と調節具合等が関係している。

4　水紛争の処理

　水法第56条の規定によると，異なる行政区間で起こった水紛争は，協議によって処理すべきで，もしそれがかなわなければ，一級上の人民政府が裁決し，関係者は必ずそれを遵守しなければならない。水紛争の解決前に各方面で協議が成立していない，または共同の一級上の人民政府が批准しない場合は，行政区域の境界の両側の一定範囲内で，どちらか一方が排水，阻水，取水，または貯水の修繕プロジェクトをしてはならず，一方の現状だけを変

えるようなことをしてはならない。これは行政事件に焦点を合わせて規定されたものである。その実際の運用について考えると，省の境界における水紛争の当事者らの上級政府機関は国務院であり，水利部は国務院に属する行政機関であるため，省の境界における水紛争を調停する機関は国務院の三定規則に基づき水利部となる。さらに流域機構は水利部の派出機構で，水利部の部分的な職務を遂行し，本流域の省の境界における紛争の調停を行い，その他の職務も流域機構の三定規則によって決まる。しかし，裁決権は依然として国務院または国務院から権限を与えられた水利部にある。

　水紛争のうちの民事事件は，水法第57条に規定されており，単位間，個人間，または個人と単位間で起こった水紛争は協議によって決定しなければならず，当事者が協議を望まず，また協議が成立しなかった場合は，県クラス以上の地方人民政府またはその他の権限が与えられた部門に調停を申請するか，直接人民法院に民事訴訟を提起することができる。県クラス以上の地方人民政府または権限が与えられた部門による調停が成立しなければ，当事者は人民法院に民事訴訟を提起することができる。この点でひとつ注意しなければならないのが，地方政府または，それ相応の権限をもった部門の調停が成立せず，人民法院に民事訴訟を提起する場合には，当事者の相手方を被告としなければならず，地方政府や行政機関としてはならない。

　水紛争の調停中，よく錯綜した問題に出くわす。それはすなわち，行政事件と民事事件の錯綜，境界水紛争と水事法違反案件の錯綜，水事法違反案件と治安案件または刑事案件の錯綜，境界水紛争と境界画定民政紛争の錯綜，境界水紛争と境界土地所有権帰属または森林地域所有権帰属紛争の錯綜である。以上のような状況に陥れば，発生原因，紛争の歴史的根源，当事者の状況と性質，紛争若しくは違法行為による損害対象，紛争の激化程度と現代社会の治安への影響など，あらゆる面を分析しなければならない。これらの矛盾や紛争の錯綜は，往々にして共に起こるか，お互いに相関しており，直ちに正確に分析し，判断し，調停の主体を決め，きっぱりとした措置をとらなければならない。もし直ちに調停ができず，矛盾の激化がある一定の程度までいけば集団事件を誘発し，甚だしくは爆発，発砲などを伴う刑事事件を発生させ，社会の安定に重大な影響を及ぼすことがある。境界紛争案件は，直ちに水利部の「省の境界水事紛争予防調停方法」に規定された調停プロセス

で調停されるべきであり，集団事件や治安，刑事案件を誘発した際は，直ちに当該地域の人民政府と関係部門に報告し，迅速な応急措置をとり，事態の発展を防ぎ，水事秩序と社会の安定を確保すべきである．

水法ではさらに，水紛争が解決されるまで，当事者は一方的に現状を変更してはならないと規定している．これは長年の歴史経験が総括されたものであり，紛争の激化，事態の拡大を防ぐためのもので，水紛争を解決するための時間と良好な社会環境を得るための規定である．

5　国内外における歴史上の水紛争

5.1　諸侯盟約が水紛争を解決する

2000年以上前の夏・商・周の時代，国家が繁栄するなか，多くの集落が大干ばつにあうたびに，中央政府の権威と強大な力をもつ組織によって洪水や干ばつの問題，さらにそれによって起こった水紛争を解決した．東周以降は王権が衰え，制度が崩壊してしまい，各諸侯は自らのためだけに政治を行い，自国の利益のために，往々にして隣国に禍を押し付けた．そのため，干ばつが起こった時には，各国間で水や河川を争い，水源をコントロールし，「東周は稲を植えたいが，西周は水を流さない」（『戦国策・西周策』）というような多くの水問題を引き起こした．洪水が起きた際はさまざまな手段を駆使して他国に排水した．さらにひどい国々の諸侯は，河川にダムを作り上流にある国家を沈めたり，あるいはわざとダムを決壊させて放水し下流や河川付近の国家を沈めるなどのはかりごとを画策したり，ひいては水兵を使って他の国に侵攻したりした．各諸侯の利益関係を調整するため，当時の中原覇者の斉桓公は紀元前656年，召陵で諸侯盟約を主宰し，軍事および水紛争を解決するための協議を行った．そのなかで「毋曲防」（意味は，曲がったところに堤防を築き河川を塞いで他国に危害を加えてはならない，ということ）を召陵盟約の重要な内容とした．ほどなく斉桓公はさらに葵丘盟約で「無障谷」と「毋壅泉」等の条約を提案した．斉桓公は諸侯盟約を主宰し，相互の水事問題の解決事例を説明し，中華民族自身の生存と発展のため水に関する総合統治を実施する必要があり，また，地域間用水，排水で他国を謀ったり，妨害したり，あるいは相手の生産生活を破壊する行為を抑止する

必要があるとした。そしてそのためには，統一された社会的有機体を必ずつくらなければならず，それは高度な権威をもつ政府が治水を統括するということで，それによって「天下は一家族」という団結した治水局面を形成することができる，とした。

5.2　山西省洪洞県霍泉の分水の歴史物語

　洪洞県の広勝寺の山裾に，約100m^{2}の海場と呼ばれる池があり，それは霍泉の源流だった。霍泉は泌源諸山からきており，西は安澤県まで流れ，池となり，それが地下にしみわたって，霍山の麓の広勝寺の山裾の大きな石の中から噴出して，それが集まって淵となった。泉水は透き通っていて底までみることができ，顔6つくらいの大きさの源泉はまるでぐらぐら煮立たせたお湯のようでかなり壮観である。霍泉の水量は6,667万m^{3}近くの良田に水を撒けるほどのものである。広大で果てのない黄土高原では水は油のように貴重で，泉は命ほど大切なものである。よって，広勝寺の霍山南麓の洪洞県と趙城県は，少しでも多く霍泉の水を得るために先祖代々ずっと情け容赦なく殺し合い，争ってきた。1年また1年と死傷者は増え続けた。ある民謡には「霍泉の水は西へと流れ，用水路は血の涙と悲しさでいっぱいだ。南北双方の水路には恨みがたまり，千年の恨みは元に戻らない」とある。当時の洪洞県と趙城県の県令は，自分たちの県民の利益を守ることだけを考えたため，水紛争の問題について公平で合理的な解決には至らなかった。歴史書の記載にはこうある。両県の県民は"水の配分が不均衡であるため争いが絶えない"。よく武闘が発生し，集団で争い，大勢が押し合いへし合いし，頭から血を流し，盲目的な争いで亡くなる人もいて，悲惨すぎて見るに堪えないほどである。

　聞くところによれば，唐の貞観16年（642年）洪洞県と趙城県の水紛争で，海場の両側に数千人が集まり，紛争に参加する人は髪をそり，宴会をし，服を着替え，両親に挨拶をしてからそこに集まってきたのであり，帰るつもりはないのだった。目の前には大規模な命をかけた戦いが始まろうとしていて，平陽府（臨汾）の知事がこれを知ってから，自ら馬に乗ったが，水紛争を解決する方法はまだなかった。彼が霍泉を見たとき，そこは煮立ったお湯のようだったが，とっさに良い知恵が浮かんだ。海場のそばに大きな鍋

を1つ用意し，そこに油を入れて沸かし，それから争っている県民に次のように言った。私の手には10枚の銅銭がある，鍋の中に入れるので，君たち双方が1人代表を出して，素手でそれを拾いなさい，でも拾えるのは一度だけ，何枚拾えたかによって水を割り当てよう。話し終わったその時，趙城県の群集の中から1人の男があらわれ，上着を脱ぎ，何の迷いもなく自分の腕を煮えたぎっている油の鍋に入れ，一度に7枚の銅銭を取り出した。鍋の中には3枚の銅銭しか残っておらず，もう拾う必要はない。3割の水はそのまま洪洞県に割り当てられた。それから趙城県は7割の水を，洪洞県は3割の水を得ることとなった。役所は用水路に鉄の柱を11本打ち込んで民間の柵のようなものを拵え，10の水門を造り，それらを洪洞県に3つ，趙城県に7つ割り当てた。その後鉄柵の上に横板を敷き，"平政橋"と名付けた。さらに橋の上に3間に仕切られたあずまやを作り，"分水亭"と名付けた。あずまやの石碑の表には水の割り当て方法が，石碑の裏には水の割り当て図が刻まれている。これが有名な洪趙三七分水事件の由来である。

　これは人々を幸福にするはずだったが，かえって洪洞県と趙城県の両県民に大変な災難をもたらした。『山西通志』の記載によると，「洪洞県と趙城県の水紛争は長年にわたり，両県の間では婚姻をしないまでに至った」とされる。両県は泉水を争い，殴り合いを続け，それは数百年の間続いた。宋の開宝年間，明の隆慶2年，清の雍正2年と3年，合わせて4度大規模な武闘が起こり，死傷者の数はすさまじかった。水紛争の本当の終結は新中国成立以降のことである。水利を大いに興し，洪洞県と趙城県は合併し，人々は共同で水源を開発，利用し，農業を発展させた。

5.3　スペインの水法廷

　バレンシアの水法廷はヨーロッパで最古の機関の1つである。1000年以上もの間，毎週木曜の正午に大教会門前のミカエル塔の時計が12時の鐘をならすと，8人の人民裁判官が教会の入り口の空き地に集まり，世界的に有名で，栄誉ある，それでいて簡素な法廷をつくる。調査によると，バレンシアの水法廷はアラビア統治時期にまで遡ることができる。当時，灌漑用水によってたびたび水紛争が発生していた。およそ960年頃，正式に水法廷が組織され，この形式と内容は現在も引き継がれている。当時のバレンシア地区

では，果物や野菜の灌漑システムと水路がすでにかなり発達し，灌漑用水が必要な田畑をもつ人々は公社を組織しており，この公社は公平で民主的な方法によって水を分配するため水法廷という機構をつくった。

バレンシア水法廷は，バレンシアの果樹園と野菜園にある8つの水路の灌漑管理および水の分配を担う8人の代表からなっており，代表は自らの所属する公社の社員から民主的に選ばれるため，8つの水路の権威を一手に引き受けている。この8人の代表が水法廷の裁判官となる。この法廷の案件審理における基本的な特徴は，集中，口述，迅速，節制であり，裁判機能は簡素かつ効率的である。審理は公正，迅速で，判決は正確かつ的確である。法廷秩序は一貫して良好に保たれ，ミスはなく，誤審もない。よって，果樹，野菜園の農民は水法廷を全面的に支持し，召喚して尋問したいという意向をうけるとすぐに出廷し，制裁も喜んでうける。水法廷の審理内容は主に，渇水期の水泥棒や水路の水漏れ，水路の衛生問題，水流の滞り，水の浪費，規定されていない順序で水をまくというものが含まれる。

長い年月を経て，バレンシアの執政は幾度も変わってきたが，すべての君主がみな水法廷を重視し，肯定してきた。20世紀に入って以降，人類社会の司法制度がどう改善されようと，バレンシアの水法廷は途切れることも，力を削がれることもなく，逆に評判はますますあがった。スペイン国内では1978年から1985年の間に国王が4つの法律にサインをしてきたが，そのたびに水法廷の合法性が確認され，その誉れが手本とされた。

フランスのレンヌ市の最高裁判官はこう褒め称えた。「私はバレンシアの水法廷を視察したが，私はスペインを尊敬する，なぜなら彼らの各地には裁判所がないからだ。バレンシアの周囲1万7000haの土地では当局による法律の執行が必要とされず，執行は果樹園，野菜園の一般の人々が担っている。水路の代表者らは人々から尊敬され，世界的に有名な水法廷をつくりあげた」。これまでに，イギリス，インド，パキスタン，および南アメリカ大陸の20ヵ国等で，バレンシアの水法廷の経験と規則が国内の水規則に取り入れられている。

5.4　21世紀の人類が直面する"水紛争"

報道によると，全世界には214の河川または湖が，1つもしくは複数の国

境を跨いでおり，そのうちの148の河川または湖が2つの沿岸国家を跨ぎ，31の河川または湖が3つの沿岸国家を跨いでいる。しかし，国際法上，国際河川の分配と利用については明確に規定されておらず，また河川上流国家の河川下流国家に対する水源開放義務についても厳格な規定がない。よって水資源が非常に乏しい状況下では，上流国家と下流国家との間で水をめぐる紛争がしばしば発生し，甚だしきに至っては武力衝突を引き起こすこともある。この50年間で，水資源をめぐる衝突が二十数ヵ所で起こっている。

　ヨーロッパでは，ハンガリーとスロバキアの間を流れるドナウ川のガブチコヴァダムの修繕をめぐる紛争が発生し，何年もの協議交渉を経て，最後には国際裁判所による判決が下された。ドナウ川は世界中で最も多くの国を跨ぐ河川で，1950年代以降この流域の国家はすでにドナウ川の四十数ヵ所の水力発電所を修繕しており，ハンガリーとスロバキアの連合投資によって修築されたガブチコヴォ水力発電所もその1つである。この水力発電所の修築については，1977年の両国協議で共同出資が決定され，境界河川の水資源開発を通じて双方の水資源，水エネルギー，水上運輸など開発利用を推し進めることが目的とされた。さらに，水力発電所の修築過程においては環境を保護する義務がある。しかし1980年代初期，ハンガリー科学院がこのプロジェクトについて，オーストリアとハンガリーなどの境界部分にある湿地に環境上の負荷を与え，地域の飲用水のリスクとなり，ドナウ川の三角州湿地保護区の生態系を破壊すると思われた。科学者の連合抗議を受け，ハンガリーは1989年に自国の一部プロジェクトの中止を決定し，1992年にスロバキアに照会し，幾度かの協議を経てチェコが単独でプロジェクトを実施することを決定した。このプロジェクトの実施によってさまざまな環境問題が引き起こされ，国際社会の注目を浴びた。1995年6月，ハーグにある国際裁判所は，"国際的な環境と人権"を代表するという9つの非政府組織が「ドナウ川の生態系を回復し，天然環境を保全し，国家の不合理な行為に反対する」ことを求めて提起した訴訟を受理した。1997年9月，国際裁判所は「チェコスロバキアはドナウ川の自然水流の状態を変え，環境を悪化させ災難をもたらすプロジェクトプランを実施する権利を有しない。最終的なプランは必ずドナウ川の天然河川を回復させ，当該地域の生態を保護し給水を保障しなければならない」とする判決を下した。国際裁判所の判決は，国際河

川に関係する国家は各自の国際義務を果たさなければならず，水資源開発のために生態環境を破壊してはならないと述べている。

　中東は世界でも石油資源が豊富である一方，水資源は非常に乏しい地域であり，水資源に関する争いが絶えず，水は情勢が動揺し不安定になる根本的要因となってきた。ニロ川は古代エジプト文明をはぐくみ，チグリス川とユーフラテス川は古代バビロニア王国に繁栄をもたらせた。アラブ地域の水資源の大部分の水源はアラブ国家にはなく，多くの国家が同じ河川の水を使い，どの国もできるだけ多くの水を得たいため，中東政治の情勢は長期的に不安定な状況下にある。関係各国間の水資源配分に関する全面協定の調印は難しく，各国間で水資源をめぐる紛争や戦争が絶え間なく争われてきた。

（1）長期にわたって，アラブ諸国－イスラエル間で水資源の激しい争いが起こり，5回勃発した戦争はほとんどすべて，水資源と密接にかかわっている。1980年代にはイスラエルが大挙してレバノン南部に侵攻した。表向きの理由はパレスチナのゲリラ部隊攻撃だったが，実際の理由はその地域の豊富な水資源であった。

（2）パレスチナ－イスラエル問題において，淡水は重要な意味をもつ。1967年の第三次中東戦争後，イスラエルはアラブの広大な領土面積を占領し，そこの水資源を"戦略的資源"とした。パレスチナとイスラエルの会談の中で，パレスチナは水資源の問題において譲歩は絶対にしないと決めていた。

（3）ユーフラテス川はトルコ東部の山間地帯に源流があり，シリアとイラクを貫いて流れ，最後はペルシャ湾に流入している。シリア，イラク両国の飲用水，工業用水，および発電は当該河川に依存しているため，双方は河川上流の活動に極めて関心をもっている。

（4）1970年代，シリアがオースダムを建設すると，イラクは国境上に大軍を配置してダムを爆撃破壊すると威嚇した。トルコは1980年代末に壮大な"アナトリアプロジェクト"を開始した。見積もりによると，トルコの"アナトリアプロジェクト"の全てが竣工すれば，ユーフラテス川のシリア域内の水量は40％減少し，イラクに流入する水量も80％減少することとなる。そうなれば，3国間の河川をめぐる紛争はさらに切迫したものとなるだろう。

（5）イスラエル－シリア関係の"ほどけない結び目（解決できない問題の比喩：訳者注）"はゴラン高地にある。ヨルダン川の源流はゴラン高地にあり，中東の"給水塔"と呼ばれており，イスラエルの生活用水の40％はヨルダン川からきている。イスラエルのメディアはかつて，双方が水使用権問題で一定レベルの合意に達しないまま，イスラエルがゴラン高地を放棄してシリアにイスラエルの命綱を掴み取らせることなどあり得ない，と指摘している。

中東地域のシリア－イスラエル間，レバノン－イスラエル間，ヨルダン－イスラエル間などでの国家関係において，水資源は重要な要素である。イスラエルからすれば水資源は土地よりもさらに重要である。水資源はすでにアラブ国家の生死存亡を握る戦略的問題なのである。

エジプトとエチオピアのニロ川紛争も今に始まったことではない。現在，エジプトが必要とする水の97％がニロ川からのものであるが，ニロ川の水量の95％はスーダンやエチオピア，ケニア，ブルンジ，ウガンダなどエジプト以外の国に源流がある。上流国家は経済発展のために次々にニロ川の開発，利用の準備をしている。エジプトはこれら"定員外"の開発利用にはかなり敏感になっていて，上流国家に起因するニロ川水量の減少を防ぐためには武力行使も辞さないと何度も表明している。エジプトのサダト前大統領は「エジプトを戦火に引き入れるのは，水ただひとつである」と発言している。

専門家は，20世紀の多くの戦争が石油のためだとするならば，水資源がますます不足する21世紀において，国際社会では水のために軍隊が動員され戦争が勃発する可能性がますます高まっていると警告している。多くの国家が水資源をコントロールしたいと考えており，世界の国々が"水戦争"に直面する可能性はますます高まるであろう。イスラエルの元総理である故ラビン氏はかつて，たとえ領土などの問題が解決したとしても，水資源の問題が残っていれば，ユダヤ人とアラブ人は再び戦争を起こすだろうと発言している。

6．調和のとれた社会の建設

　現在，我が国は全体的には調和のとれた社会だといえる。しかし，調和のとれた社会に影響を与える矛盾や問題も数多く，主に都市農村間および地域間の経済社会の発展が不均衡で，人口資源環境の圧力が増加している。また，就職，社会保障，収入分配，教育，医療，住居，安全生産，社会治安などの方面では一般大衆の切実な利益に関係する問題が比較的突出している。体制メカニズムがまだ整っておらず，民主法制もまだ健全ではない。ある社会成員は誠意に欠け，道徳規範を逸脱し，ある指導者幹部の素養や能力，態度が新たな情況や新たな社会的要求に適応しておらず，ある領域では腐敗現象が依然として比較的深刻で，敵対勢力の破壊活動の浸透によって国家の安全と社会の安定に危害が及んでしまう。

　改革が深く浸透するのに伴って，行政事件の数も日増しに増加し，特に集団の行政事件が比較的突出しており，都市建設，資源環境，労働保障などの領域における行政事件は大量に増加している。ある行政事件は政治的に極めて敏感な問題で，行政事件を通してほかの政治的目的を達成しようとはかりごとをする者もいる。行政事件は増加の傾向にあるが，これは社会の利益構造が日増しに多元化，複雑化していること，法律によって権利や利益を守ろうとする人々の意識が一般大衆の中でますます高まっていること，さらに行政執行上の問題やその解決メカニズムが整っていないことなどを反映している。行政事件を確実に防止し適切に解決することは，一般大衆の切実な利益問題，調和のとれた安定した社会，党の国家運営における地位を強固なものにすることと密接に関係している。

　調停手段を運用した行政事件の解決を重視する。調停は中国独特のもめごとや矛盾を解決するための有効な手段であり，社会矛盾が顕在化する今日の情勢においては，多元的な解決メカニズムを確立し，党政組織および司法機関にしっかりと依拠し，また大衆自治組織や社会組織の力を活かし，法律手段の運用によってもめごとや矛盾を解決しなければならない。さらに，"和

を以て貴しと為す"という伝統文化を大いに発揚し，最も重要なことは，行政事件を解決するために調停手段を重視することである。

すでに起こってしまった行政事件は，事実を調査して明らかにし，是非をはっきりさせ，国家の利益や公共の利益，他人の合法的権利が損害を受けないという前提の下に，当事者双方の自由意思を基礎とする調停処理を行い，関係する当事者と行政機関との相互理解と信頼を深めなければならない。

7 案件分析：山西省，河北省，河南省境界の漳河水紛争

7.1 漳河上流の水紛争の概況

漳河上流管理局は，山西省，河北省，河南省の境界地域の108km川の河川を管轄し，それは山西省平順県，河南省林州市，安陽県，および河北省渉県，磁県に渉る。

直接漳河から水を引くことで有名な地域は，河南省の紅旗水路，躍進水路，天橋水路，河北省の白芝水路，大躍峰水路，小躍峰水路などの灌漑地区である。

1999年の春節期間，河南省林州市古城村と河北省渉県黄龍口村との間で水紛争が発生し，再び重大な爆破，砲撃事件が起きた。数百もの民家や生産生活施設が破壊され，100人近い村民が負傷し，直接的な経済損失は800万元以上に及んだ。

7.2 漳河上流の用水状況

漳河水紛争の主な原因は人が多く，土地が少ないこと，水資源が乏しいこと，経済や文化がたち遅れていることである。水紛争の多くは，108kmの川の両岸に分布し，それぞれ3つの省に属する49の自然村落，人口およそ5.11万人の地域で発生してきた。当該地域は太行深山区に属し，山は高く谷は深く，土が少なく石が多く，植物はまばらで，水資源は乏しく，交通と通信の便も悪く，経済発展は遅れている。5つの県のうちの2県は国家級貧困県で，今も一部の村は貧困から抜け出せていない。

歴史的に見ると漳河の開発は比較的早かった。戦国時代，魏国の西門の豹治鄴によって著名な引漳十二水路が建造された。唐代には万金水路が，明代

第10章 水紛争の調停と調和のとれた社会の建設

には永恵水路，任公水路，柴公水路が，清代には公益水路，万順水路などが，また中華民国期には民有水路，漳南水路が建設された。1942年には八路軍によって129の将軍水路が建設された。

改革開放以降，下流の漳南水路，民有水路はともに約666.7km^{2}以上の大型灌漑地域へと発展した。1960年代，1970年代に水利修理が盛んになった際，漳河の開発も歴史的ピークを迎えた。漳河の岳城ダムより上流の山西省内で3つの大規模ダムが，11の中規模ダムが，110の小規模ダムが立て続けに建造された。3つの省における漳河灌漑区域面積は過度に大きくなり，現状では漳河の水源地域だけでも約273万km^{2}となっている。侯壁より下流の基礎水流は毎秒たったの10m^{3}しかないが，各灌漑地域の引水能力はすでに毎秒100m^{3}以上に達しているため，需要と供給のバランスがとれていない状況にある。

1990年代，河川上流からの水が急激に減少し，渇水期では毎秒3m^{3}だった。省の境界の流域では何度も水紛争が起こっていた。

7.3 水紛争の解決方法

漳河上流の水紛争を解決するため，党中央および国務院の指導者である胡耀邦，趙紫陽，李鵬，朱鎔基，田紀雲，姜春雲，羅幹などは書面による指示を次々に数十回発し，水利部，公安部，海河水利委員会は何度も3つの省の意見をとりまとめて文書にし，各クラスの地方政府および関係部門は，一連の措置を講じ，紛争を解決して漳河両岸の安定を保つため膨大な事業を実施した。

漳河における水紛争解決のための措置は，およそ以下の3つの段階に分けられる。

7.3.1 行政調停段階

1950年から1999年の砲撃事件の発生までは，主に行政手段による水紛争の調停が行われていた。水利部，公安部の調停の下，関係する省は一連の協議書に調印した。1989年，国務院は『水利部による漳河水量分配方案の問い合わせ』（国務院発行文書［1989］42号）を受け，回答および伝達を行った。1992年，国務院は北京で漳河水紛争の調停会議を主催し，『漳河の水調停に関する国務院会議議事録』（国務院参照文献［1992］132号）をまとめ，

漳河上流108kmの流域と紅旗水路，大躍峰水路などの4つの灌漑区域の第一期基幹プロジェクトを統一管理する海河水利委員会漳河上流管理局（以下，海委漳河上流局とする）を設立した。これらの措置は，漳河の水紛争を解決するうえで重要な根拠と条件を与えた。

なお，1990年代に発生した重大事件には以下のものがある。

①1991年12月，河北省渉県黄龍口村と河南省林県前峪村との間に発生した砲撃事件。国務院の委託を受けた水利部は，河北・河南の両省に"1.13協議"に調印させた。

②1992年8月，河南省林県紅旗水路が爆破され，1000万元近くの直接的損失を発生させた。国務院は漳河水事調停会議を主宰し，議事録をまとめ，漳河上流管理局の設立を決定した。

③1995年12月，河北省大躍峰水路が爆破され用水機能がなくなった。

④1997年3月，河北省渉県白芟村と河南省林県前峪村で数百人が関与した武闘事件が起こった。海河水利委員会，河北省，河南省，水利庁は協議議事録に調印した。

⑤1997年6月，河北省渉県白芟水路で4度爆破があり，水利部副部長が主宰して国務院指導者が同意した調停の議事録に，河北・河南の両省が調印した。

⑥1998年6月，河北，河南両省の境界でウォータープロジェクトの砲撃破壊事件が起こり，水利部副部長と両省が協議にサインした。

⑦1999年の春節期間中，河北省渉県黄龍口村と河南省林州古城村で重大な爆破砲撃事件が起こった。国務院は水利部，公安部の連合調査班を派遣した。

7.3.2 集中対処措置段階

1999年の春節期間中の爆破砲撃事件後，2年ほどは法律と行政手段によって集中対処措置が講じられた。砲撃事件後，朱鎔基総理と羅幹氏は重要な指示を出し，当該事件の処理に厳格な要求を提示した。

国務院弁公庁は『中央指導者による河北・河南両省の漳河水紛争事件に対する指示精神決定議事録』（国務院参照文献[1999]20号）を通知した。

中央指導者の指示に基づき，水利部，公安部の連合調査班が派遣され，両省の水利，公安部門業務を協議，指導し，水紛争と刑事案件の処理において

比較的重要な端緒となった。

両省公安部門は集中的に，手製の猟銃，爆弾，爆発物を没収し，隠れた禍の元を取り除き，指導者が責任を負うことになっている県（市）や郷は指導者幹部が処理を行い，爆破砲撃事件を計画，実行した者に対し法律に基づいて刑事責任を追及した。

水利部と公安部の両部門の連合調査班と両省の政府および関係部門の努力により，漳河両岸は基本的には秩序と社会治安の安定を保てるようになった。

国務院指導者が指示した精神に基づき，両省の指導者として責任を負う関係者に対して，以下のような厳正な処理が下された。

渉県の規律検査委員会は，合漳郷の党委員会書記兼郷長に対して厳格に懲戒免職の処分を決定した。邯鄲市党委員会は，直接責任を負う指導者である渉県副書記兼副県長に対して厳しい戒告処分を行った。安陽市党委員会は，林州市長に行政過失を問う懲戒処分を，副市長には懲戒免職処分を，さらに林州市党委員会と市政府の主な指導者に対し，1999年度の先進的で優秀な人物に選出される資格をはく奪する処分を決定した。

法律に基づき被告の刑事責任を追及した。

さらに，河北省渉県の人民法院は違法に爆発物を製造した黄龍口村の元支部書記に懲役3年，執行猶予4年，さらに党支部書記を解任する判決を，元村民委員会主任には懲役3年，執行猶予3年の判決を下した。河南省林州市人民法院は違法に銃や銃弾をつくった古城村の元支部書記と村民の侯某に懲役3年，執行猶予3年の判決を下した。

7.3.3　刷新に向け突き進む段階

2000年以降，海委漳河上流局は創造的に水の権利および水市場理論を運用し，行政・経済手段と水紛争解決プロジェクト措置を総合的に利用し，水紛争解決に向けた新しい考え方とルートを探り，根本から漳河の水紛争を解決するための良い試みを始めた。

7.3.3.1　分水方案を実施する

『国務院が水利部の漳河水量配分方案伺いを承認する通知』（国務院発行文

書［1989］42号）の規定によると，漳河の年間水量を河南，河北の両県に配分する比率は，河南48％，河北52％で，渇水年は半々である。

濁漳河と清漳河の基礎流量配分について，灌漑の季節には河南，河北にそれぞれ濁漳河の実際の水量を3：1の比率で配分する。清漳河の水は河北が利用する。灌漑季節以外や増水期については，各灌漑区域が引水量をコントロールする。

7.3.3.2　漳河上流の統治計画を実施する

近年，海委漳河上流局は河北，河南の両省に次々と"7.11協議"，"7.9協議"，および"11.11協議"をまとめさせ，各省の違法プロジェクトや違法案件の処理を行い，2000年4月に水利部が意見回答した『漳河侯壁，匡門口および観台までの流域の統治規則』に基づき，300万元の投資をして108kmの流域の統治線を画定し，統治線画定プロジェクトを完了した後は，流域内の村と土地を守るプロジェクトに関する規則を定めた。

2002年には漳河上流統治2期プロジェクトが開始され，このプロジェクトに2375万元の投資をした。主な内容は流域の整備と水紛争の処理，分水プロジェクトと施設の管理，および水文遠隔測定システムである。プロジェクトの完了により施設の管理が向上したため，両岸の不安定要素が取り除かれ，流域の正常な管理を実施し，根本から水紛争を解決し，長期にわたる安定的な統治を実現するための条件が整えられた。

7.3.3.3　流域管理機構による調停

省の境界を越えて協議調整できる流域管理機構の優位性を十分に発揮し，紛争の二大焦点の調停を行った。

漳河上流の問題の特徴は複雑性と多様性である。水資源の需要と供給の矛盾だけでなく，土地，林業，民政などの部門に関係する場合にも，海委漳河上流局は流域管理機構が省を越えて協議ができる優位性を発揮し，必要な調停を実施し，越権行為をせず，土地，林業，民政などの関係部門の矛盾が引き起こした水紛争を解決するための方法を積極的に探した。これにより，比較的良い効果があった。

①河北省渉県黄龍口村と河南省林州市古城村挿花地の紛争の調停

②河北省渉県田家嘴村と河南省安陽県東岭西村康庄の河川敷をめぐる紛争の調停

7.3.3.4　資源配置の向上と治水を実現する考えの三大刷新

　各方面の利益を考慮し，各関係者間のバランスをとり，漳河上流地域に調和のとれた社会を実現するため，海委漳河上流局は水事業において以下の3つの確保を打ち出した。

（ア）沿岸の村の用水を確保する
（イ）紅旗水路の分水方案に基づき十分な水量を確保する
（ウ）邯鄲市の都市工業用水を確保する

　これらの確保を実現するため，資源配置の合理化，用水の安全の保障，水資源の調整と供給，水紛争の解決のための新しい考え方と措置の探索が必要である。

①省を越える水資源調整の実施

　海委漳河上流局は，上流にある山西省ダムの貯水状況と下流の水の需要状況を調査し，3省の地方政府および関係部門と協議し，以下のことを決定した。水源においては，上流5つのダムを連関させて水の供給調整を行う。各使用者の用水量については，河南省林州紅旗灌漑区域が1000万m^3，安陽県躍進灌漑区が800万m^3のダムの水，および沿岸の村の灌漑用水，河北省渉県の沿岸の村の灌漑用水を使用できるとした。水の価格は協議の結果，2.5分/m^3に決定した。これらを基礎とする調整方案が制定され，統一管理された分水プロジェクトが利用され，省の境界を越える3000万m^3余りの水の調整が行われた。

　省の境界を越える水資源の調整は，社会経済に目に見えて良い結果をもたらした。1つ目は，水資源の需要と供給の矛盾を友好的に緩和し，水紛争を防止し，社会の安定が保たれたこと。2つ目は，比較的良い経済効果が得られたことである。すなわち，下流の耕地2.7万haの灌漑は数十万人の用水問題を解決し，4000万元余りの利益を上げ，山西省の水管理団体は70万元余り，水力発電所も50万元余りの収入を得た。3つ目は，3つの省の境界地区の共同治水を促進し，両岸の共同発展に効果を上げたことである。4つ目は，伝統的な方法を打破することで，市場メカニズムを運用した合理的な水

資源の配分，水紛争を解決する新しいルートを開拓したことである。
②かなめの季節ごとに時期を分けた給水

　灌漑のピークにおける濁漳河の水量は少なく，3つの省の境界にある橋の下の右岸は河南省の天橋源水路，左岸は河北の白芟第一・第二水路である。左岸に水を供給すれば右岸には供給できず，よく水を争って紛争がおきた。流域の村における用水の安全を保障するためには，漳河両岸の秩序と社会の安定を維持しなければならない。2002年6月以降，濁漳河の河北，河南両省の境界流域全体の分水と灌漑地区の用水制限を実施し，交互に水の供給を行うことで，"季節のかなめの重点的な流域"における用水矛盾を最大限緩和し，集中して水量調整を行った。
③集中水量調整

　河南省の躍進水路は漏水しており引水条件も悪く，さらに白芟第一・第二水路による制約もあったため，近年では濁漳河からの引水は少なかった。

　海委漳河上流局は，今年春の漳河上流の土壌湿度状況と各灌漑区域の引水需要状況および躍進水路の春の灌漑用水需要に基づき，初めて水量の集中調整の実施に成功し，河南省安陽県の農業用水の不足状況を緩和した。

7.3.3.5　解決すべき4つの課題

　あらゆる措置を運用し，水紛争の解決に必要な4つの難点を打破する。
①補償プロジェクトで河北省渉県下庄の水力発電所修繕の問題を協議解決する。
②措置プロジェクトと経済補償で河南省安陽県の用水問題を解決する。
③補償プロジェクトで河北省渉県下庄の水力発電所修繕の問題を協議解決する。
④経済的な賠償によって河北省渉県大倉村と河南省安陽県上寺坪村の紛争と矛盾を平定する。

7.4　経験と啓示
7.4.1　"3つの代表"の実践

　"3つの代表"の重要思想を自覚，実践し，大衆の根本利益を守ることは問題解決の出発点であり，終着点である。

漳河境界の紛争において最も直接的で深刻な影響を受けるのは現地の人々である。大衆の根本利益から出発し，大局，長期的視野をもつことで，水紛争の危害に気づき，地方保護主義を克服し，団結を促進し，社会の安定を維持し，大衆の根本利益を守ることができる。漳河上流地域の自然環境は劣っており，水資源の不足，耕地の不足が主な矛盾の根源であることを理解しなければ，大衆の生活条件を改善し根本から水紛争を解決することはできない。大衆が注目している問題を理解し，困難の解決に力を尽くしてようやく，大衆の支持が得られ，有効的に問題を解決できる。

　数年来，海委漳河上流局は沿岸の30の村に深く入り込み，何度も村の党委員会，党員代表，大衆代表が参加する座談会を主宰し，膝を突き合わせて本心から話し合い，大衆の声に耳を傾けることによって，彼らの支持と助けを得ることができた。

7.4.2　漳河における水紛争解決の実践が示すもの

　近年の漳河の水紛争解決の実践は，以下のことを明らかにしている。政府が責任を負い，部門が協力し，責任を遂行し，流域機構の統一管理を強めることが解決の鍵である。中央指導者による漳河水紛争の重視は，水紛争の解決にとって有力な保証となっている。

　水紛争は利益の争いであり，漳河水紛争の解決のための実践は以下のことを明らかにした。水紛争の解決には，政府のコントロールと市場メカニズムを組み合わせ，水が資源であり商品であることを理解し，経済規律によって行動し，市場メカニズムと流域機構の協議機能を十分に活用し，上下流の経済利益関係を調整することで水資源の需要と供給を調整し，水資源を合理的に配分し効率良く利用し，経済社会の発展需要を満足させる必要がある。

　流域の水資源統一管理の強化は，水紛争の解決を保障する重要な要素である。

　流域水資源は有機体であり，上下流，両岸，主流支流間の開発利用は相互に影響し合っており，水問題は全国的な問題として捉え，対処しなければならない。水資源の開発では，次の一点だけに気をつければ良く，それは自分の利益ばかりを考えた行動をとらないことで，この点に気をつけなければ必ず水紛争が起こってしまう。

水紛争の根本的な原因は水資源の争いであり，漳河の水紛争問題解決の実践は以下のことを明らかにしている。流域水源の統一管理を実行し，総合的に流域の上下流，両岸の関係を考え，合理的に水資源の調整，配分をすれば，効果的に水紛争を防ぐことができる。

　行政，経済，法律とプロジェクトの手段を総合的に運用することは，水紛争を解決するうえで重要な要素である。漳河水紛争の解決のための実践は以下のことを明らかにした。

　水紛争を解決するには，行政，経済，法律，技術手段の総合的な運用が必要である。

①必要な行政手段を講じ，責任を確定し，流域水資源の統一管理をする。
②自然規律と経済規律を守り，市場メカニズムを運用した合理的な水資源の配分と調整を実施し，用水効率を上げる。
③必要なプロジェクト施設をつくり，水資源の合理的な配分と持続可能なプロジェクト実施を保障する。
④法律を強化し，法に基づいて治水をし，秩序を規範化する。

　予防を主とし，事前に備えることが水紛争解決における重要な原則である。かつて，漳河の上流地域の地方政府と流域機構は往々にして消防隊を組織し，矛盾が発生した後，またそれが深刻化したあとにようやく調停していたため，どの水紛争も両岸の大衆に比較的大きな経済損失や心の傷を残したため，新しい紛争のもとが水面下にひそむこととなった。

　漳河の水紛争解決のための実践は以下のことを明らかにした。

　水紛争の解決するには，予防を主とし紛争を未然に防がなければならず，矛盾の解消が基礎部分にあり，萌芽の段階で矛盾を消滅させる必要がある。

　　　　　　　　　　　　（櫻井次郎［監訳］，田中結衣［訳］）

第 4 部
利害関係者の参加と役割

　流域には多様な利害関係者がさまざまな形でかかわりをもっている。我が国の琵琶湖，霞ヶ浦などの取り組みは，政治体制は異なるものの中国における湖沼環境改善のための示唆を与えるであろう。中国雲南省の洱海流域での3次産業中心の汚染物質の負荷状況調査から，農業を含めた産業構造の転換への示唆は数値的根拠を示した産業面での改革案として注目される。また，近年中国農村で行われた行政改革としての郷を廃止して村に降格する「徹郷変村」は，環境行政部門の管理体制の後退を招き，農村の環境悪化が進行しており，流域の水質保全面での課題となっている。

第11章

中国の流域環境ガバナンスに関する一考察

公衆参加の視座から

北川秀樹

はじめに

　本章は，2012年5月に，中国武漢市で開催した学術振興会二国間交流事業「流域環境ガバナンスに関する日中共同セミナー」における筆者の報告をもとに，流域環境ガバナンスの改善を目指した公衆参加と協働のあり方を考察したものである。武漢市は湖北省の省都であり長江の水運の要衝として栄えたが，同時に多くの湖沼を抱える水都であり中国における環境法研究の中心地でもある。特に，セミナー参加者が視察した梁子湖の水質はすぐれ，その優れた環境はどのようにしてもたらされたのかということに関心をもった。もちろん，汚染源対策などの厳しい行政管理（工場，事業場規制）による面もあるが，住民の生活にも配慮し，漁業と観光の振興との両立を図っていることにあるとの印象をもった。

　本章では，まず，情報公開と公衆参加について，国際的動向，日本と中国における情報公開の法的根拠，中国の陳情や環境影響評価制度などにおける公衆参加の現状と特徴を紹介した。次に，河川・湖沼の環境対策について，なかなか進まない改善に対して日本と中国の法規制の内容を述べた。さらに，日本における流域ガバナンスの議論を紹介し，ガバナンスの改善方策について日本のアサザ基金での取り組みをヒントに私見を述べた。最後に，中国の近未来の環境政策への示唆として，多様な利害関係者の参画と協働の必要性を強調した。

I　情報公開と公衆参加

(1) 日本

　政府，行政の収集した情報に対する公開請求権は，憲法21条１項の表現の自由から保障される情報の自由な流通を前提としており，情報給付請求権（知る権利）の一環と考えられている（渋谷2003，398頁）。但し，プライバシー，営業上の秘密，不確定情報等については慎重であるべきことはいうまでもない。また，公衆参加は情報収集による，よりよい政策の決定につながるものであり，国民主権に基づく政治への参加の一環としてとらえることができる。

　情報公開と公衆参加は，環境問題を解決するにあたってはきわめて大切である。なぜなら，大気，水質などの環境の悪化は，住民の健康，生活環境に直接影響するため，住民が行政情報にアクセスして確実な情報を得，的確に行動することが必要であり，そのため，行政機関が得た関連情報については，原則として積極的に公開されなければならない。また，地域の情報については，現地の住民が最も実態を知り環境の変化に敏感であることを考えれば，それを行政施策に反映する公衆参加が保障されていなければならない。

　近年，環境問題は産業型公害のような加害者，被害者がはっきりしたものから，自動車排気ガス，生活排水，ゴミ問題のような都市生活型公害や，地球温暖化のような地球環境問題へと変遷してきたが，これらの問題はその原因が日常の生活，事業活動に起因するものであり，住民，企業，行政が協働しなければ解決できないという性格を有している。

　国際的には，1992年に開催された環境と開発に関する国連会議，いわゆるリオ・サミットで採択された「環境と開発に関するリオ宣言」の原則10において，「各個人が有害物質や社会における活動に関する情報を含む，行政機関の有する環境に関する情報への適切なアクセスを有するべきであり，政策決定過程への参加の機会を与えられなければならない」ことが定められた。そして各国は情報の提供と公衆の参加を奨励し，司法および行政手続への効果的なアクセスを与えなければならないとされた。

　また，ヨーロッパ経済委員会（ECE）の環境閣僚会議で1998年に採択されたオーフス条約[1]は，環境に関する情報の範囲を健康，安全，文化などの分

野を含め広くとらえ，すべての公的機関が随時情報を収集，公開し，提供しなければならないこと，環境に関する決定過程への公衆参加[2]および司法救済を受ける権利の保障（行政機関または第三者機関による不服審査も含まれる）を定めており，情報公開と公衆参加は環境政策の企画，立案において枢要なものとなっている。

わが国では，憲法21条1項で規定された表現の自由から派生した権利として「知る権利」がとらえられている。本来は「国家からの自由」という伝統的な自由権であるが，参政権（国家への自由）的な役割があり，さまざまな事実や意見を知ることによってはじめて有効に参加できると考えられている（芦部2011，171頁）。法改正の際に「知る権利」を規定しようとする動きもあり，たとえば，民主党が2005年に公表した「憲法提言」の中では，「情報社会と価値意識の変化に対応する「新しい人権」を確立する」とし，国民の「知る権利」を憲法上の権利とし，行政機関や公共性を有する団体に対する情報アクセス権を明確にすることを謳っている（民主党憲法調査会2005，10頁）。

一方，情報公開の重要性が認識され，制度化されだしたのはリオ・サミットの開催時期と同じ頃である。先進的な自治体では1980年代から情報公開条例を制定していたが[3]，国は，1999年に「行政機関の保有する情報の公開に関する法律」を制定し，法人情報に関し「人の生命，健康，生活または財産を保護するため，公にすることが必要であると認められる情報」について義務的開示を認めている（5条但書）。これは法人等の利益よりも優越する公益がある場合は公開を義務づけたものである（大塚直2010，59頁）。一方，環境政策における情報公開の必要性は，1993年の環境基本法制定時の国会審議において議論され（環境省2002，101頁），現行法の中に，国の情報提供の努力（27条）[4]や民間団体等の自発的な活動の促進措置（26条）として規定されている。しかし，国が適切であると判断するものを裁量により，相手方に提供することができるとの規定に止まっている。日本の情報公開も広がりと実質化の点では未だなお十分とはいえない状況にある。

（2）中国

中国では，憲法において，「人民民主専政の社会主義国家」（1条）と規定

しているほか，「中華人民共和国の一切の権力は人民に属する」（2条）とし，人民がすべての政策決定の主人公とされており，これが公衆参加の根拠とされている（劉2002, 87頁）。また，「一切の国家機関と国家機関職員は人民の支持に依拠し，人民と密接に連絡を保持し，人民の意見と提案を聴取し，人民の監督を受け人民のために勤務するよう努めなければならない」（27条2項）としていることから，情報公開と公衆参加の促進は当然の帰結であるといえる。

しかし，従来は環境保護関連の情報でも国が規定を制定し，重大な影響のある環境汚染事故と環境汚染が原因の公害病調査報告・データ資料などは「機密」扱い，全国中大都市の全面的・系統的な水，大気，騒音，廃棄物汚染と重要な海，川の水質観測データなどは「秘密」扱いとし，公開を制限していた[5]。

ただ，近年では政府情報の公開の動きは進みつつある。この契機となったのは，吉林石化公司の化学工場の爆発事件である。この事件は，2005年11月吉林省ハルビン市の中国石油吉林石化公司の化学工場で大規模な爆発事故があり，この結果ニトロベンゼンが松花江に流入，沿岸の住民への水道供給がストップしたものである。汚染物質は下流の黒竜江に流入，ロシアの住民の水供給にも大きな影響を及ぼし，国境をまたがる重大な汚染事件となった。特に，問題にされたのは地元当局の通報の遅れや情報の隠蔽があったためであり，SARS事件同様，自らの進退にかかわらないよう密室で処理してしまおうとする中国行政幹部の姿勢と，環境ガバナンスの限界を国際社会に示すこととなった。この事件直後の12月3日，政府は，「科学的発展観を着実に実施し環境保護を強化する国務院決定」を全国の行政機関に通知した。この決定の中では，環境保護事業の積極的推進により，全国の環境質は基本的に安定し一部の都市と地区の環境質はかなり改善し，多くの主要な汚染物排出総量は抑制の傾向となったとの認識を示す一方で，環境の深刻な状況は改善されていないとし，河川，海域，大気，酸性雨の汚染が深刻なこと，有機物汚染の被害が現れ始めたこと，土壌汚染の面積の拡大などを指摘している。また，水土流失面積の拡大，石漠化・草原の退化の加速，生物多様性の減少，生態システムの機能の劣化などの生態環境の破壊は深刻との認識を示している。とりわけ，情報公開と公衆参加については，環境保護システム改

善のなかで，社会監督システムを健全にし環境質公告制度を実施すること，定期的に各省の環境保護指標を公布し，都市空気質，都市騒音，飲用水水源水質，流域水質，近海海域水質と生態状況評価等の環境情報を発表すること，適時に汚染事故情報を発表し公衆参加に適した条件をつくること，環境質量が基準に達しない都市を公表し投資環境リスク事前警告システムを整えること，社会団体の作用を発揮し各種の環境違法行為の検挙と摘発を促進し環境公益訴訟を推進すること，企業の環境状況公開義務，公衆の環境権益に関係のある発展計画と建設プロジェクトに関する公聴会，論証会の開催などにより公衆の意見を聴取し社会監督を強化することを強調し，情報公開と公衆参加による監督の役割に重点を置くことを明確にしている。この背景には，環境汚染の頻発が社会の不安定にまでつながりかねないことについての中央政府の懸念があったものと推察される（北川2006，8-10頁）。

　これを受け，2008年5月に政府情報公開条例が施行された。条例は，政府業務の透明度の向上，住民へのサービスを目的に，公民，法人等の利益にかかわるもの，社会の公衆が広く知り参加しなければならないものを主体的に公開することとしている（9条1,2号）。その中で，「環境保護の監督検査状況」は，県級以上人民政府が主体的に公開しなければならない重点とされている（10条11号）。但し，国の安全や社会の安定に係ること（8条）や国家秘密，商業秘密，個人のプライバシー（14条4項）は除外されている。

　他方，公衆参加については，中国特有の信訪（陳情）という制度がある。中国では，住民が紛争解決制度に頼らず，直接に共産党，行政，立法機関に陳情することが制度として認められており，「信訪」と呼ばれる[6]。制度の沿革としては，1930年代に江西省の中華ソビエトの時代に党員に対する監視の手段として腐敗摘発制度が設けられたことに始まり，中華人民共和国建国後の1951年6月7日に当時の政務院が「人民の来信来訪の業務に関する決定」を公布し，1957年には，「人民の来信来訪の業務に関する指示」を公布している。後者の「指示」では，信訪の性質，機能について，人民の要望等は人民の民主権利であるとするとともに，人民が政府の活動を監督する一種の方法とすると規定された（俎見2012，109頁）。しかし，この制度は簡便に利用できる反面，信訪機関は裁決権を持たない単なるあっせん機関に過ぎず実効性が期待できないとの指摘がなされてきた（天児1999，578頁）。

信訪を位置づける条例は，上級への信訪防止と，過激行為の禁止，処罰強化等による秩序維持を主眼に1995年に制定されたが，信訪件数の増加，とりわけ過激かつ違法な信訪が増加したことに対処するため2005年に改正されている。現行信訪条例は，信訪を「公民，法人またはその他の組織が書面，電子メール，ファックス，電話，訪問等の形式で，各級人民政府，県級以上人民政府の業務部門に事情を訴え，建議，意見または苦情請求を提出し，関係行政機関が法により処理する活動」（2条）と定義している。改正の内容としては，指導者が直接応対日を設けたり，直接訪問したりする制度を規定していること（10条），違法な集合，交通阻害などを禁止し秩序維持をはかることなど（20条各号）を定めている。一方，旧条例にあった精神病者，違法・不当行為者の収容送還規定は，2003年の弁法制定により削除されている。しかし，依然として収容送還や労働矯正が行われていると指摘されている（但見2012，127頁）。

　信訪には，情報伝達，政治参加および紛争解決の3つの機能があるとされるが，近年は紛争解決に重点が置かれているようである。毛里和子は，改革開放の波をかいくぐって60年間も生き続けるのはなぜかという問いを発し，3つの機能を代替する機能がないこと，共産党，立法，行政，司法，公安などあらゆる分野にまたがっており解きほぐしが難しいこと，官に善政と慈悲を期待する政治文化が濃厚なことを挙げている（毛里2012，20頁）。

　このような信訪制度について，松戸は，3つのパラドクスが生じているとする。第1は，政治監督，情報伝達機能の委縮と権利救済機能への偏倚である。制度に頼らない最終的な解決への住民の期待は大きい。第2は，陳情制度の低い効用である。ある中国人研究者の解決率0.2%という数字を挙げている。いわば出口のない手続きとなっているわけである。信訪条例は，「法により訴訟，仲裁，行政不服申し立てなどの法定手続きにより解決しなければならない請求については，信訪人は法律，法規規定の手続きに従って関係機関に提出しなければならない」（14条2項）と規定しているが，他の法定手続きに頼る住民はきわめて少ない。第3は，陳情者への報復や処罰である。この背景には，信訪を現地で解決するという属地管理の原則も関係している。住民のほうは「包青天」を期待し越級陳情を志向する。一方で，地方政府の方は一票否決制[7]のもとで，陳情件数が増えることが社会治安指標の

マイナス評価につながるためこれを極力抑えようとする動機が働く。このため地方政府による北京からの連れ戻し、暴力的手段による弾圧が頻発することになる（松戸2012，228頁）。

　環境保護分野についても，条例改正を受け2006年に「環境信訪弁法」が部門規章として制定されている。弁法では，「環境信訪」を「書面，電子メール，ファックス，電話，訪問等の形式で」，「建議，意見，陳情」を行うことと定義されている（2条2項）。条例では，いかなる組織，個人も信訪人に報復をしてはならないと規定し，これに違反した場合は，行政処分，刑事責任が追及されることとなる（条例3条3項，46条）。なお，弁法では，特に，環境保護部門と職員の信訪者に対する報復を禁じている（弁法3条2項，40条3項）。環境問題に関する信訪についても前述のとおり同じようなパラドクスが存在しているものと推測される。しかし，筆者が西安市環境保護局幹部職員とともに行った座談会[8]では，汚染事業者の告発・取り締まりという点で情報伝達や政治監督の機能も比較的に果たされていることをある程度確認できた[9]。地方政府の環境問題の解決については貢献している面もあると考えられる。

　「信訪」以外での環境行政分野における公衆参加については，1979年の環境保護法（試行）に遡る。この中で，「一切の機関と個人は環境を保護する義務がある。環境を汚染，破壊する機関と個人に対しては，検挙と告訴を行う権利がある」と規定し，初めて法律上公衆参加による環境監督の権利を認めた。その後，水汚染防治法，大気汚染防治法などの法律において相応の規定をおくとともに，環境影響評価法（2003年9月施行）において，「国家は関係機関，専門家と公衆が適当な方式で環境影響評価に参加することを促進する」（5条）と規定するとともに，「国が機密を保持しなければならない場合以外で，環境に対して重大な影響を生ずる可能性があり，環境影響報告書を作成しなければならない建設プロジェクトに対して，建設事業者は建設プロジェクト環境影響報告書の承認前に，論証会，公聴会，またはその他の形式で関係機関，専門家と住民の意見を求めなければならない。建設事業者が承認を申請する環境影響報告書には，関係機関，専門家と住民の意見の採用・不採用の説明を附記しなければならない」（21条）と規定した。また，同法では新たに計画に対する環境影響評価，いわゆる戦略的環境アセスメン

ト[10]の規定も盛り込まれた。

　2006年3月には，環境影響評価公衆参与暫行弁法（以下，参与弁法）が施行された。参与弁法は，建設事業者またはアセス受託機関がプロジェクトの内容とアセス報告書概要版等閲覧方法を公告することや，公衆意見の聴取期間・方法などを規定している。公衆参加の方式としては，アンケート，座談会・論証会，公聴会がある。特に，公聴会については9ヵ条を設け，公聴会の組織・主宰者は建設機関またはアセス受託機関と定める。但し，環境行政部門が決定するときは，公聴会組織・主宰者は環境行政部門とする（5条1.2号）。開催の10日前に公共メディア等で時間，場所，事項と参加者の応募方法を公告する（24条）こと，参加希望者は申請の際，意見の要点を提出すること，申請人の中から選抜し5日前に通知すること，参加者は15人以上とすること（25条）などを定めている。アセス報告書概要版の公開と公衆参加の手続きを規定した弁法制定の意義は大きいといわなければならない。

　一方で，アンケート調査方式の多用，建設についての賛成の態度の確認にとどまっていること，参加者は「関係機関，専門家，住民」に限られその範囲が不分明なこと[11]，公聴会などの参加者の選抜（参与弁法15,25条）の基準が不明確であること，公衆参加の時期が報告書承認の直前であることなどの弊害がある。参加時期については，参与弁法も明らかにしておらず，十分双方向の意見交換ができるか疑わしい。但し，意見不採用の場合は説明を求めることができるとしている。最後に，意見が不採用になった時の不十分な救済措置が不明確であるため，公衆の意見が実質的に反映される方法を欠いているといえる。

　最新の動向として，2013年7月に公表された環境保護法改正草案第二次審議稿に触れておく。ニュースメディアは環境保護法令や環境保護知識のPRを行い，違法行為に対する世論の監督を行うとして，メディアの監視機能を位置づけた。また，環境情報公開と公衆参加の章を設け，住民，法人等が情報を入手し，環境保護に参加し監督する権利があることを明記した。環境影響評価との関係では，環境保護部門の公開を義務づけ，建設機関が住民の意見を十分聴取していない場合は意見聴取を義務づけることとしている。実質的な参加の方向に向かうか，今後の動向を注視したい。

また，公衆参加を進めるにあたっての課題について以下のとおり指摘されている（馮2005，11-17頁）。参加過程において参加する公衆の範囲が不十分だったり，不当な場合があったりすること，広範性と代表性，参加者の規模の問題である。次に，公衆参加の前提として住民が行政に対して，知る権利，陳述権などの権利が前提として与えられていなければならないこと，さらに政府内部の権力の下放問題であるが地方政府に当地の社会事務管理と公共サービスの責任が与えられていなければならないことである。その他，公衆参加は参加する公衆が責任感をもち，衝動的に不満を主張するようなものであってはならないこと，適時のフォローアップシステムにより公衆と政府の情報交流と利益調整が必要であることなどが指摘されている。

　筆者は上記以外に環境領域においては，汚染発生のメカニズムが専門的で，複雑であることもあり，参加する公衆側の学習による知識の向上，そのための一定の識者やコンサルタントの存在，さらには一般の公衆にわかりやすく内容を解説し提示するNGO・民間団体などのコミュニケーターの存在が不可欠であると考える。

2　河川・湖沼の環境対策　日本の法規制

　戦後，熊本県のチッソ水俣工場の排水中に含まれていたメチル水銀が原因で起きた水俣病や富山県の三井金属鉱業神岡鉱山精錬所の排水中のカドミウムが原因で起きたイタイイタイ病など，水質汚染を原因とした激甚な公害が顕在化した。1958年には，本州製紙江戸川工場からの排水による漁業被害から暴力事件に発展した浦安事件を契機に，「公共用水域の水質の保全に関する法律」（水質保全法）と「工場排水等の規制に関する法律」（工場排水規制法）の水質二法が制定された。しかし，これらの法律は，経済調和条項（経済の枠内での環境保全）を有したこと，厳しい要件の指定水域性がとられていたこと，排水基準違反に対する制裁がないこと，濃度規制のみであったことなどから，実効性を発揮できず，各地で水質の悪化が進行した。

　そこで，1970年の公害国会で水質汚濁防止法が制定された。規制水域の拡大，直罰制の導入，都道府県知事による上乗せ排出基準の制度の採用などの特色を有するものであった。1972年の改正により無過失賠償責任の規定

が追加され，強化された。以下では，水質汚濁防止法と湖沼水質保全特別措置法を紹介する。

（1）水質汚濁防止法

　水質汚濁防止法により，工場・事業場からの排水と生活排水について，公共用水域（河川，湖沼，港湾，沿岸地域など）と地下水への浸透が規制される。下水道への排水は下水道法の規制を受ける。規制対象は「特定施設」（100業種以上の施設）をもつ工場，事業場である。規制される対象項目は，健康項目と生活環境項目が含まれ，条例による項目の追加・横出しが認められている。同法による規制は，排水基準により行われる。排水基準は，濃度規制が基本である。すべての公共用水域を対象に国が定め一律に適用される基準と都道府県が水域を指定して定める上乗せ基準がある。

　一律基準は，健康項目として人の健康の保護に関する環境基準が定められた36項目に対応する物質およびその化合物，アンモニアおよびアンモニア化合物，有機化合物であり，生活環境項目として，水素イオン濃度，生物化学的酸素要求量等15項目であり最大値として定められている。河川についての排出基準値は環境基準の10倍の数値である。健康項目についての排出基準はすべての特定事業場に適用されるが，生活環境項目についての排水基準は1日の平均排水量が50㎡未満の特定事業場には適用されない。

　行政の努力目標である環境基準は，人の健康保護と生活環境保全に分けて規定されている。健康項目は，カドミウム，鉛，砒素，水銀など26項目が定められている。1990年代に当初なかった有機塩素系化学物質などが追加された。生活環境項目は，水素イオン濃度(pH)，化学的酸素要求量(COD)などの項目について，海域・河川・湖沼という水域別に設定されている。2003年に水生生物の保全の観点から全亜鉛が追加されている。

　1978年の改正により汚濁負荷量の総量の削減を行う総量規制制度が導入された。規制の対象は「人口及び産業の集中等により，生活又は事業活動に伴い排出された水が大量に流入する広域の公共用水域」で，ほとんどが陸に囲まれた海域である。排水基準のみでは環境基準の確保が困難と認められる水域であり，東京湾，伊勢湾，瀬戸内海が定められている。指定項目は，化学的酸素要求量（COD）および窒素または燐の含有量である。環境大臣が定

める総量削減基本方針に基づき，都道府県知事が計画を策定し削減目標を定める。

(2) 湖沼水質保全特別措置法

　閉鎖性海域の瀬戸内海では，1960年代からの水質汚濁により赤潮が発生し，周辺の漁業に大きな損害を及ぼした。このため，1978年に「瀬戸内海環境保全特別措置法」が制定され，計画を策定のうえ，特定地域の設置の規制，富栄養化による被害発生の防止，自然海浜の保全等の措置を講ずることとされた。

　一方，内陸の淡水湖沼については，生活用水をはじめとする貴重な水資源の安定的な供給源となるほか，水産資源を育み，あるいは周辺の自然環境と一体となって自然探勝等野外レクリエーションの場となるなど，貴重な役割を果たしてきた。しかし，1980年代に入ると，湖沼の水質は湖沼周辺でのさまざまな生活や事業活動から排出される汚濁物質により負荷が増大し，著しく汚濁が進行した。各公共用水域の水質環境基準の達成率は，1983年度において海域は79.8％，河川は65.9％であるのに対し，湖沼では40.8％と格段に低くなっており，富栄養化により赤潮，アオコが発生するなど，多くの湖沼が著しい水質汚濁のため上水道障害，養殖漁業の水産被害，景観面等観光的価値の低下等さまざまな障害が発生するに至っていた。湖沼を含む公共用水域の水質汚濁の防止のため，これまでも水質汚濁防止法による一律排水基準および上乗せ排水基準の設定と適用，あるいは下水道の整備等の対策が講じられてきたが，湖沼の水質汚濁は以上のように深刻であり，全般的に改善が進んでいなかった（環境省2007，1頁以下）。

　その背景として，第1は，湖沼は閉鎖性水域のため水が滞留し，流入した汚濁物質が蓄積しやすく，その水質が汚濁負荷に敏感に影響を受けることである。第2は，湖沼の水質汚濁の原因が工場排水のほか，生活排水，畜・水産系の負荷など多種多様にわたっていることである。このため，湖沼の水質保全のためには，特定の施設を有する工場等の大規模な発生源に対し排水規制を行う水質汚濁防止法の対策だけでは十分でなく，それぞれの汚濁原因に応じたよりきめ細かな対策を総合的に講ずることが必要となる。第3は，水質汚濁が著しい湖沼といっても，それぞれの湖沼は汚濁のレベル，汚濁の原

因構成等の諸条件が異なっているので，一律的な対策では改善は望み難いことである。このため，問題のある個々の湖沼とその流域の自然的社会的諸条件を踏まえて有効適切な諸対策を検討し，これを組み合わせて計画的に実施に移していくことが必要となっていた。

このため，1984年に「湖沼水質保全特別措置法」が制定された。本法は生活環境項目を対象として特別の規制を実施することを目的としている。まず，国は閣議決定により水質保全の基本方針を定める。環境大臣は都道府県知事の申し出に基づき，湖沼の水質環境を保つために総合的な施策の実施が必要な湖沼と関係地域を指定する。琵琶湖，霞ヶ浦等10地域が指定されている[12]。都道府県知事は基本方針に基づき，湖沼水質保全計画を定める。この計画には下水道，し尿処理施設等の整備，しゅんせつなどの事業が盛り込まれ，それぞれの事業主体により実施される。また，工場，事業場等の規制対象施設（要件）を水質汚濁防止法より拡大し，汚濁負荷量の規制がなされる[13]。

しかし，汚濁物質が蓄積しやすいという湖沼の特性に加え，湖沼周辺での開発や人口の増加等の社会経済的な構造の変化による汚濁負荷の増大等から，湖沼の水質（COD）については河川や海域に比べ顕著な改善傾向が見られない状況が続いてきた。この原因として，湖沼は，流入した汚濁物質が蓄積しやすく，水質の汚濁が進みやすい上に，いったん水質が汚濁するとその改善が容易でないことがある。このため，法を制定後20年間，計画に基づき下水道などの汚水処理施設の整備やしゅんせつ，汚濁負荷量規制など，国，各府県，市町村，事業者，地域住民等による水質保全の取り組みが行われてきたが，湖沼の水質の汚濁に係る環境基準（COD）の達成率は，一部の湖沼で改善は見られるものの全般に顕著な改善が見られなかった。2004年度の公共用水域水質測定結果によれば，湖沼については50.9％と前年度に引き続き50％を超えたものの，依然として他水域に比べ低い達成率にとどまっていた（環境省2007，5頁）。

このため，それまでの対策に加え，指定地域における農地，市街地等からの流出水に係る対策や，湖辺の環境の保護等の措置を講ずるために2005年に改正された。改正法では，非特定汚染源対策として流出水対策地区の指定と都道府県知事による流出水対策推進計画の策定，従来の新設に加え既設湖

沼特定施設に対する規制，湖辺環境保護地区の指定制度が導入された。また，水質保全に資する植物（アシなど）の採取を行おうとするものは，都道府県知事への届け出が必要とされたほか，水質保全計画の策定にあたっての公聴会の開催など，住民参加の視点が取り入れられた（図11-1）。

このような湖沼法の制定，改正により湖沼の水質ははたして改善されたのか？　近年は琵琶湖，霞ヶ浦ともCOD値はむしろ悪化している。今後の主な課題としては，①湖沼の集水域の行為規制，非特定汚染源の調査，農薬や肥料に対する環境税の導入，②生態系や水量も考慮した水環境全体の保全，③底質対策，④対象施設の要件50㎥/日の見直しの必要性が指摘されている（大塚直2010，374-375頁）。

筆者は，湖沼の水質汚濁はノンポイントリリースという性格をもつため，湖沼の集水域の多くの利害関係者が問題を認識し，参加させる仕組みが不可欠であると思う。その点では改正法によって計画策定にあたっての住民の意見聴取が取り入れられたことは評価できよう。しかし，それが実際の行動に結び付くには，行政部門の縦割りで行われているさまざまな事業を湖辺環境の改善という共通の目的からつなげていくような，イノベイティブな仕掛け（人，組織，行動）が必要と考える。

3　河川・湖沼の環境対策　中国の法規制

中国では，1950年代に衛生部門が水汚染防止を担ったが，主として飲用水の衛生管理が主な業務であった。1955年に水道水の基準を定める「自来水水質暫行標準」，1956年に「工廠安全衛生規程」が国により制定され，1957年には「鉱工業排出有毒廃水，廃気問題を注意して処理することに関する通知」が出され，水汚染防止に関する具体的な要求がなされた。1959年には「生活飲用水衛生規程」が公布されている。1970年代には，官庁ダムの汚染調査を契機に工業の三廃汚染水源防止が始まり，国務院と関係部門が規範的な文書を公布した。

1979年の環境保護法（試行）で，原則的な規定を行い，一連の水環境基準を制定した。1984年に，水質汚染防止のための法律として水汚染防治法が制定され，1989年に実施細則が制定された。1988年に制定された水法

図 II-1. 改正湖沼水質保全特別措置法の体系

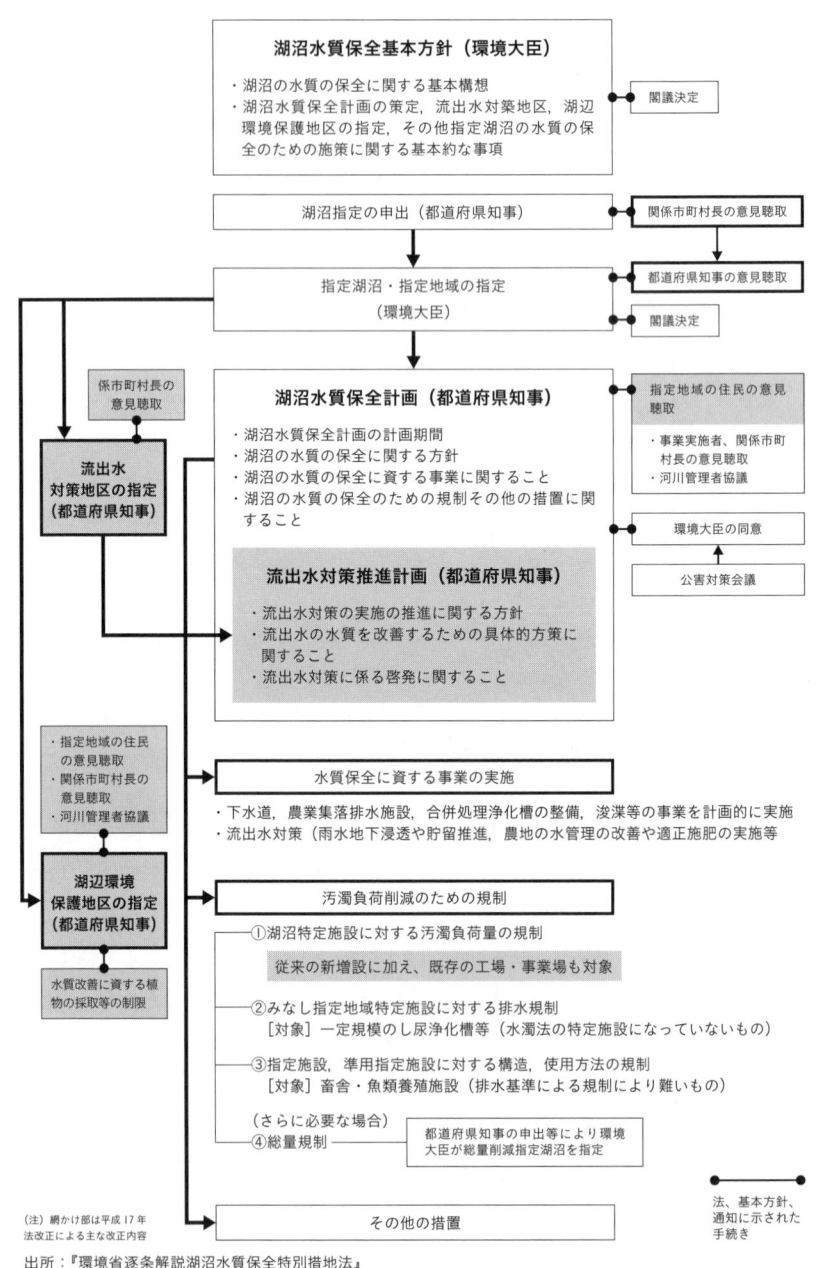

湖沼水質保全基本方針（環境大臣）
・湖沼の水質の保全に関する基本構想
・湖沼水質保全計画の策定，流出水対策地区，湖辺環境保護地区の指定，その他指定湖沼の水質の保全のための施策に関する基本的な事項
→ 閣議決定

湖沼指定の申出（都道府県知事）
→ 関係市町村長の意見聴取

指定湖沼・指定地域の指定（環境大臣）
→ 都道府県知事の意見聴取
→ 閣議決定

係市町村長の意見聴取

流出水対策地区の指定（都道府県知事）

湖沼水質保全計画（都道府県知事）
・湖沼水質保全計画の計画期間
・湖沼の水質の保全に関する方針
・湖沼の水質の保全に資する事業に関すること
・湖沼の水質の保全のための規制その他の措置に関すること

  流出水対策推進計画（都道府県知事）
  ・流出水対策の実施の推進に関する方針
  ・流出水の水質を改善するための具体的方策に関すること
  ・流出水対策に係る啓発に関すること

→ 指定地域の住民の意見聴取
・事業実施者，関係市町村長の意見聴取
・河川管理者協議
→ 環境大臣の同意
→ 公害対策会議

・指定地域の住民の意見聴取
・関係市町村長の意見聴取
・河川管理者協議

湖辺環境保護地区の指定（都道府県知事）

水質改善に資する植物の採取等の制限

水質保全に資する事業の実施
・下水道，農業集落排水施設，合併処理浄化槽の整備，浚渫等の事業を計画的に実施
・流出水対策（雨水地下浸透や貯留推進，農地の水管理の改善や適正施肥の実施等）

汚濁負荷削減のための規制
　①湖沼特定施設に対する汚濁負荷量の規制
　　　従来の新増設に加え，既存の工場・事業場も対象
　②みなし指定地域特定施設に対する排水規制
　　　［対象］一定規模のし尿浄化槽等（水濁法の特定施設になっていないもの）
　③指定施設，準用指定施設に対する構造，使用方法の規制
　　　［対象］畜舎・魚類養殖施設（排水基準による規制により難いもの）
　（さらに必要な場合）
　④総量規制 ── 都道府県知事の申出等により環境大臣が総量削減指定湖沼を指定

その他の措置

●—— 法，基本方針，通知に示された手続き

（注）網かけ部は平成17年法改正による主な改正内容

出所：『環境省逐条解説湖沼水質保全特別措置法』

(2002年改正) は水資源の開発と汚染防止について規定している。また，海洋汚染防止については，別に海洋環境保護法が制定されている。このほか，降雨等による土砂の流失を防止する水土保持法 (1991年制定，2010年改正) がある。

現行水汚染防治法は，飲用水の安全を保障し経済社会の協調発展を目的としており，河川，湖，運河，水路，ダムなどの地表水と地下水の汚染防止を目的としている。特徴として以下の点が挙げられる。

①省，自治区，直轄市人民政府は，国の規定していない項目について水質基準を定めたり，すでにある項目でも国より厳しい基準を定めたりすることができる (13条)。

②国務院の環境保護部門は関係部門とともに重要な河川，湖沼の水汚染防止計画を策定する。また，地方政府はこの計画に基づき管轄区域内の計画を策定する (15条)。

③重点汚染物質の排出について総量規制を実施し，抑制基準を超えた地区の新増設建設プロジェクトに対する環境アセスメントを暫時停止する (18条)。

④ 工業，都市，農業・農村，船舶に分け規制措置を規定するとともに，飲用水水源保護区については特に厳格な規制を行った (29-65条)。

⑤重大な，または特大の汚染事故を起こした場合に，前年度の収入の50%の過料を科すこととするなど罰則を強化した (83条)。

⑥損害賠償訴訟については，汚染者が免責理由と因果関係の不存在について挙証責任を負うこととした (87条)[14]。

⑦被害者が多数の場合，当事者は代表人を選んで提訴できることとした (88条)。

水汚染防治法は，湖沼やダムなどの閉鎖性水域の水汚染防止も目的としているが，閉鎖性水域のみを対象とした法律はない。多くの学者は湖沼等の閉鎖性水域の水質改善のための法規制定を提案しているが実現していない。現在，全国人民代表大会が環境保護部に水汚染防治法改正の作業を委託しており，この中で湖沼についても規定される可能性はある[15]。

一方，国務院が制定した行政法規としては淮河流域水汚染防治暫行条例 (1995年) がある[16]。

また，政策レベルでは2008年に，国務院弁公庁から，「重点湖泊水環境保護業務を強化することに関する意見」が出されている。2007年初夏から起こった太湖，巣湖，滇池でのアオコの大量発生に対処するために出されたもののようである。同意見では，これら三湖のほかに，三峡ダム区，小浪底ダム区，丹江口ダム区を重点として，工業汚染，生活排水汚染，農村のノンポイントリリースによる汚染，観光・船舶による汚染を防止し，生態環境保護を強化することなどを規定するとともに，行政の指導者の責任追及強化などを盛り込んでいる。

　一方，地方政府レベルではかなりの数の地方性法規や政府規章が制定されている。省レベルのものとしては，2012年に制定された山東省湖泊保護条例と湖北省湖泊保護条例，同年改正された江蘇省湖泊保護条例があるが，このうち，湖北省湖泊保護条例は条文数も61条と最も多く，内容が充実している[17]。同条例の特筆すべき内容としては，工業，生活，農業排水防止の措置以外に，以下のとおり公衆参加，情報公開に重点が置かれていることである。

①湖北省は湖が多く観光業による汚染も無視できないため，湖沼保護との利益と均衡をもたせるため，行政の審査等手続きにおける公聴会の開催を義務づけている（41条）。

②省人民政府は湖沼保護状況を定期的に白書として公表する（48条）。

③県級以上人民政府と関係部門は，定期的に湖沼保護状況を公表し，公衆の知る権利を保障する。湖沼の保護規劃，水汚染防治規劃の作成と湖辺の建設プロジェクト環境影響評価文書の審査に当たり，多様な形式で公衆の意見と建議を聴取し，公衆の監督を受ける（52条）。

④広報，テレビ，新聞雑誌，インターネット等のメディアは湖沼保護の宣伝を進め，環境にやさしい生活方式の促進を唱え，世論の指導と監督作用を発揮する（53条）。

⑤社会各界，非政府組織，ボランティアの湖沼保護，管理，監督を促進する（54条）。

⑥県級以上人民政府と関係部門は，湖沼保護の通報と奨励制度を確立し改善するほか，保護活動に顕著な功績のあった機関と個人に対して，表彰し奨励する（56条）。

閉鎖性水域の水質改善には，行政だけでなく住民や企業など社会の多様な利害関係者の参画が必要であることを考えれば，本条例は先進的なものと評価できる。

4　流域ガバナンスの議論

　近年，流域の利害関係者の参加と協働のもとで，いかに地域の持続可能な発展を図っていくかという「流域ガバナンス」の概念が提唱されている。大塚は，水資源のみではなく流域が抱える多様な資源を対象としていること，流域資源は重層性と分断性を有すること，多様なステークホルダーの参加と協力・連携という要素を見い出すことができるとし，流域ガバナンスの特徴として，地域固有の自然生態系や社会経済システムに適応的・順応的なプロセス，統合的湖沼流域管理（ILBM），コミュニティの問題への順応性，既存の地方制度，住民組織を基礎とした組織，体制作りの重要性を指摘する（大塚健2010，3頁以下）。また，利害関係者が，いかに持続可能な資源利用を図るか。そのための組織，制度，費用負担ルール作りの合意形成プロセスの重要性も論じており，淀川水系流域委員会，森林環境税，北海道サロマ湖，諏訪湖などが先進事例として挙げられるとする。また，中国の水環境問題をめぐるガバナンスの課題として，法の執行，行政部門間の調整，資金調達，社会運動への制約，環境行政部門の権限の限界と地方保護主義などの弊害から，行政部門の縦割りによる上からの対策の限界に言及している。

　また，藤田は，日本における「環境再生を通じた地域再生」の実現に向けての課題として，①推進主体（NPOや自治体），環境政策と他の政策領域との統合，費用負担と資金・財政措置，②上下流間の利害調整と費用負担に関するセクター間調整，政策調整，政策統合調整，各級政府間の役割分担，連携，③組織，機構，政策，参加，技術，情報，財政（LBMの構成要素）の総合的検討，④政策調整，政策統合について，組織，制度，手段，参加といった政策過程におけるステークホルダーの巻き込みと協働の実現，草の根レベルでの参加の重要性を考察する必要性，を指摘している。そして，中国の太湖流域への示唆として，行政機関の役割，財源調達，生態補償や水質取引，農村面源汚染，コミュニティ円卓会議（南京）によるステークホルダー

のコミュニケーションの必要性に言及する（藤田2012, 166頁）。

これらの見解では，政策統合と行政の限界（縦割り，連携不足）克服の必要性が指摘され，流域の関係者による組織の結成や合意形成の重要性が強調されている。換言すれば，両者に共通した論点は，行政の縦割り克服と住民参加システムの構築といえる。特に，前者は，中央省庁の行政部門ごとに施策が地方に下りてくる行政システムにより省庁益が優先されるために生ずる構造的な特徴を有している。また，住民参加は，我が国においても1990年代以降，情報公開法や特定非営利活動促進法の制定により，徐々に拡大してきたといえるが今日でも数多くの課題を抱え，成熟したものとはなっていない。筆者は，これらを踏まえつつも具体的に，どのように住民目線で組織化し，行政，企業を含む利害関係者を巻き込み，事業を進めていくかが課題であると考える。次節では，霞ヶ浦での成功事例をもとにこの課題を考察する。

5　ガバナンスの改善をどう図るのか（行政，NPOの経験から）

前節でみたとおり，湖沼は，特定の事業場や家庭は言うまでもなく，農地や道路などの非特定汚染源からのものを含め，集水域からのさまざまな汚濁物質が流入する。しかも，流入した汚濁物質は蓄積しやすく，水質の汚濁が進みやすい上に，いったん水質が汚濁するとその改善が容易でないという性格をもっている。

国は，30年前に湖沼水質保全特別措置法を制定しさまざまな対策を講じてきた結果，一定の水質の改善は見られたが，改善のスピードは緩慢で，近年は停滞しつつある。その原因を探る手がかりとなるものの1つは「行政主導の限界」である。湖沼，流域の水質，生態系の改善のための事業は，国から地方まで，各部門でばらばらに企画され実施される行政システムであること，これらは縦割りの中で，計画され執行され，協議組織はあっても臨時的なものが多いため，何かを成し遂げるには限界がある。霞ヶ浦アサザプロジェクトを展開する飯島は，「公共事業をはじめとする従来からの行政や研究機関等による取り組みの多くは，縦割りの中で実施される自己完結型の取り組みを越えることができず，環境対策の大半は部分最適化へと進み，事業

の効果も限定的であった」とし，水質汚濁の原因を流域全体の社会システムにあるとし，「この社会システムの再構築をめざす取り組みを実現できない限り，水質や生態系の根本的な改善は見込めない」とする（飯島2011，24-25頁）。もう1つは，「NPOの限界」である。日本ではNPO法施行後，認証のみで設立できるため急増した。内閣府の調査では環境NPOだけを見ても，定款に「環境保全」を活動に掲げるものは1万2707法人（全体の28.7%，2011年12月末）に上っている。しかし，理想は高いがボランティア的色彩が強く，多くはスタッフや，予算不足に陥っている。一部を除いて行政の補完，下請に甘んじており，持続可能性という点では心もとない。

　筆者は，NPO法人・アサザ基金が事務局となって進めるアサザプロジェクトの教訓がこの打開のヒントになると考える。このプロジェクトは，茨城県霞ヶ浦の環境保全を図るため，霞ヶ浦に自生するアサザ（Fringed Water-lily, Yellow Floating-heart, 学名：Nymphoides peltata）を，小学生など流域のさまざまな人が関わることによって，連鎖型の事業にデザインし直し，事業の波及効果を他分野に広げる試みである。この事業の特色として3点を指摘したい。

　まず，①地域の行政，住民，NGO，企業が共通のミッションをもつことである。アサザプロジェクトでは，図11-2のとおり，50年後にツル，100年後にトキが生息する環境を作ろうという明確な目標をもっている。1つの夢物語とみられるかもしれないが行動の目標が明確になる。次に，②行政の縦割りを所与のものとしてとらえつつも管理でなくビジネスモデルの創出に重点を置くことである。ここでは，壁を壊すのでなくNPOや社会企業家が社会の中の触媒やホルモンの役割を担い，組織の壁を溶かし膜に変えることが期待されている。「市民参加」でなく，行政が一員としてネットワークに参加する「行政参加」が期待されている。そして，③地域にある伝統・文化・技の再発見である。そのためには地域資源を見直し，個々の生活文脈を読み解く作業が必要になる。学校での環境教育との連動，生活環境保全，低炭素型・循環型社会形成のための事業の企画と関係者をつなげるコーディネーターの役割が大切となる。コーディネーターは企業でも，NGOでもよいであろう。アサザプロジェクトでは，この事例として，粗朶（木の枝）による消波施設づくりと林業振興のつなぎ，そして外来魚駆除と魚粉肥料・有

図.11-2

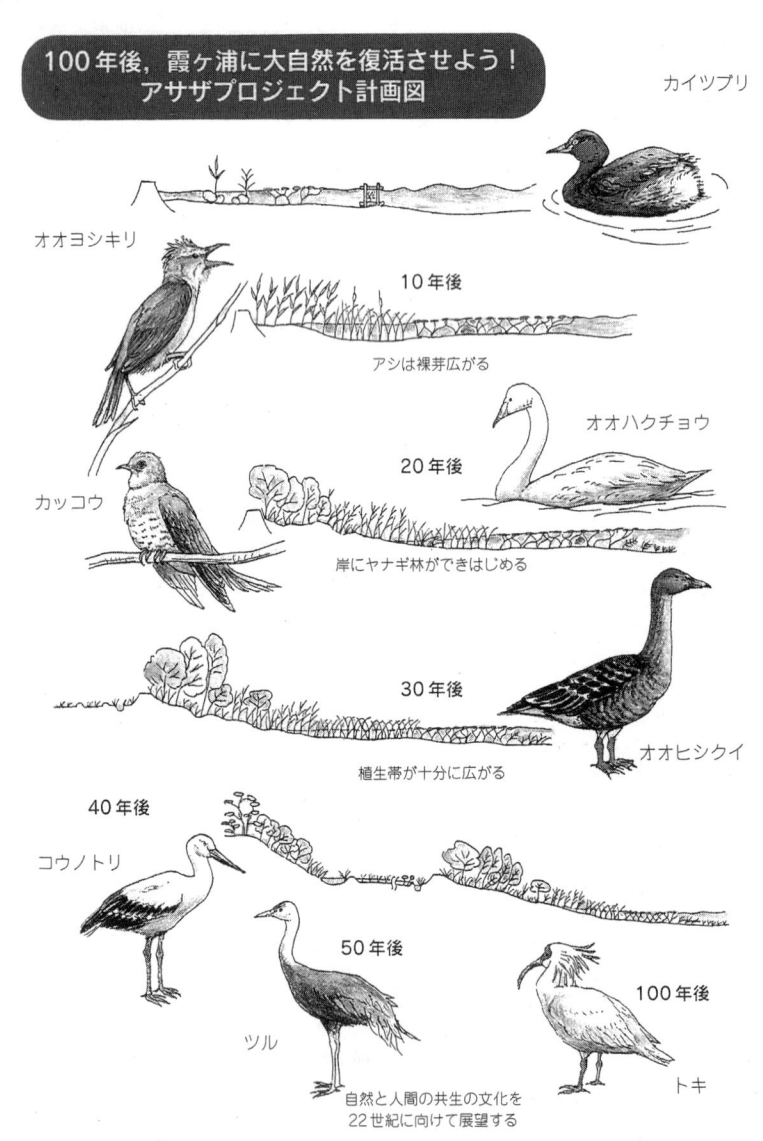

> 100年後，霞ヶ浦に大自然を復活させよう！
> アサザプロジェクト計画図

カイツブリ

オオヨシキリ

10年後

アシは裸芽広がる

オオハクチョウ

20年後

カッコウ

岸にヤナギ林ができはじめる

30年後

オオヒシクイ

植生帯が十分に広がる

40年後

コウノトリ

50年後

ツル

100年後

トキ

自然と人間の共生の文化を
22世紀に向けて展望する

出所：NPO法人アサザ基金（http://www.asaza.jp/about/plan/,2014.1.3）

図.11-3

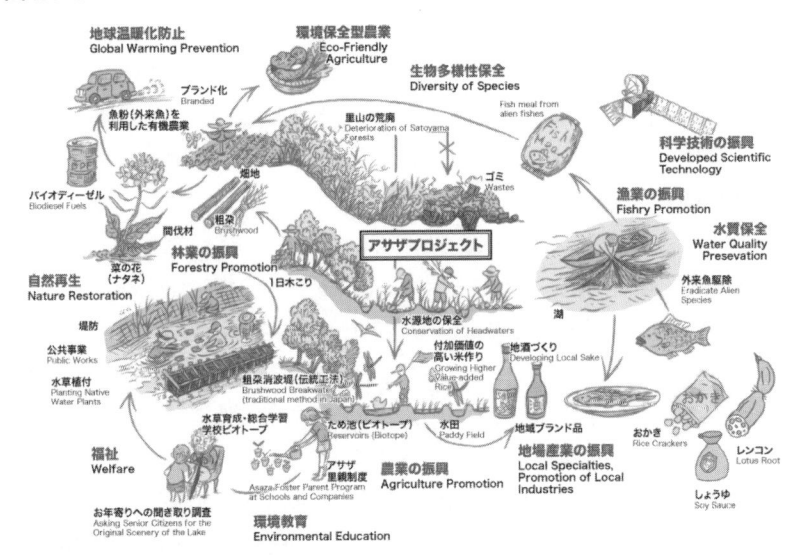

出所：NPO法人アサザ基金（http://www.asaza.jp/,2014.1.3)

機農業との連動を挙げることができるであろう（図11-3）。前者は森林整備，林業振興と霞ヶ浦の強い波を消すことによるアサザの生育への貢献，後者は外来生物駆除による生態系保全と農業振興という，相乗的・波及的効果を期待でき，地域資源の循環につながるものである。

おわりに　中国への示唆

　中国では，急速な経済発展の下で，北京市をはじめとした中北部都市を中心とした高濃度のPM2.5に代表される大気汚染，がんの村に代表される工場排水に起因した河川や地下水の汚染，土壌汚染に起因する食品安全問題，ごみの埋め立て処理と地下水汚染などの解決困難な問題が山積し，顕在化している。これらの環境問題は直接に健康に影響する深刻な問題であり，住民の不安も高まっている。これらの対策を解決するには，対症療法的な政策では到底おぼつかず，構造的な対策が必要になるといえる。
　筆者は昨年5月に，環境保護部の政策担当幹部と環境ガバナンスについて

意見交換したが，彼は中国の法制伝統はかなり弱かったが今後は厳格な法律と厳罰が有効であると強調した[18]。確かに，日本が高度経済成長期に経験したような激甚な公害を克服するには，当面の対策として厳罰化は効果的であろう。しかし，同時に本章で掲げた湖沼のような閉鎖性水域におけるノンポイントリリース対策を進めるには，利害関係者の参加と協働による中長期的な対策が必要となる。

　習近平政権は，節約，腐敗摘発とともに，生態文明[19]の建設という新たな概念を掲げ，環境問題のブレークスルー的な解決を目指している。特に筆者が注目する最近の動きとしては，一昨年11月の中国共産党第18期中央委員会第3回全体会議で採択された「中共中央の若干の重大問題を全面深化改革する決定」と，環境保護法改正の動きである。前者では，行政区画と分離した司法管轄制度，環境損害を与えた指導幹部に対する終身責任追及制のほか，経済的なインセンティブを活用する資源税制度と生態補償制度の導入など，画期的な対策が盛り込まれている。また，後者については2012年8月に改正案の草案第一次審議稿が公開されたが，改正内容としては小幅なものに留まっていた。その後大幅な修正が加えられ2013年7月に草案第二次審議稿が公開され一般の意見が聴取された。これを受け，内容の一層の充実強化が図られ，去る4月24日に改正案が全国人大常務委員会を通過，2015年1月1日から施行された。今回改正作業が早まった背景には，PM2.5をはじめとしたさまざまな環境問題の顕在化が影響したと考えられる。

　今回，筆者が特に注目しているのは「情報公開と公衆参加」および「法律責任」である。前者について，国と並んで省級以上の人民政府環境保護部門は定期的に環境状況公報を公布することとした（54条1項）。地方レベルで，の環境情報の公開促進が期待される。また，環境影響評価手続きにおける公衆参加について，「環境影響報告書を作成しなければならない建設プロジェクトは，建設機関が作成時に公衆に状況を説明し，十分意見を求めなければならない」とした。環境保護部門が報告書を受け取った後，国家機密と商業秘密にわたる場合を除き，全文公開が義務づけられたほか，建設プロジェクトについて十分住民の意見を聴取することを義務づけ，実質化を図った（56条）。また，公益訴訟については，「環境汚染，生態破壊，社会公共利益に害を与える行為」について，法に基づき区を設けた市級以上の人民政

府民政部門に登記していること，かつ環境保護公益活動に連続して5年以上従事し違法な記録がない公益組織（NGO）に訴訟の提起を認めた。北京の研究者によれば全国で300あまりの組織が対象になるとのことである。
　法律責任については，「企業事業単位やその他生産経営者が違法に汚染物を排出する場合は過料の処罰を受けるとともに期限内の改善を命ぜられる。改善を拒む場合は，法により処罰決定を行った行政機関は改善を命じた日から元の処罰額に応じて日割りの処罰をすることができる」とし（59条），有識者が強く求めていた「日罰制」を規定した。さらに，地方性法規で，地域の実情に応じて対象の違法行為の種類を増加することができることとした。これに加え，環境影響評価を行わず着工し，建設停止を命じられたにもかかわらず実施しない場合や違法な汚染物の排出など，悪質な行為について公安機関に案件を移送して直接の責任者を10日-15日間の拘留ができることとした（63条）。このほか，企業の環境情報の不公開や虚偽の情報公開について，県級以上人民政府の環境保護部門は公開を命じ，過料に処し公表するとし，企業の責任を強化した（62条）。
　最後に，日本の経験を踏まえた中長期的な対策へのアドバイスとして3点を挙げたい。まず，第1に「自主的参加を促す政策」の推進である。中国では，政府，行政主導の管理が強く，環境団体・NGO活動に限界がある。欧米諸国との相違として政治面における限定された公衆参加と，少数のNGOを除いた活動の停滞が指摘されている（Benjiamin,2006, pp.369-370）。日本も情報公開，公衆参加は遅れていたが，リオ・サミット以降，阪神・淡路大震災でのボランティアの活躍，1999年の特定非営利活動促進法の制定を契機に拡大していった。中国の場合，NGOに対する政治的警戒感が強いが（北川2012，25頁），まず，設立許可・登録の規制緩和が必要である。
　第2に，「関係者が集う場の創設」である。意識啓発のための環境教育とメディアの積極的な役割が期待される。アサザ基金の飯島氏は行政，研究者，環境NGO，住民，企業，学校が参加し議論する場の創設の重要性を説き，行政は参加しても，他の利害関係者と同じ立場に徹するべきという。そして，民間組織や研究者は，コーディネートする役割が求められるであろう。行政管理の色彩が強い中国では，直ちに難しいかもしれないが，行政と対立せず，行政OBや有識者を抱えたNGOでは，外国の協力も得ながら，

行政施策を補完し独自のプロジェクトを進めている例が現実に現れている[20]。

第3に,「目標,ビジョンの共有と社会企業的発想」である。過去の生業,伝統的景観など,誇れる地域資源の発掘,再生と,一過性の観光でなく,そこに住む人が営む,伝統に根ざした事業の企画が大切であろう。流域環境ガバナンスとは離れるが,京都市における町家の保存・活用もそのような試みの一種として挙げられるであろう。同市では,市民の協力を得た町家の現状調査から,法規制を変えていく現代に生かした町家の居宅,宿屋,レストランとしての活用の試みが行われている。伝統や文化を大切にしながら,画一的な対策でなく地域特有の生業を生かし,環境を保全していく取り組みが日中両国のみならず,世界の各地で展開されることを願って止まない。

注:
1 正式には「環境に関する情報の取得,環境に関する決定過程への公衆参加および司法救済に関する条約 (Convention on Access to Information, Public Participation in Decision-making and Access to Justice in Environmental Matters)」,2001年発効。条約の内容と評価については,高村ゆかり (2003)「情報公開と市民参加による欧州の環境保護―環境に関する情報へのアクセス,政策決定への市民参加及び司法へのアクセスに関する条約(オーフス条約とその発展)―」法制研究8巻1号,2003年10月参照。
2 この場合,すべての選択肢が残っている十分早い時期から,時間的な余裕をもって効果的に準備することができるように,また,無料で参加できるようにすることが重要とされている。最終決定も,根拠と検討状況を明示して公表されなければならない。
3 神奈川県と埼玉県は1983年に制定。
4 「……個人および法人の権利利益の保護に配慮しつつ環境の状況その他の環境の保全に関する必要な情報を適切に提供するように努める……」と規定している。
5 国家環境保護局部門規章 (1996)「環境保護工作中国家秘密及具体範囲的規定」。2012年5月26-27日に武漢で開催した学術振興会二国間交流事業「流域環境ガバナンスに関する日中共同セミナー」において,環境保護部政策法規司のB副司長は,本規章は廃止されていると語ったが依然としてweb上で公開され,確認できる。
6 「信訪」は,来信と来訪の合成語であり,日本語の陳情以外に直訴や請願も含むものである。このため,本章では原語のまま用いた。
7 国際連合安全保障理事会の評決方式と同様に,誰か1人でも否決の意思表示があれば,全体の決議を否決とみなすもの。中国では,政府の成績審査において,基準に合格していなければ,他の基準が合格していても政府の全体成績も不合格とする基準である。審査対象の項目として,計画生育,安全生産,党の廉潔性などが用いられてきた。環境保護との関係では,環境面の指標を達成できなければ他の成績が優秀でも合格と認定されないことを指す。第11次五カ年規画綱要における。全国主要汚染物排出総量の10%削減という拘束的な指標の実施

のため，2007年11月に，国家発展改革委員会，国家統計局および総局が関係部門とともに制定した，省エネ排出物減量に関する統計，観測，審査弁法を，国務院が地方各級政府に通知し，執行できない関係の責任者に対して，2008年から責任を問い，一票否決制を実施することとしたことに始まる（北川2012，6頁）。
8 2012年8月27日，於東北大学。西安市環境保護局副局長，法規処長をはじめ6名の職員が参加した。詳細は，北川（2013）332頁以下参照。
9 インターネットを通じた苦情処理と回答が行われている。西安市環境保護局ウェブページ（http://www.xaepb.gov.cn/ptl/def/def/index_982_2522_ci_type_complain.html，2012年9月26日閲覧）より。
10 戦略的環境影響評価については，北川（2004），47頁以下参照。
11 日本では，方法書，準備書に対して誰でも意見を提出できる。
12 法による指定湖沼は，釜房ダム，霞ケ浦，印旛沼，手賀沼，諏訪湖，野尻湖，琵琶湖，児島湖，中海，宍道湖の10湖沼である。
13 指定地域に立地する水質汚濁防止法上の特定施設とそこに含まれない「みなし指定地域特定施設」から政令で定める除外施設を除いたものを「湖沼特定施設」として対象項目として全部の湖沼にCOD，リン，8湖沼に窒素が指定されている。「みなし指定地域特定施設」としては，水濁法の特定施設の規模要件に達しない一定規模の病院の厨房，洗浄，入浴施設などがある。
14 同様の内容は，2009年制定の侵権責任法（不法行為法）66条に規定された。これにより，被害者救済が進むことが期待されるが，従来，裁判官が挙証責任の倒置を適用する例は半数以下であるとの調査がある（呂ほか2011，379頁）
15 北京大学・汪勁教授，2014.3.12回答。
16 同条例は，1990年代の深刻な淮河流域の汚染抑制のため制定されたものであり，河南，安徽，江蘇，山東4省の流域の河川，湖沼，ダム，水路に適用される。汚染物総量抑制措置（12-14条）をとるとともに，紙パルプ造紙業，皮革・染色・めっき・醸造等の汚染が深刻な小企業の建設が禁止されている（22条）。
17 省レベル以外では，南昌市と武漢市が湖泊保護条例を制定している。また，青海湖，巣湖などの特定の湖を対象にした水汚染防治条例も制定されている。
18 2013年5月27日・A氏談。この際，同氏は2011年の四川省における酒酔い運転の大学生の一審判決での死刑適用の例を引き合いとして挙げた。
19 2006年の胡錦濤政権の時に提唱されたものであり，人類の文明発展の新たな段階で，工業文明の後の段階を指す。人類が人，自然，社会の協調発展という規律により取得する物質と精神成果の総和であり，中国伝統文化の天人合一思想は生態文明の重要な文化の淵源とされている。
20 2014年2月に訪問した四川省成都市の環境NGO「河流研究会」は，成都市政府の退職幹部がコアメンバーとなり成都市に流れ込む川の生態環境，水質保全の活動や，農村部で肥料，農薬を使わないエコ農業を進めている。過去にはダム建設（柏条河）や道路建設（西郊河）に反対する運動を行い，成果を上げるとともに，農民の意識を高めるため，環境教育センターを設置。香港，アメリカ，ドイツ，イギリスの基金の支援を得ている。

参考文献：
芦部信喜（2011）『憲法第五版』岩波書店。
天児慧（1999）『岩波現代中国事典』岩波書店。

飯島博（2011）「一石何十鳥もの効果を生む新しい公共事業　市民型公共事業 霞ヶ浦アサザプロジェクト」全国建設研修センター『国づくりの研修128』。
大塚健司（2010）「中国太湖流域の水環境政策をめぐるガバナンス」大塚健司編『中国の水環境保全とガバナンス』序章，アジア経済研究所。
大塚直（2010）『環境法第 3 版』有斐閣。
環境省総合環境政策局総務課編著（2002）『環境基本法の解説（改訂版）』ぎょうせい。
環境省（2007）『逐条解説湖沼水質保全特別措置法』。
北川秀樹（2004）「中国における戦略的環境アセスメント制度」『現代中国』78号。
北川秀樹（2006）「中国における参加型環境アセスメントの現状と課題」『帝塚山法学』11号，3 月。
北川秀樹編著（2012）『中国の環境法政策とガバナンス』晃洋書房。
北川秀樹（2013）「中国環境法30年の成果と課題」北川秀樹他編著『現代中国法の発展と変容　西村幸次郎先生古稀記念論文集』12章，成文堂。
渋谷秀樹（2013）『憲法第 2 版』有斐閣。
但見亮（2012）「陳情への法的視点－制度の沿革および規定上の問題点」毛里和子・松戸庸子編著『陳情』東方書店。
馮敬堯（2005）「公衆参与制研究―以環境法律調控為視覚―」（王樹義主編『環境法系列専題研究』科学出版社。
藤田香（2012）「流域の環境保全・再生をめぐる統合」（大塚健司編『中国太湖流域の水環境ガバナンス』3 章，アジア経済研究所。
包茂紅著，北川秀樹監訳（2009）『中国の環境ガバナンスと東北アジアの環境協力』はる書房。
増田啓子・北川秀樹編著（2014）『町家と暮らし－伝統，快適性，低炭素社会の実現を目指して』晃洋書房。
松戸庸子（2012）「陳情制度のパラドクスと政治社会科学的意味」毛里和子・松戸庸子編著『陳情』東方書店。
毛里和子（2012）「陳情政治－圧力型政治体系論から」毛里和子・松戸庸子編著『陳情』東方書店。
毛利和子・松戸庸子編著（2012）『陳情』東方書店。
劉左軍主編（2002）『中華人民共和国環境影響評価法釈義』中国民主法制出版社。
呂忠梅・張忠民・熊暁青（2011）「中国環境司法の現状に関する考察」『龍谷法学』43巻 3 号。
民主党憲法調査会（2005）「民主党憲法提言」。
Benjiamin van Rooij(2006)"Regulating Land and Pollution in China Lawmaking,Compliance,and Enforcement;Theory and Cases"Leiden University Press.

第12章

水環境保全へ向けた産業構造と体系の改革

董利民・梅徳平・叶樺・鄧保同

　本章は，洱海流域（雲南省）における第3次産業の発展状況の分析を基礎として，次の3点の考察を行う。第1に，洱海流域第3次産業の汚染源分布およびその特徴を明らかにし，産業構造に存在する問題を分析する。第2に，洱海流域の水環境自浄力，調整力に基づき，汚染物質の総量削減を核心目標，流域の経済成長と労働力の適切な移行を重点目標とした，流域における望ましい第3次産業の構造と体系について考察する。第3に，洱海流域の第3次産業への投資効果および汚染物質の削減について予測する。

I　洱海流域における第3次産業の現状

　この10年近く，洱海（雲南省北西部大理市に位置する湖）流域における第3次産業は急速に発展している。第2次産業総生産額の年平均成長率は9.6％，第3次産業は13.6％である。一方，流域の第1次産業の成長率は6.4％であるが，流域の経済総生産額に占める割合は，1998年の19.1％から2008年には12.9％まで下降した。

図 12-1. 洱海流域の農林，牧畜，漁業の生産額の傾向

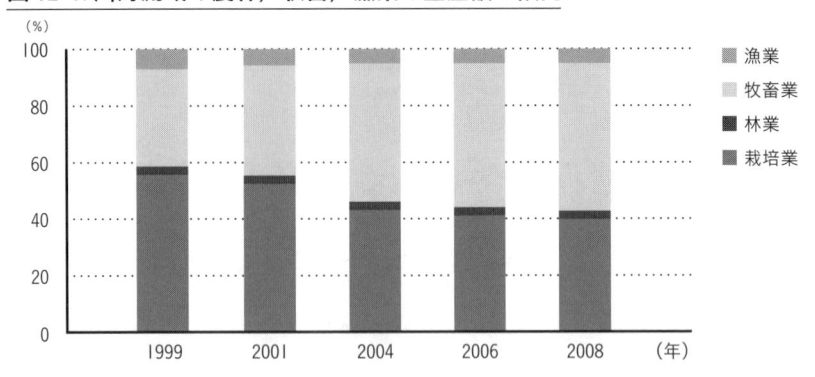

1.1　洱海流域における農業の発展状況

　洱海流域における栽培業と牧畜養殖業は農業経済の主導的な産業であり，その生産額は全農業経済生産額の94％を占める。一方，林業と漁業の生産額は低く，わずか6％である（図12-1参照）。農業は洱海流域の基礎産業であり，流域の住民へ生活必需品を提供し，流域の加工業に基本的原材料を提供するという重要な役割がある。工業化の過程で，農業の総生産に占める割合が下降しているが，洱海の緑色流域建設推進のための林業，果物製造業など新たな緑色産業の成長には大きな余地がある。

1.2　洱海流域における工業の発展および動向

　洱海流域における第2次産業の中で工業が占める割合は90％以上であり，第2次産業の中心である。流域における工業の中で重工業が占める割合は継続して上昇している。この背景には，流域における各種資源の有効利用と基礎インフラの整備が進むにつれて，工業化と都市化が急速に進み，重工業製品の需要が急速に高まっている状況がある。流域の工業発展は，「重工業化」時代へ向けての過渡期であるといえよう（図12-2参照）。

1.3　洱海流域における観光業の発展および動向

　流域の観光客数は，1982年の1万人から2008年には694万人となり，26年間で700倍近く増加した。観光業収入も急速に増加し，年間収入は1983年の0.15億元から2006年には31.82億元となり，200倍以上に増加した。流域の交

図12-2. 洱海流域における軽・重工業総生産額の割合の変遷

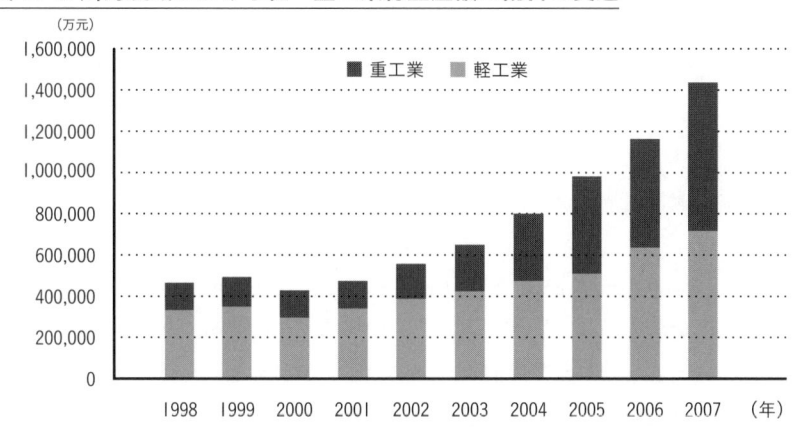

図12-3. 洱海流域における観光関連業の観光業収入に占める割合

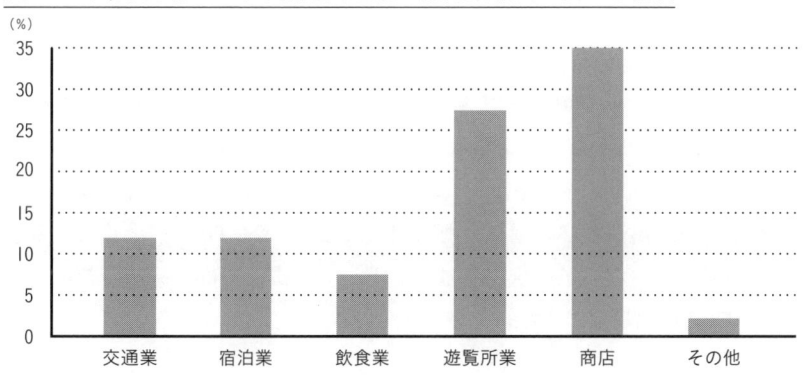

通業収入が観光業総収入に占める割合は約13％で，宿泊業は13％，飲食業は8.6％，遊覧所業は28.4％，商店は34.8％，その他は2.2％を占める（図12-3参照）。商店と遊覧所業が観光業収入の大半を占めている。

　洱海流域の観光業は，伝統的な観光サービスが流行遅れとなり，観光客の滞留時間が減少し，飲食，宿泊，娯楽，商品業の収入は多くない。他の周辺観光地との激しい競争に晒されている。現在，流域観光業は豊富な旅行文化資源を十分に活用できておらず，明確な生態旅行の概念がない。洱海流域の工業化の過程において，第3次産業発展への牽引は十分に行われていない状況である。

2 洱海流域の産業汚染源分布および問題

2.1 洱海流域の産業汚染源分布および問題

(1) 業種別の農業汚染源分布

　流域における農業によるTN（Total Nitrogen；全窒素）排出量で最多排出源は，乳牛である。その次に多いのは，順に養豚，ニンニク，野菜栽培である。TP（Total Phosphorus；全リン）排出量は順に乳牛，養豚，牛，ニンニク，野菜である。総体的にみると，流域農業の各産業中，経済的価値のある作物の栽培と畜産が農業経済への経済的貢献が最も高いと同時に，それらにより排出される窒素，リンが最も多く，農業による水汚染の要因となっている。

(2) 区域別の農業汚染源分布

　農業起因のTN，TPの排出量が最も多い区域は，洱海北部洱源県である。これは，同県の郷鎮が農業人口が多く，農業生産規模が大きいという流域農業県の伝統的な特徴を有しているためで，洱海水系における汚染への影響が大きい。洱海西部と南部の郷鎮農業によるTN，TPの排出量は北部よりもわずかに少ないが，排出量は多い。一方，洱海東部の郷鎮農業によるTN，TPの排出量は，比較的少ない状況である。

(3) 問題の分析

　洱海流域の農業産業の発展は依然として遅れており，粗放な経営が行われ，汚染排出が多い。農業産品はモノカルチャーで，汚染が多く，市場リスクの高い農産業チェーンが形成されている。農業による利益も低く，農業就業人口が多いことが1人あたりの収入を低くし，流域の農民のほとんどはぎりぎりの生活ラインの収入を越えている程度である。農業の構造について，洱海緑色流域建設への活路は，汚染を抑え，市場リスクの低い農業への転換が鍵となる。環境，資源を積極的に活用し，生態農業，循環型農業を進展させ，農業の効果と利益，農民収入の増加，汚染抑制が重要である。

2.2　洱海流域工業汚染源の分布および問題

（1）業種別の工業汚染源分布

　洱海流域には合計で工業企業が606社存在する。洱源県内の工業企業は95社で，大理市内の工業企業は511社である。工業重点汚染源は41企業で，10業種が11の郷鎮に分布している。そのなかで，雲南新希望鄧川蝶泉乳業有限公司，大理天滋実業有限責任公司，雲南下関沱茶（集団）服份有限公司は汚染排出量が比較的多い。

（2）区域別の工業汚染源分布

　各郷鎮の COD，TN，TP の排出量では，下関，大理開発区，鄧川の郷鎮工業による排出量が比較的多い。その中で，下関には飲料製造，製紙工場が集中している。大理開発区では生産企業が多く，食品加工，医薬企業が集中している。鄧川では，食品製造業が比較的多い。
　流域工業内部における各業種の総汚染物質排出量では，交通・運輸設備，非金属鉱物業種の汚染物質排出量が比較的少ない。飲料製造，食品製造，副食品加工，医薬製造，紡績業が流域内で排出量が多い5業種である。各業種の販売収入単位あたりの汚染排出量では，食品製造，製紙，飲料製造，副食品加工の4業種が汚染強度が最も大きく，交通・運輸設備，非金属製品，タバコ製品の3業種の汚染が比較的少ない。

（3）問題の分析

　第1に，洱海流域における飲料製造，食品製造，副食品加工，医薬製造，紡績業が流域で最も汚染排出量が多い業種で，これら業種の今後の発展は，流域の資源供給と環境保護規制に必ず直面する。第2に，流域における工業の組織的な構造が時代遅れで立ち遅れている。工業企業は普遍的に規模が少なく拡散しており，業種のリーダー企業による産業発展の推進力は限られている。企業構造は単一で，管理基準や製品ランクが低く，ブランドが不十分で産業経営全体の効果，利益は理想的なものではない。特に，有益な産業資源は分散しており，汚染処理のレベルも低い。第3に，流域全体の工業技術設備の水準が低いことが汚染抑制が進まない要因である。工業の産業競争力

や持続可能な発展に資する能力が低く，新興工業の資源が不足し，産業基盤が弱く，省エネ・汚染抑制型の工業発展が遅れ，ハイレベルの新技術を有する企業が少なく，循環型経済モデルが未だ構築されていない。

2.3 洱海流域における観光業の汚染源分布および問題

（1）業種別の観光業汚染源

流域における観光業で主な水汚染源は宿泊業と飲食業である。宿泊業のTN排出量は67.90t，TPが5.56t，飲食業のTNは99.36t，TPは14.08tである（表12-1参照）。

（2）区域別の観光業汚染源分布

区域汚染源分布では，大理，下関と開発区の汚染物質排出量が多い（表12-2参照）。

（3）問題の分析

第1に，観光業では飲食業による汚染排出量が大きい。TNとTPの排出量で，飲食業は総排出量の50％以上を占めている。一方，飲食業の観光業全体の収入に占める割合はわずか8.6％である。下関鎮，大理鎮，開発区のTN排出量は際立って多い。第2に，湖周辺におけるアグリ・ツーリズムの管理と整備は当面の重要課題である。大麗路以東洱海の海西沿線には多くのアグリ・ツーリズムが広まっている。これらは臨海に位置するが管理されておらず，汚水が集中処理されていないため，観光業による水汚染の盲点となっている。第3に，流域観光業の構造と効果，利益が依然として低い。現在，洱海流域周辺地区の旅行業の競争力は強い。例えば，麗江，香格里拉の旅行産業の発展は目覚ましく，旅行客の1人あたり消費は大理以上である。

3 洱海流域の産業構造と体系

3.1 指導思想

洱海流域の産業構造と体系の改革は，汚染物質削減を核心目標とすると同

表12-1. 洱海流域における観光業の汚染物質排出量（年）

業種および汚染物質	汚染物質排出量 (t)	観光客1万人あたりの排出量 (t)	収入（万元）あたり排出量 (kg)
宿泊業 TN	67.90	0.11	0.19
宿泊業 TP	5.56	0.01	0.02
飲食業 TN	99.36	0.17	0.28
飲食業 TP	14.08	0.02	0.04

表12-2. 洱海流域における旅行業の汚染物質排出量の分布（年間排出量）

区　域	窒素排出量 (t)	リン排出量 (t)
下関鎮	70.45	8.41
大理鎮	66.59	7.68
銀橋鎮	2.33	0.33
湾橋鎮	1.77	0.25
喜州鎮	4.84	0.61
上関鎮	1.29	0.18
双廊鎮	3.28	0.42
挖色鎮	0.62	0.08
海東鎮	0.73	0.10
開発区	28.43	3.13
茈碧湖鎮	2.40	0.21
右所鎮	1.12	0.13
合計	184	21.6

時に，経済成長と労働力の適切な転換を目標とする。汚染物質削減については農業の汚染物質排出量を大幅に減らし，観光業と工業の汚染物質排出量については適量増加させることが現実的である。経済目標については，農業経済を安定的に成長させ，観光業と工業は成長を加速させる。農業余剰労働力の転換については，その労働力の大部分を工業と旅行業が受け入れるようにする（図12-4参照）。

図12-4. 洱海流域における産業構造と体系改革の指導思想

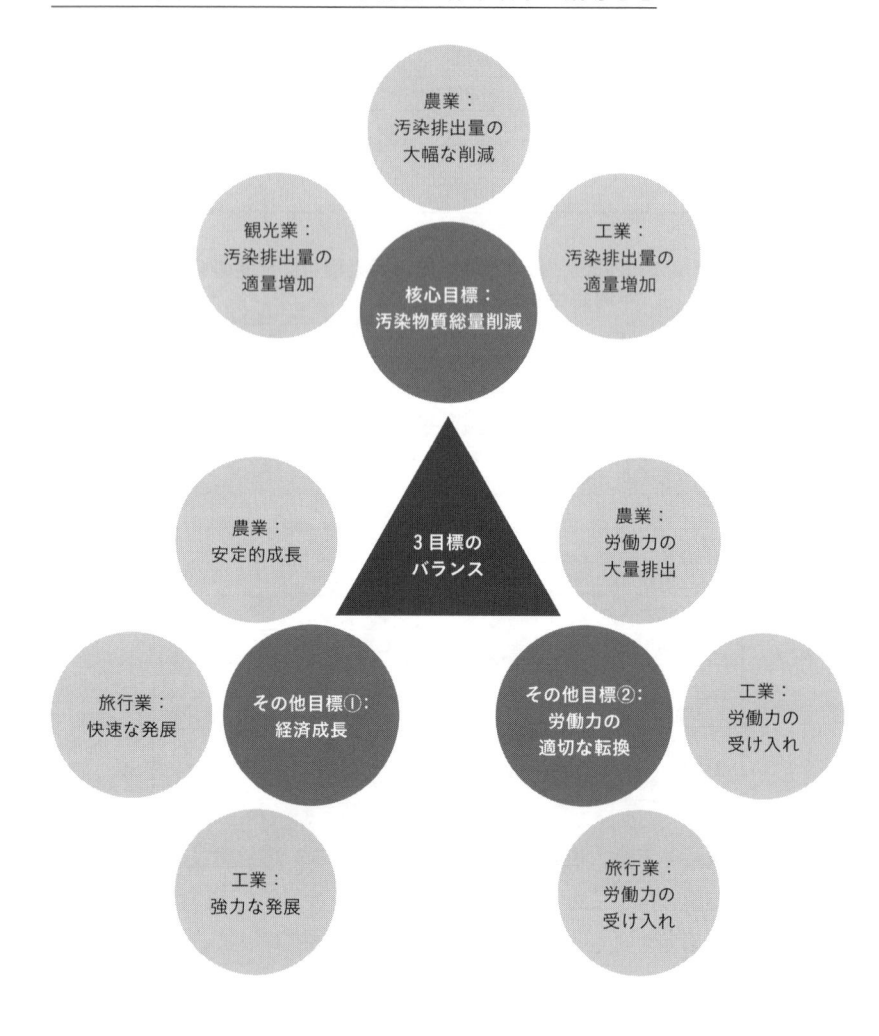

3.2　洱海流域における主要産業構造と体系の改革

（1）洱海流域における機能に応じた区画
①区画の段階
　この区画は2008年を基準年とし，3段階に分けて12年間実施する。2009年から2010年，2011年から2015年，2016年から2020年の3段階である。

②抑制区分

　社会経済発展の区域経済理論に基づき，洱海流域を4区分する。第1に，「発展禁止区」である。洱海湖岸の最高水位線から50m以内，洱源県海西海，茈碧湖，西湖湖岸の最高水位線から100m以内を発展禁止区とする。発展禁止区は，流域の湖と水系から最も近い区域で，湖畔の生態敏感区域である。第2に，「発展制限区域」である。洱海東岸の海抜2,000m以下，南岸の360国道以北，西岸の省道221（大麗路）以東，北岸の上漢鎮の境界内と発展禁止区の間の範囲，洱源県の主要河川（弥苴河，羅時河，永安河，弥茨河，鳳羽河）の両岸，各200m以内，洱源県の主要な湖（海西海，茈碧湖，西湖）湖岸線から200mの距離と発展禁止区の間の範囲を発展制限区域とする。

　第3に，「最適発展区」である。大理市洱海西岸大麗路と国道214の間の範囲と洱海県発展制限区と山地涵養林の間の範囲を最適発展区とする。

　第4に，「総合発展区」である。以上，3区以外のその他の発展区域を指す。例えば，洱海西岸に位置する国道214と山地涵養林の間の範囲を総合開発区とする。

（2）洱海流域の農業構造と体系の改革
①農業計画
　「緑色環境保護，強力な汚染削減，増収増益，調和社会の推進」を主たる目的とし，産業区域計画に基づき，「4圏，5区域」に分けて農業計画を進行させる。流域4湖（洱海，西湖，茈碧湖，海西海）を生態農業の中心として農業発展圏を形成する。洱海西岸十八溪，洱海南岸波羅江沿線，西湖東岸弥苴河沿線，茈碧湖南岸鳳羽河沿線，海西海東岸弥茨河沿線の5区域を粮経輪作（野菜→稲→野菜あるいは稲→稲→野菜といった輪作方式），規模調整，基準化を実施する農業発展区域とする。
②計画の重点および施策
　計画の重点および具体的措置は，表12-3のとおりである。

表 12-3. 洱海流域における農業計画の重点および施策

産　業	品　種	産業調整施策
重点調整産業	ニンニク，乳牛	「4圏」内の乳牛およびニンニク業の規模を「5区域」あるいは流域外に移転させることで大幅に減らす。移転しない乳牛およびニンニク業は大棚栽培法，生態家畜小屋方式を採用してクリーンな生産を進める。
制限型発展産業	小麦，トウモロコシ，ジャガイモ，野菜，牛，豚，羊	トウモロコシ，ジャガイモ，ニンニクに代わり，大麦，ソラマメを栽培する。栽培方式の転換と栽培地の移転を進める。牧畜産業は養殖の数量を減らす，あるいは5区域へ移転させる。
奨励型発展産業	水稲，大麦，ソラマメ，アブラナ，家畜	「4圏」区域で質の良い水稲，大麦，ソラマメ等の栽培を奨励する。大理市の各郷鎮を重点地域とし，栽培の発展と観光振興を融合し，無公害で質の良いアブラナ生産地を作り，栽培規模を拡大する。分散している家畜養殖を集中型に転換し，「5区域」において家畜養殖基地を作り，家畜，特に鶏卵の生産規模を拡大する。

（3）洱海流域における工業構造，体系の改革
①産業計画
　「湖から離れた所での開拓，育成」を核心として，発展を中心地から拡大していくことを主たる目的とし，産業区域計画を基礎としたうえで，工業の規模の経済，経済範囲および集中型の汚染処理の優位性を活用する。また，工業の配置，すなわち「点状に集合，周辺に拡散，点から面へ」の発展態勢に基づき，重点発展区域がモデルとなり，「3区，3帯」の区分けで工業産業を振興する。大理経済技術開発区，大理新工業園区，下関特色工業発展区を「3区」とし，レジャー旅行製品の工業，貿易産業帯，生態工業模範帯，緑色製品と加工産業帯を「3帯」とする。
②計画の重点および施策
　計画の重点および具体的施策は，表12-4のとおりである。

（4）洱海流域における旅行業の構造，体系改革
①産業計画
　「合理化，高度な発展，域外の開拓，ネットワークの集積」を主たる目的として，産業区域計画を基礎とし，「5都，1道，1帯」の区分けにより旅行産業計画を進める。計画は，下関風都，大理古都，貴州蝴蝶泉情都，上関花都，洱源熱都，蒼山茶馬古道，下関から茈碧湖レジャー地帯を旅行業発展

表 12-4. 洱海流域における工業計画の重点および施策

産 業	品 種	産業調整施策
重点調整産業	飲料製造，製紙，食品製造，副食品，紡績，印刷	立ち退き，改修，技術改革を進め，産業チェーンを拡大し，念入りな加工とブランドの創出で産業付加価値を高める。
制限型発展産業	冶金，採掘	本部と生産基地を分離する。
重点支援産業	タバコおよびタバコ材料，機械，電力，建材	産業全体および産業チェーン各部門の競争力と効果，利益を高める。
奨励型発展産業	バイオ開発産業，新エネルギー，新材料を主とする高・新技術産業	低投入，低汚染，省エネ，効果大の産業を支持し，新興産業群を育成する。

表 12-5. 洱海流域における旅行業の中・長期計画

施 策	指 標	短 期 (2009～2010年)	中 期 (2011～2015年)	長 期 (2016～2020年)
核心区長期調整計画	観光客の数（万人）	683.10	853.88	1,024.65
	1人あたり消費額（元）	684.15	907.41	1225
	経済効果・利益（億元）	44.28	77.48	125.52
	新規雇用（人）	17,000	30,000	55,000

区域とする。

②計画の重点および施策

「産業構造の改善，観光客の規模の制限，1人あたり消費額の増加，産業全体の効果，利益の改善」の原則のもと，計画の重点および具体的施策は表12-5のとおりである。

その他，資源を活用して流域外の他の観光地と連携し，観光業を放射状に拡大する。核心区と放射区（放射状に旅行業を拡大していく区域）は統一的な計画で管理する。核心区と放射区は相互に連携して，大理州ないし滇西「1＋6」都市圏（大理市を中心都市として，周辺の祥雲，賓川，弥渡，巍山，漾濞，洱源を副都市とした都市圏）旅行業全体の発展と産業構造の調整が実現するように促進する。放射区は観光区の容量を拡大するので環境圧力を分散し，環境保護を行いやすくする。

3.3 洱海流域における産業投資,効果・利益,汚染削減の予測

(1) 農業投資,効果・利益,汚染削減の予測

農業構造調整の資金需要,窒素,リンの増減率,生産額の増減率,生産額1万元あたりのTN,TP排出量,雇用についての短期,中期,長期予測は以下表12-6のとおりである。

表12-6.洱海流域における農業構造調整の資金需要 (単位:万元)

区分	項目	投資額 (2009～2012年)	投資額 (2011～2015年)	投資額 (2016～2020年)
発展 禁止区	農業減少への補償	500	-	-
	退耕還林,退耕還草	250	150	100
発展 制限区	生態農業建設プロジェクト	300	300	300
	農産業転換への補償	450	-	-
最適 発展区	生態農業建設プロジェクト	500	500	500
	農業施設の建設	-	15,000	15,000
総合 発展区	生態農業建設プロジェクト	200	100	100
	農業の規模調整	11,500	22,000	27,000
	合計	13,700	38,050	43,000

注1:発展禁止区:農業の減少に対する補償は,1畝(1/15Iha)あたり1,000元の補償。4湖周辺に属する発展禁止区の耕地は約0.5万畝で計算。
注2:発展制限区:農業の転換に対する補償基準は,アブラナ,ソラマメが1畝あたり300元,大麦が100元(大理市2009年洱海保護治理重点工程項目実施方案に基づく)で計算。
注3:最適発展区:農業施設の建設への補助基準は,1畝あたり5,000元(簡易型の大棚)で計算。
注4:総合発展区:農業の規模調整について,ニンニク,野菜は1畝あたり1,000元,家畜は1頭あたり5,000元で計算。

表12-7.洱海流域における農業構造の調整効果と利益,汚染削減の予測

期間	TN 増減率 (%)	TP 増減率 (%)	生産額 増減率 (%)	生産額1万元 あたりのTN排出量 (Kg/万元)	生産額1万元 あたりのTP排出量 (Kg/万元)	労働力の 移転目標 (人)
2008 (基準年)	-	-	-	1.46	0.33	-
2010	-14.7	-14.4	-0.6	1.25	0.29	56,020
2015	-19.2	-16.8	6.6	0.95	0.22	70,830
2020	-17.3	-14.3	7.1	0.73	0.18	95,017

注:2010年の窒素,リン削減率,生産額増減率は2008年比,2015年は2010年比,2020年は2015年比。

（2）工業投資，効果と利益，汚染削減の予測

　工業構造調整の資金需要，窒素，リンの増減率，生産額の増減率，生産額1万元あたりのTN，TP排出量，雇用についての短期，中期，長期予測は表12-8，12-9のとおりである。

（3）旅行業の投資，効果と利益，汚染削減の予測
　観光業構造調整の資金需要，窒素，リンの増減率，生産額の増減率，生産額1万元あたりのTN，TP排出量，雇用についての短期，中期，長期予測は以表12-10，12-11のとおりである。

表12-8. 洱海流域における工業構造調整の資金需要　（単位：万元）

投資項目	短期 (2009～2010年)	中期 (2011～2015年)	長期 (2016～2020年)
工業団地モデル建設	10,500	15,000	19,500
汚水処理場建設	850	2,000	2,000
合計	11,350	17,000	21,500

表12-9. 洱海流域における工業構造調整の効果と利益，汚染削減の予測

指標	2010年	増減率 (2008年比)	2015年 (予測値)	増減率 (2010年比)	2020年 (予測値)	増減率 (2015年比)
工業総生産額（億t）	230	65.47%	380	65.22%	600	57.89%
生産額億元あたりCOD排出量（t）	5.87	-41.71%	3.42	-41.74%	2.08	-39.18%
生産額1億元あたりTN排出量（t）	0.58	-42.57%	0.342	-41.03%	0.208	-39.18%
生産額1億元あたりTP排出量（t）	0.067	-41.74%	0.04	-40.30%	0.023	-42.50%
投資による工業生産額への促進効果（億元）	80.18	-	147.06	-	102.32	-
新規雇用（人）	40,000	-	43,000	-	38,000	-

表 12-10. 洱海流域における旅行業構造調整の資金需要 （単位：万元）

区　域	短　期 (2009〜2010年)	中　期 (2011〜2015年)	長　期 (2016〜2020年)
下関風都	100	400	800
大理古都	100	200	200
貴州蝴蝶泉情都	100	300	500
上関花都	300	200	500
洱源熱都	100	200	200
蒼山茶馬古道	600	500	200
下関〜茈碧湖レジャー地帯	500	60	200
合　計	1,800	2,600	2,800

表 12-11. 洱海流域における旅行業構造調整の効果と利益，汚染削減の予測

指　標	短　期 (2009〜2010年) ：2008年比	中　期 (2011〜2015年) ：短期比	長　期 (2016〜2020年) ：中期比
観光客1人あたり汚染物質排出量	8.70%	4%	4.17%
生産額1万元あたり汚染物質排出量	−17%	−25.71%	−22.84%
生産額1万元あたり汚染物質の湖への流入量	−21.74%	−41.86%	−56.79%
投資による観光客数の変化	0.05	0.07	0.06
投資による観光業総収入の変化	0.005	0.013	0.017

（知足章宏［訳］）

第13章

「撤郷変村」行政改革後の
元郷集鎮の環境問題

陳阿江

I はじめに

　2005年，太湖流域で現地調査を行った際，澤西村と西橋村といった地域の環境汚染状況の深刻さに驚いた。しかも，2008年の後続調査では，汚染状況は想定よりももっと酷かったことが再確認できた。その後の2012年の巣湖流域の沙埂村の調査でも同様な環境破壊の状況が見られた。行政区劃の観点から，これらの環境問題には1つの共通点があった。つまり，これらの地域はいずれも元々郷または鎮政府の所在地であり，2000年前後に「撤郷変村」行政改革[1]（以下，撤郷変村）後に村また社区に降格された地域である。

　中国の行政管理体制においては，都市部と郷村部とは異なる管理方式に基づいて環境管理等がされてきた。例えば，都市部では，生活ゴミは収集され，埋立てまたは焼却される。公衆トイレや家庭用水洗トイレの排水は汚水パイプを通して集中汚水処理施設で無害化処理され，最終的に排出される。そういった都市の正常な「代謝」を維持するためには，各都市には関連管理組織や職員が配置されており，予算が配分されている。一方，農村部では，より伝統的な管理方式が維持されている。各農家には肥溜や野壺があり，草木灰や根葉，葉っぱ，灰土を中心とする生活ゴミが集められてから肥料として定期的にあるいは非定期的に各農地に配送される。農村環境衛生問題は主に農業システムを介して廃棄物を再利用することである。しかし，郷を減らして村に降格させる改革によって，これらの地域は城鎮としての特徴と村落

太湖流域・澤西（2008年） 　　　太湖流域・西橋（2008年）

巣湖流域・沙埂（2012年） 　　　巣湖流域・沙埂（2012年）

としての特徴を兼ね揃えながら，行政区劃上は村でもなく，鎮でもないため，環境管理面では多くの問題が出現した。

　中国のジャーナル文献検索の結果からわかるように，すでに多くの研究者は「撤郷変村」によってもたらされている問題に注目している。例えば，行政手続きの不便さ，子供の入学や年寄りの通院といった公共サービスの欠如，治安状況の悪化，郷鎮政府の債務問題，元郷鎮政府の無駄な土地利用とインフラ建設等の問題点が挙げられる[2]。しかし，「撤郷変村」による環境問題はこれまでに問題視されていなかった。本章はこれまでの現地調査に基づき，「撤郷変村」後の元郷集鎮の環境問題について考察する[3]。

2　「撤郷変村」後の社区機能の変化

　1990年代の農村改革を振り返ってみれば，農民負担と農村税費改革は当時中国社会の重要課題であった。曹（2000）の河南農村調査はこれらの問題を中心に行われた[4]。1995年には全国に4万7136の郷鎮があり，当時の全国人口で計算すれば，郷鎮部の人口は平均2万人足らずであった。各郷鎮の

人口規模を倍増させれば，行政機構と職員を減らし，行政支出を縮減させることができる。それだけではなく，施設の利用効率を高めることもできる。また，改革開放後の高度経済成長に伴い，道路や交通インフラが大幅に改善され，行政サービスの提供範囲の拡大に必要な地理的空間的条件が整備された。

このような背景のもと，一部の省では，「撤郷変村」行政改革[5]の試験的実施が行われた。「撤郷変村」行政改革は1990年代後半からはじまり，表13-1が示すように，15年間で全国の1/3の郷鎮が減らされた。江蘇省では，郷鎮の数は約半数に減らされた。そのうち，郷の合併割合はもっと高く，15年間で半減された。江蘇省における郷の数は1995年の1,046個から2010年の98個に，約9割も削減された。安徽省の場合は2/3に，浙江省の場合は約半分削減された。

表 13-1.「撤郷変村」前後の郷鎮数の変化

単位：個

年度	浙江省 郷	浙江省 鎮	浙江省 郷鎮	江蘇省 郷	江蘇省 鎮	江蘇省 郷鎮	安徽省 郷	安徽省 鎮	安徽省 郷鎮	全国 郷	全国 鎮	全国 郷鎮
1995	880	961	1,841	1,046	799	1,845	1,007	847	1,854	29,854	17,282	47,136
1996	863	978	1,841	980	861	1,841	887	862	1,859	27,486	17,998	45,484
1997	848	993	1,841	962	880	1,842	987	880	1,867	26,287	18,402	44,689
1998	826	1,006	1,832	956	878	1,834	972	898	1,870	26,402	19,060	45,462
1999	781	989	1,770	723	1,167	1,890	937	903	1,840	25,557	19,184	44,741
2000	752	971	1,723	275	1,191	1,466	900	941	1,841	24,043	19,692	43,735
2001	576	839	1,415	144	1,202	1,346	825	966	1,791	19,341	20,374	39,715
2002	553	822	1,375	136	1,194	1,330	783	977	1,760	18,639	20,601	39,240
2003	543	791	1,334	126	1,117	1,243	769	970	1,739	18,064	20,226	38,290
2004	518	763	1,281	122	1,077	1,199	649	935	1,584	17,451	19,883	37,334
2005	493	758	1,251	110	1,019	1,129	551	915	1,466	15,951	19,522	35,473
2006	461	754	1,215	109	994	1,103	480	876	1,356	15,306	19,369	34,675
2007	458	749	1,207	109	946	1,055	376	871	1,247	15,120	19,249	34,369
2008	446	747	1,193	109	930	1,039	373	875	1,248	15,067	19,234	34,301
2009	445	735	1,180	107	911	1,018	366	871	1,237	14,848	19,322	34,170
2010	443	728	1,171	98	877	975	363	869	1,232	14,571	19,410	33,981

出所：『浙江統計年鑑（1996-2011）』，『江蘇統計年鑑（1996-2011）』，『安徽統計年鑑（1996-2011）』，『中国統計年鑑（1996-2011）』に基づき，盛鈿添氏（河海大学2011級社会学修士課程）作成

郷鎮政府は中国政権の基礎政府である。行政機能からみれば，郷鎮政府には郷鎮共産党委員会と人民政府，人民代表大会，政治協商委員会が設置されており，農業弁公室と工業弁公室，計画生育弁公室，土地管理，公安派出所，法院，検察院司法といった関連職能部門が設けられている。さらに，中学校や中心小学校，中心幼稚園，衛生院（病院）といった公共サービス機能も提供できる。郷鎮政府所在地は自然に郷鎮の経済と文化の中心となった。社会学者の費孝通等による1980年代の蘇南地域に対する研究結果によれば，中国では，「小城鎮」は都市とも違い，農村とも異なり，農村と都市の中間にある特別な階層である。「小城鎮」は農村経済社会の中心であり，農村発展にとって極めて重要な役割を果たす[6]。

　1990年代末からの「撤郷変村」によって，上記の従来の郷鎮政府所在地の機能が大きく変わった。共産党関連の政府行政部門が相次ぎ廃止され，関連の管理機能も大きく弱体化された。政府機関あるいは政府機関と緊密に関係する環境衛生管理機能をはじめとする政府機能も廃止され，もしくは大きく弱体化された。

3　郷政府所在地の村落環境問題

　「撤郷変村」の結果，①中国社会の発展に伴い，従来の郷政府所在地の村落（以下，駐在村）が急激に都市化し，環境問題が悪化しつつある。②郷鎮政府の廃止によって，環境面への財政投入が減少し，関連施設の新規整備が不十分となり，既存施設が老朽化し，管理機能も弱くなった。したがって，環境問題の悪化がますます目立ってきた。具体的には以下の諸要因が挙げられる。

①住民習慣と生活空間

　プラスチックといった「新型」ゴミが現れる以前，農村部のゴミの大半は分解可能であった。農業生産過程で必要とする肥料等を賄うためには，通常，農民は草木灰やふん尿を再利用し，農地の周辺に撒くが，河川や道路に棄てることはなかった。しかし，都市部の住民のライフスタイルは全く異なる。一昔前では，農村部では，しばしば肥料が不足していたため，都市部の生活ゴミは通常近辺の農民によって収集，処分されていた。都市部住民の生

活行動の特徴の1つは廃棄することであるため，近辺の農民が都市生活ゴミの収集に行かなくなった時，専門の公共サービス機関によるゴミ処理がなければ，都市生活ゴミは大きな課題になる。今後，都市化の進展が加速すれば，農村人口は都市部に集中され，都市ゴミが一気に増加することとなる。しかし，都市部は農村部ほど生活ゴミ等が分解できる広い空間がないため，一定の期間内では，環境問題は大きな課題となる。

②人口集中度

駐在村は普通の村落より人口が多く，非農業人口の割合が高く，生活ゴミも多い。

太湖流域および巣湖流域では，一部規模の大きい村落もあるが，一般的な村落の人口はおよそ100～200人の間である。それと比べて，駐在村の居住人口規模が大きく，小さい村でも数千人で，大きい村は数万人規模に達する。人口構成も複雑で，主に以下の構成となる。

(1)原住民。郷政府時期の移住非農業人口および村民が含まれる。

(2)駐在村近辺の鎮に移住した住民。駐在村は村と呼ばれているが，事実上は集鎮である[7]。改革開放以来，集鎮周辺の農民経済実力者は政府が区割したエリアに土地を購入し，住宅を建てた。1階部分は店舗として，2階以上の部分は住宅として利用し，商業活動に従事していた。沙埂村の中心街はこのようなエリアであり，街の両側には鎮に移住してきた農民が建てた住宅があり，非農業生産活動に従事している。

(3)外来人口。外来人口の多寡は地元の企業の経営活動によって決定される。西橋村では，「撤郷変村」以前には多くの工業企業が成長し，たくさんの外来労働者が移住してきた。例えば，西橋村には90社の企業があり，2000人以上の外来労働者がいた[8]。西橋村の13組と14組の流動人口だけでも1000人以上に達していた。2002年，金属家具工場の出資によって流動人口が最も集中する13組と14組の4ヵ所に公衆トイレを建設したが，十分に需要を満たさなかった。それに加え，建設されたトイレに必要な専門の管理スタッフがいなかったため，半年足らずでトイレが使えなくなるほど汚かった。その結果，流動人口が勝手に大小便する問題が頻発するようになった[9]。

(4)ビジネス活動の従事人口。当該人口規模は主に駐在村の規模と行政サービ

スの提供範囲による。例えば，沙埂のビジネス活動の従事人口は少ないが，西橋は比較的に大きな集鎮であるため，ビジネス活動の従事人口が多く，平日でも街中に人が多く，賑やかである。

③環境施設の欠如と管理不足

従来の郷は基礎行政単位であり，環境管理面ではさまざまな困難があるものの，村と比べるとまだ優位にあった。しかし，「撤郷変村」後の駐在村は環境管理面においても十分な資源が得られなくなった。まず，村には公共財政が配分されなくなり，上級政府部門からの資金割当や投入がない限り，何事もできなくなった。また，村には関連の環境管理部門や専門職員が，ないため，具体的な業務執行が難しいという問題がある。

4　結論

流域汚染の防止対策は主に汚染源に対する抑制と処理に基づき考慮されるべきである。都市部の点源汚染は，工業企業汚染源であり，これは過去数十年の主な流域汚染源である。政策や法規定の整備，企業汚染源対策の強化に伴い，工業企業汚染情況は次第に改善されている。他方，都市生活ゴミや生活汚水の問題は未解決のままである。これまでの研究に基づく都市ゴミ処理の計画や処理対策は理にかなっていると思われる。集鎮は，とりわけ，規模の大きい集鎮では，生活ゴミであっても生活汚水であっても，基本的に従来の都市汚染処理対策と同じ対処方法をとるべきである。農村部では，現在具体的な汚染源対策がとられておらず，汚染も次第に深刻化している。しかし，長期的な観点からは，分解不可能な「新型」ゴミについては，都市ゴミと同じ処理方法を採用するしかないが，それ以外の農村ゴミについては，従来の農業システムの活用に基づく処理方式を採用することによって，処理コストを削減し，肥素と農地からの収益を増やすべきである。「撤郷変村」後の駐在村における環境管理問題はこれまでに忘れ去られた問題として放置されていたが，今後は重視されるべきである。

（何彦旻［訳］）

注：
1 訳者注。「撤郷変村」とは，中心になる町村を市街化して僻地の郷を減らす改革のことである。
2 黄（2011）。郭（2007）。陳（2001）。牛（2001），2001年20期。
3 「撤郷変村」の対象について，もともと郷の場合は減らされた後に村に改編される。鎮の場合は，社区に改編される。本章は郷が村に改編されるケースを研究対象とする。
4 曹（2000）。
5 「撤郷併鎮（村）」とは，郷を減らして鎮（村）と合併させることである。
6 費ほか（1999），192-234頁。
7 訳者注。現在の集鎮は自然に形成された，鎮制をとらない町であり，一般的に郷政府の所在地あるいは商工業の比較的発達している町を指している。集鎮は単なるその地域の商業中心で，行政的な意味がなく，人口基準や行政基準ははっきりしていない（張，1999）。
8 程鵬立（2012），表2.4 西橋村現有工業企業情況（41頁），表4.7 西橋村本地人口及流動人口情況（73頁）。
9 程（2012），125頁

参考資料：
曹錦清（2000）『黄河辺的中国』上海文芸出版社，2000年9月。
陳彩虹（2001）「対『撤郷併鎮』的探討」『小城鎮建設』，2001年12期。
程鵬立（2012）『郷村工業化進展中的環境汚染問題分析——西橋村案例研究』（博士論文）。
費孝通ほか（1999）「小城鎮，大問題」『費孝通文集』（第九巻），群言出版社，1999年10月版。
郭淑芬（2007）「関注撤郷併鎮後可能存在的五大問題——撤郷併鎮現象調査」『生産力研究』，2007年5期。
黄俊（2011）「探析撤郷併鎮改革帯来的新問題」『企業導報』，2011年10期。
牛鳳瑞（2001）「撤郷併鎮応該慎行」『中国経済快訊』，2001年20期。
張季風（1999）『中国における小城鎮建設に関する一考察』，研究年報経済学61(2)，261-281頁。

終章

流域環境ガバナンスと日中の学術交流

　水や森林は人間の生活と深くかかわっている。これらは土地と結びついて，地域に存在する貴重な自然資源であり，環境資産である。
　水資源，森林資源という呼び方があるように，人間は古来から水や森林のもつ有用な性質を活用してきた。しかし同時に，水や森林は，水環境，森林環境とも言われることがあり，水や森林という存在そのものが人間社会の環境を形成してきたのである。この観点からは，水や森林は，自然資源というよりも，環境資産ということができる。つまり，水や森林は自然資源と環境資産という2つの性質をあわせもっている。そこで，水や森林のように，自然資源と環境資産という二重の性質をもった財を環境資源と呼ぶことにしよう。
　環境資源の多くは，人間社会の生活や生業と結びついて地域で維持・管理されてきた。環境資源をいかに活用するかは，地域の安全や安心，人々の暮らしの豊かさや地域経済の発展と深いかかわりをもってきたのであり，またそうしたかかわりをもつことで環境資源は維持されてきたのである。現代的な言い方をすれば，環境資源と地域経済との間の関係にこそ，環境資源の持続可能性（sustainability）を実現する鍵があるというべきであろう。
　ところが，環境資源と地域経済との間にある時期まであった持続可能な関係，すなわち，環境資源が地域社会の生活や生業において有効に活用されると同時に，地域社会の生活や生業が営まれることが環境資源の良好な状態の維持・保全につながるという関係が，持続可能性のないものに変化していったのである。日本の各地で起きている水資源や水環境の危機，そして森林の

崩壊も，環境資源と地域経済・地域社会との関係が変化したことから生じている。裏返して言えば，今日地域で生じている環境資源問題の多くは，かつての地域にはあった環境資源と地域経済との持続可能な関係をいかに現代的に再生するかという問題だということができる。

　環境資源と地域経済との関係が持続可能性のない関係に変化する原因については，それぞれの地域に特有な事情もあると思われる。しかし，関係の変化を促した最も基本的な要因は，地域社会の生活や生業のあり方を根底から変化させた地域経済関係の変貌である。森林を事例に取れば，従来日本の林業を成り立たせていた経済関係が，安価な外材の輸入をきっかけとする木材市場と木材価格の激変によって成立しなくなったことである。結果的に木材を育成し適切な時期に伐採することで成り立っていた森林の維持管理システムが壊れてしまい，人間の手が入らなければ維持できなくなっていた森林に対して，その維持管理をしようという動機づけがまったくなくなってしまったのである。森林崩壊の背後には森林の維持管理システムの崩壊があり，それを規定した地域経済の変貌があったのである。

　水についても同様の問題がある。水は人間の生命活動を根源のところで支え，地域社会が共同生活を営む上での最も基本的な条件である。むしろ水のあるところに地域社会ができたといってもよい。現代においても水の絶対的な大切さは言うまでもなく，共同生活を営む上での基本的条件であることは何ら変わらない。しかし，その条件を安定的に確保するためには，水道システムを整備するだけでは不十分で，必要な水の量と質をつくりだす水源の自然的涵養システムを意識的に維持・保全することが課題になっている。水源地域は森林が多く，森林の荒廃は森林のもつ水源涵養機能を低下させている。

　水源地域や森林の多い山村の衰退問題は，地域経済の問題であるが，同時に国土構造の問題でもある。東京への一極集中に象徴される爆発する大都市と過疎化に悩む農山村という構図は究極的な段階に来ている。衰退する都市も増え，都市の再生が課題になっているが，同時に消費地たる都市の最も基本的な生活条件は農山村によって支えられている。一見その農山村の荒廃が進むことは農山村のみの問題のように見えているが，実は都市においても潜在的に危機的状況が生じているのだということを忘れてはならない。都市の

再生は農山村とりわけ農山村に存在する環境資源の再生なくしては極めて脆いものにしかなりえない。そして，農山村にある環境資源の再生問題は，その荒廃を促してきた根本的要因である地域経済や国土構造の問題に立ち入らなくては，その解決は難しいと思われるのである。

近年注目を浴びているコモンズ（Ostrom, 1990）の再生とは，上記で述べたような環境資源と地域経済との関係の再生であり，自然資本経営（谷口，2014）なのである。この点に関して日本や世界では数多くの経験の蓄積があり，汲み取るべき教訓が整理されつつある。その成果が中国における環境資源問題にも活かされることを望みたい。そのための日中学術交流がますます活発化することを祈念して，本書の終章に代えることにしたい。

2014年12月8日
植田　和弘

参考文献：
谷口正次（2014）『自然資本経営のすすめ』東洋経済新報社
Ostrom, E.(1990), *Governing the Commons: The Evolution of Institutions for Collective Action*, Cambridge University Press.

報　告

流域環境ガバナンスに関する日中共同セミナー

北川秀樹

要旨

　2012年5月26-27日，日本学術振興会二国間交流事業セミナーとして「流域環境ガバナンスに関する日中共同セミナー」（日本側代表者：龍谷大学政策学部教授・北川秀樹）を中国武漢市の湖北経済学院において開催した。このセミナーは，近年改善が進まない，中国内陸部の湖沼・河川における水質汚染，富栄養化問題を中心に，日本と中国の研究者がそれぞれ専門の立場から流域環境ガバナンスについて意見交換することを目的とした。

　長江中流に位置する武漢市は，古くから長江の水運の要衝であり多くの湖沼を抱えている。辛亥革命発祥の地としても知られる。また，枢要な環境関連研究機関が集積し，中国の環境研究においても中心的な位置を占めており，流域環境問題を議論するのに格好の地である。

　中国側（代表者：北京大学法学院教授・汪勁）からは，環境法学，環境経済学をはじめとした研究者のほか，水利関係の実務家など約20名（うち11名が報告）が全国各地から参加し，多くの大学院生が傍聴した。

　日本側からは，環境経済学の植田和弘京都大学教授，湖沼管理の第一人者である中村正久滋賀大学教授ら8名の研究者の参加を得た。本報告は，このセミナーの概要を紹介するとともに，その意義と今後の課題について若干の考察を試みるものである。

I　セミナーの概要

　セミナーの構成は，基調講演と「流域水紛争と解決システム」「流域環境保護と経済発展」「流域環境保護と社会発展」「流域環境ガバナンス」の4つのテーマ別セッションからなる。それぞれ中国と日本から2人ずつ各テーマに沿って報告し，主として中国側は中国の状況，対策，問題点を，日本側は日本の状況，対策，問題点を報告した。

(1) 基調講演
　4人の専門家が報告した。まず開催校・湖北経済学院の呂忠梅院長・教授は，「湖北省湖泊保護条例立法構想」というテーマで，起草作業に携わった経験から条例の背景，趣旨，枠組みについて報告した。生態環境，経済発展，文化の源という多様な要請の実現を目的に，湖沼の減少・湖面萎縮，深刻な富栄養化，生物多様性の減少，分散した管理という問題を立法のなかでどのように解決していくかということに苦心し，関係部門（水利，環境保護，林業など）による座談会の開催や市民アンケート調査を行ったことに触れた。条例のなかでは，湖沼の概念を明確にするため一覧リストを作ること，保護区と制御区の基準を明確にすること，機能とか管理権限による分類という点に配慮したことを述べた。また，管理体制，保護，管理権限，法的責任の明確化を図ること，特色として，湖岸の飲食業制限，船舶汚染防止制度，農村のノンポイントリリース対策を盛り込むことを挙げた。なお，同条例は既に2012年10月から施行されている。
　続いて北京大学法学院・汪勁教授は「中国生態補償の実践及び関連法律制定の現状と課題—流域生態補償の実践を中心に—」というテーマで，中国の生態補償メカニズムの現状と自ら起草チームのリーダーとして関わる条例制定の経験を踏まえた課題を指摘した。汪教授は，流域を例にして，現在中央財政からの移転支払い，省から下級政府への移転支払い，同じ行政区内の横断的な生態補償，排汚費等の生態税制の例があるとしつつ，問題点として，①法律規定が単行法の中に散見され統一的な規定が欠如していること，②補償財源が政府の財政に依存しており社会からの支出が少ないこと，③補償基準がなく補償額が低すぎること，④生態価値についての配慮が欠けているこ

と，⑤財政支出も農業，医療衛生，交通等が優先されることを挙げた。このような中で，2015年までの条例制定を目指して現在作業中であり，保護と開発の両立，開発者・受益者の補償，損害を与えたものが修復することを原則とし，政府を主としつつも市場のメカニズムを活用した財政システムの確立，水・土地・海洋・鉱産・森林・草原に対する税制の確立，水権取引などの経済メカニズムの活用の重要性を強調した。

　日本側からは，京都大学・植田和弘教授が「流域環境ガバナンス―保全と開発の評価問題―」というテーマで報告した。湖は流域管理と一体となって取り組む必要があり共有財産のようなものであるとした。湖における価値，生態系サービスの失敗は，ギャレット・ハーディンによってコモンズの悲劇として論じられてきたものと同じく，その利用によって市場の失敗が起こり，ガバナンスのあり方が問われてきたとした。これに対し，ノーベル経済学賞を受賞したオストロムは，1990年の著書で森林，灌漑，漁業などの実例を調べた上でコモンズが多くあることを指摘し，コモンズ的管理が持続可能性があるとした。彼女は所有権者以外にだれでもアクセスできるが，利用権のルールをだれがどういうふうに決め，使い方がよいかどうかという評価基準の問題があることを明らかにした。このように現在は，コモンズの統治問題として，湖の所有形態から資源の使い方についての議論に移っていることが紹介された。開発プロジェクト評価と社会費用効果分析を経て，自然環境資源管理の費用をだれが負担すべきかが論じられているとする。この議論のなかで，租税（公共）による負担，汚染者負担，受益者負担，応能負担，共通だが差異ある責任，コースの定理の組み合わせのような考え方が提示されてきた。生態系サービスに対する支払い（Payment for Ecosystem）について，日本では横浜市の水源地への支払い，高知県の森林環境税，琵琶湖・淀川水系の上下流関係があるとし，残された問題はより複雑化しつつあるとし，その例としてローカル・コモンズとグローバル・コモンズの相互依存，管理のための水平的・垂直的な制度調整，多様で性質の異なる汚染物質の存在，低炭素・自然共生・循環型社会の統合的管理，湖流域コモンズの固有価値の評価問題を挙げた。最後に複雑な問題が多いが，共同研究の意義は大きいことを指摘した。

　滋賀大学・中村正久教授は，長年取り組んできた「統合的湖沼管理

(ILBM)」について報告した。地球上で利用できる淡水資源の90%は湖沼にあり，残りは河川にある。なぜ湖の持続可能な利用が難しいかといえば，上流の取水や下流の排水などさまざまなところからストレスを受けていること，滞留時間が長く多くの問題が複雑に絡み合い変化がわかりにくいこと，予測制御が難しいことにあるとした。Lentic water(たまり水)であるため，いったん汚染されると回復に時間がかかり元には戻らない場合もある。ILBMでは費用，仕組み，上下流協力とも関係しているため，ガバナンスの問題として扱っており，どういう柱で，プロセスをどうしていくかということについて9ヵ国ぐらいで実験したことに言及した。評価とモニタリングを繰り返しながら進めているが，中国においても太湖や填池のように汚染が深刻な湖があり，どのように政策に取り入れていくか関心をもっているとして結んだ。

(2) セッション報告
ア．第1セッション「流域水紛争と解決システム」

　水利部の李宗興報告「水問題紛争の調停と調和社会の構築」は，紛争の実態と解決について報告した。中国では，水害，干ばつが頻発しており，地区間，集団間で矛盾や水害が多発しているとした。紛争処理に当たっては，「結束治水」「局部は全体に従う」「総合的に計画し各方面に配慮する」「歴史を尊重する」「下は上に従う」という原則がある。紛争の事例として1999年の春節に起こった河南省と河北省の村の爆発砲撃事件を紹介した。この事件の原因は，人口の割に水，土地が少ないことであった。これに対して，分水方案の実施，省をまたがった流域管理機構の調整と給水，重要な場所と季節ごとの給水，集中的な水量調整などにより解決を図った。政府部門の協力，責任の遂行と流域機構の統一管理が大切であると指摘した。

　拓殖大学の奥田進一報告「日本の水利秩序と紛争」は，1964年に改正された河川法において，水力発電や工業用水確保を目的とする水利権（河川の流水を一定の目的のために継続的，排他的に使用する権利）という概念が加わったこと，これにより慣習法上の物権として存在が否定されてきた水利権が，法的根拠を得て一種の財産権として扱われることとなったことが紹介された。なかでも，慣行農業水利として，河川管理者に必要な届け出をするだ

けで水利権を取得することが認められたため，農業に多くの割合の用水が使用されていることが指摘された。そのうえで，本来河川の流水は私権の目的とすることができない公共財であり水利権は義務として構成すべきであること，農民は水利権を手放さない実態が報告された。近年，環境保全という視点から河川法が改正されたが，JR 東日本信濃川不正取水事件を引き合いに出し，生態系保全のために水利許可に地元の意向が反映されるべきであることが強調された。

　武漢海事法院の李群星報告「中国における水環境公益訴訟」は，中国の最高人民法院が水環境保全のために公益訴訟を肯定し，支持する態度を規範文書，院長による会議での呼びかけ，関連調査研究の中で明らかにしていることが述べられた。また司法の実践の中での環境保護法廷と環境保護合議廷の設置や，社団への原告範囲の拡大などの努力が行われていることが紹介された。李氏は，問題点として民事訴訟法における原告の資格として「利害関係」の限定的解釈，証拠の分析や因果関係の証明，責任の引き受け方と訴訟費用の負担があることを指摘した。さらに，現行枠組みのもとで，訴訟を起こす正当な利益と必要性をどうクリアするか，私益訴訟を通しどう公益性を実現するか，環境民事訴訟と行政訴訟の接続について言及した。

　神戸市外国語大学の櫻井次郎は「環境民事訴訟における不法行為の成立要件」というテーマで，中国の不法行為の成立要件の変化とそれが実際の被害者救済に与える影響，日中間の相違とその背景について報告した。まず，民法通則とその他の環境法の規定から，違法性要件がどのように解釈されているか，2009年の不法行為責任法の制定により損害結果と因果関係があれば賠償責任が認められるとする 2 要件説と，関連の法律と解釈による挙証責任の転換について紹介した。そのうえで，福建省寧徳市屏南県の化学工場汚染事故の事例が取り上げられ，民事責任認定の前提として，被告行為の非難性や社会的合理性という特徴を明らかにした。最後に，日本での過失，違法性，因果関係を概観し，「違法性」認定による良質な経営活動の促進，概念の社会性のほか，判決執行難，高い鑑定費用などの問題を指摘した。

イ．第 2 セッション「流域環境保護と経済発展」

　華中師範大学の董利民報告「水環境受容力に基づく融合的な洱海流域の産業構造と体系構造」は，雲南省西北部に位置する洱海の産業構造から今後の

発展の方向を示唆しようとするものであった。まず，近年の産業の発展につれて窒素，リンの排出量が増えている現状と産業ごとの発生源，地域が示された。特に農業，工業，旅行業について，どのように環境に負荷を与えない構造にしながら，発展を図るかについてのプランが明らかにされた。農牧業については，排出量の多い乳牛，豚，ニンニク，野菜の削減により大幅に減少させる一方で大麦，ソラマメ，アブラナを発展させること，工業については，技術レベルが低く産業構造がバラバラであることや飲料，製紙，食品，紡績，印刷などの汚染を生じやすい製造業を移転するほか，改築，技術改造により付加価値の向上を目指すことが指摘された。また，バイオ，新エネルギーなどのハイテク産業の発展を促進させるほか，旅行業については，エコツーリズムや湖周辺の農家民宿の減少により対応していくことが示された。

次いで，河海大学の陳阿江は「撤郷変村後の元郷集鎮の環境問題」というテーマで報告した。「撤郷変村」は1990年代後半から始まったものであり，郷鎮を合併するものである。狙いは末端行政の機構と人員の削減であり，15年間に1/3の郷鎮が削減され，全国1万3155もの郷鎮がなくなったことを明らかにした。これらのメリットの一方で新たな環境問題が発生しているとした。例えば，郷鎮の消滅により村駐屯地の環境方面の財政投入が減少し，設備は老朽化，環境面の管理機能も弱まっていったこと，非分解性のプラスチックごみの増加，多い人口にも拘わらず環境を管理する機構および専任人員の不在など新たな問題が起こっていることを告発した。

滋賀県立大学の林宰司報告「経済発展と流域管理」は，工業，農林水産業，観光業，都市化による汚染源の構造を説明し，中国でも環境負荷がGDP成長のある段階で上昇から低減に向かう環境クズネッツ曲線を，一定の条件の下で左下方向にシフトさせることが可能とした。すなわち，安価で効率的な公害防止設備機器・システムの導入，先進国の経験・知見を利用すること，さらには伝統技術文化を活用した循環型社会の形成がGDPの比較的低い発展の初期段階から，環境の負荷を低減できる方策であることを提示した。

龍谷大学の金紅実報告「中国における環境費用負担原則の適用問題―汚染者負担原則・生態補償制度―」は，汚染者費用負担原則について先進国=市場経済体制の制度・政策，有効性から，中国の移行期経済体制への適用過

程，有効性，課題を考えようとするものである。中国は1972年の国連人間環境会議を契機に，汚染防除費用のみの負担を意図したOECDに近い概念を導入したが，計画経済体制を前提にしたため，制度の違いによる弊害が生まれたとした。汚染企業は国有であったため，汚染企業の費用負担は建前上の負担にすぎず，国家財政からの負担であったことを述べた。新たに生まれた生態補償（Eco-compensation）は生態系サービス価値，生態保護コスト，発展機会コストを政府・市場の機能を通じてステークホルダー間の調整を行う公共制度と理解された。現在では，退耕還林，天然林保護事業，草原生態保護補助奨励 のような森林草原生態保全補償，流域生態補償，国による重点生態機能区域への財政移転および開発企業や政府による鉱山資源生態補償に分類されている。今後の課題として，「範囲の確定」「公共部門と市場部門のバランス」「市場・社会・責任所在者へのコスト分担」「法政策執行の強化」を挙げた。

ウ．第3セッション「流域環境保護と法治，社会発展」

まず，環境保護部の別濤報告「流域における法治」は，環境保護部の幹部職員の立場から汚染の現状と政策を紹介するものであった。まず，流域汚染の状況について，中国では2010年まで400ヵ所の観測点において，水質が4～5級であり，全体の30%の観測点が劣5級というレベルであったことを明らかにし，太湖は軽度であるが汚染が進行していること，黄河中上流は中度の汚染，巣湖，塡池は重度の汚染であるとした。海域では沿海のCODが深刻で，2010年は生活用水起源が57%を占めている。今後5年間の課題として，経済発展の圧力，重金属汚染，石油化学汚染を挙げた。昨年，国務院は，中国の環境問題を世界で最悪で，資源は最も乏しく，複雑な特徴を持ち，解決が最も困難であると指摘したが，原因として世界の中でも中国のように工業化して人口が多い国がないこと，環境意識・教育の遅れ，不合理な産業構造などを挙げた。中国の水道水は17%が安全な基準に達しておらず，江蘇省では10年かけてようやく安全な基準に到達することができるとした。最後に政策として，政府責任の明確化，流域の汚染防止と制限の強化，淮河と太湖流域の条例の執行のほか，生態補償を新しい政策として考えており行政区をまたがったガバナンスが必要であると指摘した。

武漢大学環境法研究所の王樹義報告「中国流域管理体制の革新を論じる」

は，まず現行の流域管理体制が重複し，権限が不明確で，関係者の参加と協議が不足していることを指摘する。そのうえで，流域の管理効率の改善，多部門間の交流と協調，多元的な方針決定と参加の保障を理念として，流域管理機構の統一管理や権限区分，総合的な管理が必要とする。具体的には，流域水管理委員会の方針決定，流域管理局による執行，流域監督委員会による監督参加を挙げた。

中南財経政法大学の高利紅報告「中国の流域ガバナンス―集権と分権の間―」は，流域管理機構と地方政府水利関係部門との権限の調整についての考察であった。長江，黄河水利委員会など全国7つの水利部派出の管理機構は，水資源の管理・監督，干ばつや洪水防止，水土流失防止，紛争処理，農村水利調整等の職責を担っている。一方で，地方政府の水利庁も，国の法規，政策の執行，地方行政法規の起草，干ばつ・洪水防止，節水事業，水土流失防止，農村水利事業の指導，違法事件の調査を行っている。職責，法執行が重複し，中央集権の色彩が濃いとして，協調システムの確立と地方政府の権限重視の必要性を建議するものであった。

龍谷大学の北川秀樹報告「公衆参加と流域ガバナンス」は，流域環境ガバナンスを目指した公衆参加と協働のあり方を考察するものである。最初に，日本，中国の公衆参加とその前提となる住民参加の現状と特徴を紹介する。次に日本における河川，湖沼に関する法令と議論に触れ，流域資源の重層性と分断性，多様なステークホルダーの参加と協力・連携などの必要性が唱えられていることを述べた。そのうえで，行政やNGOの限界を述べ，日本の霞ヶ浦のアサザプロジェクトの教訓として，縦割りを所与のものとしつつもお互いを結びつけるコーディネートの必要性に言及した。最後に中国に対する示唆として，「自主的参加を促す政策」「関係者が集う場の創設」「目標・ビジョンの共有と社会企業家的発想」を挙げた。

エ．第4セッション「流域環境ガバナンス」

総合地球環境学研究所の窪田順平報告「中国の流域環境ガバナンスの可能性―水環境政策実施過程の事例から―」は，まず中国の環境ガバナンスの特徴として，国家レベルでの環境法体系の整備にもかかわらずトップダウン型で実効性がないこと，裁量範囲の広い中央政府の法令の下での地方政府に許された立法権限，監督・許認可権限，財政・人事システムに起因する経済開

発優先の傾向を挙げた。実例として，甘粛省黒河流域の節水政策（2001～2006）と江蘇省太湖流域の浄化への取り組みを紹介した。黒河では，水利用者が水利権証をもち，その範囲で水利用を行うとともに，農民用水者協会が設立され各用戸が主体性をもった参加型の民主的管理が目指され，未使用の水票は，1.2倍の水価で政府に買い戻されたとした。しかし，この節水政策以降，地下水依存が進行しただけで実質的な節水は行われず，代替水源により経済発展を阻害せずに下流への水配分を実現することとなったことを紹介した。仕組みだけでなく実効性の確保や，モニタリングと情報公開，適応型管理の必要性を指摘した。また，太湖流域の取り組みは，先進的なCOD排出権取引パイロットプロジェクト（2008年）や，政府，企業，住民によるコミュニティ円卓会議（2008）の開催により多様なステークホルダーが政府・企業の情報を共有しているとし，住民のもつ経験的情報の共有と新たな環境行動が期待できるとした。最後に，技術的な革新，省資源，省エネルギー市場メカニズムを活用できるものは解決に向かうが，トップダウン型の環境政策に頼らざるを得ない農村地域では経済的な格差が環境ガバナンスの格差を生むのではないかと結論づけた。

　長江流域水資源保護局の翁立達は「長江流域における生態環境の保護」というテーマで，長江流域の深刻な水汚染の進行と生態環境の悪化について報告した。長江流域は従来水生生物の宝庫であったが，ヨウスコウカワイルカとヒラコノシロは絶滅し，スナメリは絶滅の危機に瀕していること，汚水の排出量は年々増え1999年からの10年間で6割以上増加し，全国の汚水総量の40％を占めていることを紹介した。また，下流，支流で特に汚染が深刻で，流域内ダム湖の富栄養化の進行，水汚染事故の頻発が見られる。特に，太湖，巣湖，塡池の改善が進められているが，農薬，肥料，有燐洗剤，家畜養殖業などにより制御が十分でないことを明らかにした。さらに，長江上流の大型水力発電所建設により，水量が減少し生態環境に悪影響を及ぼすことが懸念されているとした。これらの対策として，流域の統合管理，水資源法規の制定，流域の総合計画の改善，防止計画の策定，流域の水関連プロジェクトに対する統一的な調整管理の必要性を挙げた。

　湖北省梁子湖管理局の張燎報告「梁子湖生態環境の保護と修復の対策」は，武漢の予備水源保護区，省湿地自然保護区，武昌魚の国家水産資源保護

区である梁子湖の生態環境と保護の取り組みについてのものであった。この湖の保護は「洪水防止，水量調整，生態安全」「汚染の分解と環境の浄化」「豊かな生物多様性」に資することとなる。しかし，近年，湖の面積の縮小，生態システムの一部の劣化，外来生物の侵入等による植物種の悪化，鳥類などの動物の多様性の低下，排水による環境汚染，観光客による野生植物の乱獲，法規の未整備という問題が顕在化しているとした。これらに対して，メディアの活用による人々の保護意識の向上，工業汚染防止・生活排水処理・農業汚染の防止・漁船の燃料汚染防止等の措置を強化していること，観測システムの改善，法規の制定，厳格な法執行，技術開発などにより長期的な保護システムを確立すること，さらには環境保全優先による地域の収入の補償，下流から上流への生態補償，生態移民補償などのシステム確立の必要性を強調した。

2 意義と課題

当初，このシンポジウムでは，改善が進まない湖沼・河川の水環境問題やその対策に焦点を当て，主として以下の内容について両国の自然，社会状況，法政策，経済発展などに即し報告し，流域環境ガバナンスの改善を目指した日本モデル，中国モデルについて，参加者が自由に意見交換し知見を深めることを目的としていた。

①汚染排出物，富栄養化などによる水質悪化に対する規制措置（法政策）
②環境汚染発生時における紛争解決機能（行政部門による調停，司法部門における環境保護法廷・公益訴訟）の現状と課題
③汚染者負担，下流負担などの生態補償制度と経済的メカニズムの整備状況と課題
④環境情報の公開とアクセスの現状と課題
⑤企業，環境団体，住民参加の事例と課題

また，流域環境ガバナンスの改善には総合的かつ長期の関係者の対策，取り組みが必要であるため，セミナーには，報告者以外にも次代を担う中国の若手研究者，大学院生を多数（60〜70人程度）参加させ，意見交換できる機会を提供することにより両国の学術研究水準の向上と人材育成に資すること

を狙いとしていた。

　当初，社会主義体制下の中国とかみ合う議論ができるかとの若干の懸念があった。結果としては前述のとおり，流域環境ガバナンスに関する法政策，経済政策，産業配置，補償，環境技術などについて日中併せて19の報告が行われた。きわめて広範な領域にわたったものの重要な報告が相次ぎ，日本，中国の抱える流域環境問題について一定程度認識を共有することができ，ほぼ所期の目的を達することができたのではないかと考えている。とりわけ，行政部門間の連携や統合管理，資金や生態補償，ステークホルダーの参加，紛争解決の理論などについて両国の研究者，実務家から研究成果が報告され，貴重な提言が行われた。ただし，上記の④と⑤については，必ずしも十分な分析と考察を行われたとは言い難い。

　しかしながら，総じて中国側の報告は，党・政府のコントロールが強い中でも現行法政策についての客観的かつ冷静な評価を踏まえた報告が多かったとの印象を受けた。また，高度経済成長期に激甚な公害を経験し，これを克服した日本の研究者の報告は高い経済成長率を維持する中国にとっても重要な示唆を与えたものと考える。惜しむらくは時間の制約と中国側に一任した会議の進行のため，セミナーの場では相互の意見交換を行う時間がほとんどなかったことである。

　今後に残された課題として指摘しておきたいのは，両国の湖沼や河川の水質汚染問題は，その背景，原因，管理組織の構造，対策などにおいて共通な要素が多いと思われるものの，中国側においては統計データなどの数値情報の信頼性，公開範囲などに制限があるものと推察されること，共産党・中央政府の政策への批判やその公表は制限を受ける可能性が大きいと思われることである。また，日本側が中国側と一緒になって観測調査することも近年困難になっているという声を研究者から聞く。学術面での共同研究の足かせとなるこのような制限が一日も早く撤廃され，改善されることを切に望みたい。

　最後にこのシンポジウムを契機に日中両国の淡水環境と流域環境ガバナンスに関する知見が深まり，水環境の改善と学術交流の深化，ひいては日中友好につながれば，日本側の代表者として幸甚の至りである。

索引

【欧文】

3つの代表 ……………………………… 193
3中全会決定 …………………………… 2
ILBM プラットフォームプロセス …… 20, 21
TN（Total Nitrogen；全窒素） …… 228, 229
TP（Total Phosphorus；全リン） … 228, 229

【あ行】

アオコ …………………………… 209, 214
赤潮 ……………………………………… 209
アサザ基金 ……………………… 199, 217
アサザプロジェクト …………… 217, 258
アナトリアプロジェクト ……………… 184
安徽省 …………………………………… 241
イタイイタイ病 ………………………… 207
一事一議 ………………………………… 65
一事一議管理方法 ……………………… 64
オアシス農業 ……………………… 43, 46
黄土高原 ………………………………… 43
オースダム ……………………………… 184
オーフス条約 …………………………… 200
オストロム ……………………………… 253
汚染者負担 ……………………………… 4

【か行】

海域使用管理法 ………………………… 170
海洋環境保護法 ………………………… 213
海洋生態損害賠償費と損失補償費の管理の
暫行弁法 ……………………………… 36
化学的酸素要求量（COD） ……… 208, 229
科学的発展観 …………………… 137, 202
霞ヶ浦 ……………………………… 208, 209
河川法 …………………………… 145, 147
灌漑区 …………………………………… 78
環境影響評価 ………………………… 6, 62
環境影響評価公衆参与暫行弁法 ……… 206
環境影響評価法 ………………………… 205
環境ガバナンス ………………………… 102

環境基準 ………………………… 208, 210
環境公益訴訟 …………………… 161, 164
環境信訪弁法 …………………………… 205
環境保護 …………………………… 62, 171
環境保護合議廷 ………………… 163, 255
環境保護審判廷 ………………………… 163
環境保護法 ……………… 4, 5, 44, 206, 211
環境保護法廷 …………………… 163, 255
慣行水利 ………………………… 150, 151, 153
慣行水利権 ………………… 72, 149, 151, 154
慣習法 …………………………………… 153
慣習法上の物権 ………………………… 254
乾燥・半乾燥地 ………………………… 43
吉林石化公司 …………………………… 202
行政調停 ………………………………… 188
共有資源（コモンズ） ………………… 11
挙証責任 ………………………………… 166
紀律検査委員 …………………………… 190
祁連山脈 …………………………… 43, 56
区域管理方式 …………………………… 96
グッドガバナンス ……………………… 102
黒河 ………………………………… 48, 56, 259
権利侵害責任 …………………………… 35
公益訴訟 ………………………………… 7
黄河水利委員会 ………………… 71, 79, 258
黄河断流 ………………………………… 45
工業用水 ………………………………… 75
公共用物 ………………………………… 147
公権論 …………………………………… 152
公衆参加 …………………………… 7, 199, 200
工廠安全衛生規程 ……………………… 211
工場排水規制法 ………………………… 207
江蘇省 …………………………… 241, 257
江蘇省湖泊保護条例 …………………… 214
郷鎮政府 ………………………………… 242
公の営造物 ……………………………… 147
国際裁判所 ……………………………… 183
湖沼水質保全特別措置法 …… 208, 210, 216
小城鎮 …………………………………… 242
湖沼流域ガバナンス ……………… 20, 21
湖沼流域管理 …………………………… 12

湖沼流域資源……………………………… 11	生態文明……………………………… 2, 25, 220
ゴビ……………………………………… 75	生態保護補償制度…………………………… 6
湖北省…………………………………… 114	生態補償…………………………………… 25, 34
湖北省湖泊保護条例…………… 113, 137, 139, 214	生態補償条例……………………… 25, 34, 37, 40
湖北省梁子湖生態環境保護条例…… 137, 139	生態補償制度………………………………… 3
コモンズの悲劇………………………… 124, 253	生態補償メカニズム…………… 26, 27, 29, 140
	政府情報公開条例………………………… 203
【さ行】	西部大開発………………………………… 49
	生物多様性………………………………… 136
最高人民法院……………………… 161, 162	西北地域…………………………………… 56
産業汚染源………………………………… 228	節水政策…………………………………… 50
山東省湖泊保護条例……………………… 214	瀬戸内海環境保全特別措置法………… 209
三農問題…………………………………… 64	占有、使用、収益権……………………… 73
三湖………………………………………… 14	総量規制…………………………………… 213
洱海……………………………………… 225, 255	総量規制制度……………………………… 208
洱海流域…………………………………… 225	
自来水水質暫行標準……………………… 211	【た行】
私権論……………………………………… 152	
自然公物………………………………… 147, 148	大気汚染防治法…………………………… 205
社会主義市場経済体制…………………… 70	太湖…………………………… 214, 239, 257
集鎮……………………………………… 243	太湖流域…………………………………… 243
受益者負担原則…………………………… 30	チッソ水俣工場…………………………… 207
取水権……………………………………… 73	中央一号文件（一号文献）……………… 58
漳河……………………………………… 187	中国流域水資源管理体制………………… 101
情報公開……………………… 7, 199, 200	長江大洪水………………………………… 45
初期配分…………………………………… 68	張掖………………………… 46, 49, 56, 75, 76, 77
諸侯盟約…………………………………… 179	調停……………………………………… 178
知る権利…………………………………… 201	撤郷変村…………………… 239, 240, 244, 256
信訪……………………………………… 204, 205	テネシー川流域管理局…………………… 96
信訪条例………………………………… 204	滇池……………………………………… 214
信訪制度………………………………… 204	点源汚染………………………………… 244
水権……………………………………… 57	統合的湖沼流域管理（ILBM）… 11, 15, 16, 17, 18, 215, 253
水質（COD）…………………………… 210	統合的生態系管理………………………… 107
水質汚濁防止法……………………… 207, 208	特定施設………………………………… 208
水質保全………………………………… 207	都市用水………………………………… 158
水素イオン濃度（pH）………………… 208	土地改良区……………………………… 156
水土保持法……………………………… 213	
水票……………………………………… 46	【な行】
水票制度………………………… 75, 77, 78	
水利権……… 46, 51, 57, 67, 79, 80, 148, 254	ドナウ川………………………………… 183
水利権取引………………………………… 50	農業税…………………………………… 64
水利権売買………………………………… 46	農業生産責任制…………………………… 63
スナメリ………………………………… 259	農業用水………………………………… 72
巣湖…………………………………… 214, 259	農地法…………………………………… 155
巣湖流域………………………………… 243	農民用水者協会………………………… 259
生活飲用水衛生規程……………………… 211	

ノンポイントリリース……………… 211, 214

【は行】

排水基準……………………………… 208
排水義務……………………… 155, 157
バレンシア…………………… 181, 182
日罰制………………………………… 7
ヒラコノシロ……………………… 259
琵琶湖………………………… 210, 211
琵琶湖管理協同体制………………… 99
富栄養化………………… 15, 118, 129
武漢………………………………… 134
武漢市………………………… 133, 199, 251
武漢市湖泊保護条例……………… 121
武昌魚………………………… 133, 259
物権………………………………… 152
物権法…………………………… 70, 81
不法行為責任法…………………… 255
文革大革命………………………… 61
分水権……………………………… 72
屏南県……………………………… 255
砲撃事件…………………………… 189

【ま行】

マレー・ダーリング川……………… 96
三河…………………………………… 14
水汚染防治法………… 62, 124, 205, 213
水環境公益訴訟…… 161, 163, 166, 168, 255
水紛争………………………… 175, 176
水法……………… 63, 66, 100, 177, 178
水俣病……………………………… 207
民事訴訟法…………………… 165, 171
民法………………………………… 151
民法通則…………………………… 169
メチル水銀………………………… 207
面源汚染…………………………… 128

【や行】

ユーフラテス川…………………… 184
ヨウスコウカワイルカ…………… 259

【ら行】

来信来訪…………………………… 203
リオ・サミット……………… 200, 201
利水………………………………… 148
立法………………………………… 122
流域ガバナンス……………… 215, 258
流域環境ガバナンス………… 199, 251
流域監督委員……………………… 110
流域管理……………………………… 92
流域の一元的な管理方式…………… 96
流域水管理委員会………………… 109
流域水資源管理体制…… 95, 103, 104
梁子湖………………………… 133, 259

■執筆者，監訳者・訳者紹介

執筆者（執筆順,（）内は担当箇所）

北川　秀樹（序章，第11章，報告）　編著者。第2章監訳
中村　正久（第1章）　滋賀大学教授
汪　　　勁（第2章）　北京大学教授
窪田　順平（第3章）　編著者
寇　　　鑫（第4章）　龍谷大学社会科学研究所研究員
王　樹　義（第5章）　武漢大学環境法研究所教授
庄　　　超（第5章）　長江水利委員会長江科学院工程師
呂　忠　梅（第6章）　湖北経済学院院長・教授
柯　秋　林（第7章）　湖北省梁子湖管理局湖北省水産局後勤サービスセンター主任
張　　　燎（第7章）　湖北省梁子湖管理局副局長
曾　擁　軍（第7章）　湖北省梁子湖管理局副主任科員
奥田　進一（第8章）　拓殖大学教授
李　群　星（第9章）　湖北省高級人民法院副院長
李　崇　興（第10章）　水利部政策法規司・元副巡視員
董　利　民（第12章）　華中師範大学教授
梅　徳　平（第12章）　華中師範大学教授
叶　　　樺（第12章）　華中師範大学教授
鄧　保　同（第12章）　華中師範大学副教授
陳　阿　江（第13章）　河海大学教授
植田　和弘（終章）　京都大学副学長・教授

監訳者・訳者（担当章順,（）内は担当箇所，＊は監訳）

何　彦　旻（第2章，第5章＊，第6章＊，第7章＊，第13章）京都大学経済研究所先端政策研究分析センター研究員
王　天　荷（第5章，第6章，第7章）京都大学経済学研究科非常勤講師

知足章宏（第9章，第12章）京都大学学際融合教育研究推進センター・
　　　　　　　　　　　　　アジア研究教育ユニット研究員
櫻井次郎（第10章*）神戸市外国語大学准教授
田中結衣（第10章）　神戸市外国語大学

■ 編著者略歴

北川　秀樹（きたがわ　ひでき）

1979年京都大学法学部卒業，京都府庁勤務の後，1996年大阪大学大学院国際公共政策研究科修了。龍谷大学法学部教授を経て，現在同大学政策学部教授。主要著作：『中国の環境問題と法政策』（編著書，法律文化社，2008年），『中国の環境法政策とガバナンス―執行の現状と課題―』（編著書，晃洋書房，2012年），『はじめての環境学（第2版）』（共著，法律文化社，2012年），『現代中国法の発展と変容』西村幸次郎先生古稀記念論文集，（編集・共著，成文堂，2013年），『町家と暮らし』（編著書，晃洋書房，2014年）『中国乾燥地の環境と開発―自然，生業と環境保全―』（編著，成文堂，2015年）。

窪田　順平（くぼた　じゅんぺい）

1987年京都大学大学院農学研究科修了。京都大学農学部附属演習林助手，東京農工大学農学部助教授等を経て，現在総合地球環境学研究所教授。主要著作：『モノの越境と地球環境問題―グローバル化時代の知産知消―』（編著，昭和堂，2009年），「中国の水問題と節水政策の行方」（中村知子との分担執筆，秋道智彌・小松和彦・中村康夫編『人と水―水と環境―』勉誠出版，2010年），『中央ユーラシア環境史（全4巻）』（監修，臨川書店，2012年），「社会の流動性とレジリアンス―中央ユーラシアの人間と自然相互作用の総合的研究の成果から―」（『史林』96（1），2013年）。

■ 流域ガバナンスと中国の環境政策
　―日中の経験と知恵を持続可能な水利用にいかす―

■ 発行日――2015年6月6日　初版発行　　〈検印省略〉

■ 編著者――北川　秀樹・窪田　順平

■ 発行者――大矢栄一郎

■ 発行所――株式会社　白桃書房
　　　　　〒101-0021　東京都千代田区外神田5-1-15
　　　　　☎03-3836-4781　📠03-3836-9370　振替00100-4-20192
　　　　　http://www.hakutou.co.jp/

■ 印刷／製本――藤原印刷

© Hideki Kitagawa and Jumpei Kubota 2015　Printed in Japan
ISBN978-4-561-96132-1 C3036

本書のコピー，スキャン，デジタル化等の無断複製は著作権上での例外を除き禁じられています。本書を代行業者等の第三者に依頼してスキャンやデジタル化することは，たとえ個人や家庭内の利用であっても著作権上認められておりません。

JCOPY〈（社）出版者著作権管理機構　委託出版物〉
本書の無断複写は著作権法上での例外を除き禁じられています。複写される場合は，そのつど事前に，（社）出版者著作権管理機構（電話 03-3513-6969，FAX 03-3513-6979，e-mail: info@jcopy.or.jp）の許諾を得てください。
落丁本・乱丁本はおとりかえいたします。